固体氧化物燃料电池

孙克宁 著

科学出版社

北京

内 容 简 介

本书是孙克宁教授团队多年来从事固体氧化物燃料电池研究工作的总结，内容包括固体氧化物燃料电池所涉及的原理、技术及其主要应用领域等多个方面。全书共7章，第1章在回顾燃料电池发展历史的基础上，重点介绍固体氧化物燃料电池的国内外发展现状、问题及挑战；第2章介绍固体电解质的导电机制、关键材料及制备；第3章介绍阴极材料、结构、稳定性及其改进策略；第4章介绍阳极材料，重点对阳极的抗积碳进行了分析；第5章介绍连接体材料的种类、特性要求及改进方式；第6章介绍固体氧化物燃料电池研究中涉及的常用研究方法；第7章介绍固体氧化物燃料电池电池堆，并对各种电池堆的结构、特点分别进行介绍。

本书适合于能源、材料等相关领域的科研人员和技术人员使用，也可作为相关专业高年级本科生、研究生的学习参考书。

图书在版编目(CIP)数据

固体氧化物燃料电池 / 孙克宁著. —北京：科学出版社，2019
ISBN 978-7-03-059907-0

Ⅰ. ①固… Ⅱ. ①孙… Ⅲ. ①固体电解质电池–燃料电池
Ⅳ. ①TM911.3

中国版本图书馆CIP数据核字(2018)第268499号

责任编辑：刘翠娜 宁 倩 / 责任校对：彭 涛
责任印制：吴兆东 / 封面设计：蓝正设计

科学出版社 出版
北京东黄城根北街 16 号
邮政编码：100717
http://www.sciencep.com
涿州市般润文化传播有限公司 印刷
科学出版社发行 各地新华书店经销
*
2019 年 2 月第 一 版 开本：720 × 1000 1/16
2024 年 2 月第六次印刷 印张：19
字数：380 000
定价：128.00 元
(如有印装质量问题，我社负责调换)

前　言

　　近几十年来，随着经济的快速发展，我国已经成为一个能源生产和消费大国，随之引起的资源消耗和环境问题日益凸显，寻求和发展高效、清洁的新能源技术是解决上述问题的关键。燃料电池是一种通过电极反应直接将燃料的化学能转化为电能的电化学装置，燃料电池技术是继水力、火力和核能之后的新一代发电技术。根据电解质的不同，燃料电池可分为多种类型，其中，固体氧化物燃料电池因具有能量转化效率高（热电联供的转化效率可达80%以上）、对环境友好、良好的安全性与适应性等优点而备受关注。

　　在国际上，美国、德国、加拿大、日本等国家都投入了大量的人力和财力对固体氧化物燃料电池技术进行研发，已经取得了令人瞩目的成绩。日本三菱重工开发的 200kW 固体氧化物燃料电池-MGT 复合发电系统，已经连续运行超过4000h，日本分布式家用燃料电池系统 ENE-FARM 快速普及，终端用户已达几十万套。虽然我国在固体氧化物燃料电池研发中处于追赶状态，但已经有越来越多的高校和科研院所投入到固体氧化物燃料电池的研究工作中，国家也将发展百千万级至兆瓦级固体氧化物燃料电池发电分布式能源系统列入技术攻关项目。

　　本书作者孙克宁及其团队十几年来一直致力于固体氧化物燃料电池关键技术的研究与开发，经过多年不懈努力和集体攻关，团队在单体电池研发和电池堆的构建上开展了一系列创新性的工作，取得了较为突出的成绩，积累了相当丰富的理论知识和实践经验。本书的撰写立足于上述研究工作，同时对国内外知名研究团队的最新研究成果进行了梳理和总结。笔者希望，这本书能为从事固体氧化物燃料电池领域研发工作的科研人员提供指导和帮助。

　　由于水平所限，书中难免存在不尽如人意的地方，敬请广大读者批评指正，不胜感谢。

孙克宁

2019 年 1 月

目　录

第1章 绪 论

能源是一个国家国民经济发展的原始动力，能源的利用方式和效率是衡量综合国力、国家文明发展程度和人民生活水平高低的重要指标。人类社会发展至今，绝大部分的能量转化均是通过热机过程来实现的。热机过程受卡诺循环的限制，不但转化效率低，造成严重的能源浪费，而且产生大量的粉尘、CO_2、NO_x 和 SO_x 等有害物质及噪声，由此所造成的大气、水质、土壤等污染严重地威胁着人类的生存环境。同时，有"世界三大能源"之称的石油、天然气和煤等化石能源将逐渐被耗尽，由此引起的能源危机问题已严重威胁到国家的发展和战略安全。因此，新型清洁能源的开发、现有能源的合理利用与环境保护相互协调发展已成为世界经济发展的基础。近二十年来，在世界各国都致力于解决这一问题的过程中，燃料电池(fuel cell，FC)技术应运而生。

1.1 燃料电池发展历史

燃料电池技术是继水力、火力和核能之后的第四代发电技术。燃料电池是一种能够连续地将燃料的化学能直接转化为电能的化学电源装置[1]，它在实现能量转化的过程中无须热机的燃烧过程和传动设备，其效率不受卡诺循环的限制，故能量转换效率最高可达 83%，为内燃机的 2～3 倍。燃料电池以氢气为主要燃料，用化石燃料(fossil fuel)来提炼富氢燃料作为燃料电池的燃料时，制取过程中 CO_2 的排放量比热机过程减少 40%，可以有效地缓解地球温室效应。此外，燃料电池所使用的燃料气体在反应前必须脱硫，而且燃料电池发电不经过燃烧，所以它几乎不排放 SO_x 与 NO_x，减轻了对大气的污染。燃料电池结构简单且没有运动组件，没有振动，噪声很低，其电极仅作为化学反应的场所和导电的通道，本身不参与化学反应，故损耗小，寿命长。燃料电池不同于常见的化学电源，不需要再充电，只要将燃料和氧化剂不断输入电池，就能连续发电。燃料电池集能源、化工、自动化控制等高新技术于一体，被称为 21 世纪的新能源[2-4]技术，被列在 21 世纪改变人类生活的十大实用技术的第六位。

燃料电池的起源可以追溯到 19 世纪初，欧洲的两位科学家 Schönbein 教授与 Grove 爵士分别是燃料电池原理的发现者和燃料电池的发明者。世界第一个燃料电池是 1839 年由 Grove 发明的气体电池(gas voltaic battary)，他将两根镀有铂黑的铂丝电极分别放置于两只试管中，往试管中分别通入氢气和氧气，浸在硫酸溶液中,使气体和铂丝电极及溶液相互接触,获得了 0.5～0.6V 的输出电压。在 Grove 进行实验的同时,Schönbein 在他的实验中也得到了与 Gorve 实验类似的结果,他发现金丝和银丝也能产生同样的效果,他在 1838 年写给英国哲学杂志编辑的信中写道:"我们声明,电流是由于氢和氧的化合引起的,而不是接触产生的。"因为 Schönbein 的文章比 Gorve 要早,所以也有人认为 Schönbein 是第一个发明燃料电池的人。而"燃料电池"一词一直到 1889 年才由 Mond 和 Langer 两位化学家提出。1894 年,奥斯瓦尔德(Ostwarld)从热力学理论上证实,燃料的低温电化学氧化优于高温燃烧,化学电池的能量转换效率高于热机。热机效率受卡诺循环限制,而燃料电池的效率不受卡诺循环限制。20 世纪初,人们就期望将化石燃料的化学能直接转变为电能。一些杰出的物理化学家,如能斯特(Nernst)、哈伯(Harber)等,对直接碳-氧燃料电池做了许多努力,但他们的研究受到当时材料技术水平的限制。1920 年以后,由于在低温材料性能研究方面的成功,人们重新开始了对气体扩散电极的研究。1933 年,鲍尔(Baur)设想了一种在室温下,用碱性电解质,以氢为燃料的电化学系统。英国人培根(Bacon)对包括多孔电极在内的碱性电极系统进行了研究。在 20 世纪 50 年代之前,由于电极过程动力学理论的落后及内燃机这种相对简单的能量转换装置的应用,燃料电池的发展一直处于停滞状态。20 世纪 50 年代后,培根成功地开发了多孔镍电极,并制造了第一个千瓦级碱性燃料电池系统。1958 年,布劳尔斯(Broers)改进了熔融碳酸盐燃料电池系统,并取得了较长的预期寿命[5]。

　　到 20 世纪中叶,在宇航工业发展的推动下,常温氢氧燃料电池技术有了长足的发展。在 20 世纪 60 年代初期,美国国家航空航天局(NASA)为了寻找适合作为载人宇宙飞船的动力源,进行了各种动力源的发电特性的分析与比较,如化学电池、燃料电池、太阳能电池及核能等。从分析结果来看,作为宇宙飞船的动力源,必须具备高比功率与高比能量的特性,一般化学电池太重,太阳能价格昂贵且功率密度低,而核能又太危险,相比之下氢氧燃料电池则特别适合作为要求功率在 1～10kW,飞行时间在 1～30 天的载人宇宙飞船的主电源。因此,NASA 便开始资助一系列燃料电池的研究计划。这一系列研究的第一项成果就是高分子电解质(polymer electrolyte)的成功开发。1958 年,通用电气(General Electric,GE)公司与 NASA 合作开发出所谓的 Grubb-Niedrach 燃料电池,并将这项技术用于 1962 年双子星太空任务中。1967 年,普惠(Pratt & Whitney)公司与 NASA 合作开发了碱性燃料电池,为阿波罗登月计划提供宇宙飞船电力。后来,包括航天飞机在内进行的多次太空飞行任务,也都是采用碱性燃料电池作为电源。尽管碱性燃料电池在航天应用上有优异的表现,然而其却迟迟无法有效地推广到地面的民用领域。

　　1973 年发生石油危机后,世界各国普遍认识到能源的重要性,因此,各国纷纷积极制定各种能源政策以降低对进口石油的依赖程度。其中，提高能源使用效率与能源多元化的情形再度引发了人们对燃料电池的兴趣。20 世纪 70~80 年代的 20 年之间，燃料电池的研发工作大多集中在开发新材料、寻求最佳的燃料来源和降低成本等方面。例如，杜邦(Dupont)公司于 1972 年成功开发出了燃料电池专用的高分子电解质薄膜 Nafion®。直到 20 世纪 90 年代，一种廉价、清洁、可再生的能源使用技术终于成为现实，而这项技术在民用领域重要的里程碑就是加拿大巴拉德动力系统(Ballard Power System)公司在 1993 年所推出的全世界第一辆以质子交换膜燃料电池为动力的车辆。

19 世纪末，Nernst 发现了固态氧离子导体，1935 年 Schottky 发表论文指出，这种 Nernst 发现的物质可以被用作燃料电池的固体电解质。Baur 和 Preis 在 1937 年首次演示了以固态氧离子导体作为电解质的小型氧化锆燃料电池，Fe 或 C 作为阳极，Fe_3O_4 作为阴极，但电解质制造工艺粗糙，电阻很大，导致燃料电池性能较差。1964 年，Rohr 找到最合适的阴极材料 $La_{0.84}Sr_{0.16}MnO_3$。1970 年，电化学气相沉积技术开发成功，推动了固体氧化物燃料电池(solid oxide fuel cell, SOFC)的发展。到 20 世纪 80 年代初，SOFC 开始迅速发展起来。1981 年，Lwahara 首次报道了质子型导体材料钙钛矿掺杂 $SrCeO_3$。1983 年，美国 Argonne 国家重点实验室研究并制备了共烧结的平板式电池堆。以美国西屋电气公司(Westinghouse Electric Company)为代表，研制了管状结构的 SOFC。1986 年，西屋电气公司首次制造了 324 根单电池组成的 5kW 的 SOFC 发电机。1987 年，该公司在日本安装了 25kW 级发电和余热供暖 SOFC 系统，到 1997 年 3 月成功运行了约 1.3 万 h；1997 年 12 月，西门子-西屋公司(Siemens Westinghouse Electric Company)在荷兰安装了第一组 100kW 管状 SOFC 系统，截止到 2000 年年底关闭，累计工作了16 612h。澳大利亚 Ceramic Fuel Cells 公司于 2000 年制备了一个以天然气为燃料的 25kW 平板式电池系统，该系统由 3640 块电解质支撑的单电池组成。

中国的燃料电池研究始于 1958 年。1958~1970 年，一些大专院校、科研院所分散地进行了燃料电池的探索性及基础性研究工作，积累了一些与燃料电池相关的基础知识及制造技术。1970 年前后，我国开始了燃料电池产品开发工作并在20 世纪 70 年代形成了燃料电池产品的研制高潮。到 20 世纪 70 年代末，由于总体计划的变更，燃料电池的开发工作中止。80 年代初、中期，中国燃料电池的研究及开发工作处于低潮。多数原有的研制单位先后停止研发工作，只有少数单位坚持下来，并于 80 年代后期曾将航天燃料电池技术试用于水下机器人的电源开发。90 年代以来，在国外燃料电池技术取得巨大进展和一些产品已进入准商品化阶段的形势影响下，中国又一次掀起了燃料电池研究开发热潮。90 年代初期，一些大专院校和科研院所，主要是中国科学院的有关研究所和国内少数大学，开展了当时国际上燃料电池开发热点的研究。

1.2　燃料电池的类型

按所用电解质的不同,燃料电池可分为碱性燃料电池(alkaline fuel cell,AFC)、磷酸型燃料电池(phosphoric acid fuel cell, PAFC)、熔融碳酸盐燃料电池(molten carbonate fuel cell,MCFC)、质子交换膜燃料电池(proton exchange membrane fuel cell, PEMFC)和固体氧化物燃料电池(SOFC)等。目前,燃料电池的研究重点为 SOFC 和 PEMFC,并向商业化发展。表 1-1 是目前各种燃料电池技术的发展状态。

表 1-1　各种燃料电池技术的发展状态[5,6]

电池类型及工作温度	导电离子	所用燃料	效率/%	寿命/h	成本/($\cdot kW^{-1}$)	应用领域
AFC 50~200℃	OH^-	纯氢气	65	3000~10000	1000	航天、空间站等
PAFC 100~200℃	H^+	重整气	40~45	30000~40000	200~3000	现场集成能量系统
MCFC 650~700℃	CO_3^{2-}	净化煤气、重整气	50~55	10000~40000	1250	电站、区域性供电
SOFC 800~1000℃	O^{2-}	净化煤气、天然气	50~60	8000~40000	1500	电站、联合循环放电
PEMFC 25~100℃	H^+	氢气、重整气	40~50	10000~100000	50~2000	电动车、潜艇、电源

(1)AFC:在上述各种燃料电池中,AFC 是最先被应用的燃料电池系统。AFC 以石棉网作为电解质的载体,氢氧化钾溶液为电解质,工作温度为 70~200℃。与其他燃料电池相比,AFC 功率密度较高,性能较为可靠。碱性燃料电池技术的发展也非常成熟,并已经在航天飞行及潜艇中成功应用。国内已研制出 200W 氢-空气的碱性燃料电池系统,20 世纪 90 年代后期在跟踪开发方面取得了非常有价值的成果。然而 AFC 所使用的燃料限制严格,必须以纯氢气作为阳极燃料气体,以纯氧气作为阴极氧化剂,催化剂使用铂、金、银等贵重金属,或者镍、钴、锰等过渡金属。此外,AFC 电解质腐蚀性强,因此电池寿命较短。以上特点限制了 AFC 的发展,目前的应用仍然局限于航天或军事领域,不适于发展为民用。

(2)PAFC:适于发电站应用的电池中,目前最具有商业化条件的是 PAFC,被称为第一代燃料电池系统。PAFC 使用 100%浓度的磷酸作为电解质,磷酸在低温时的离子传导性差,因此 PAFC 的工作温度在 160~220℃。PAFC 的发电效率仅能达到 40%~45%,并且存在一氧化碳的中毒问题。此外,磷酸电解质的腐蚀作用使 PAFC 的寿命难以超过 40000h。PAFC 目前技术已属成熟,产品也进入商业化,多作为特殊用户的分布式电源、现场可移动电源及备用电源等。美国将 PAFC

列为国家级重点科研项目进行研究开发，向全世界出售 200kW 级的 PAFC，日本制造出了世界上最大的 (11MW) PAFC。

(3) PEMFC：PEMFC 以质子传导度佳的固态高分子膜为电解质，质子交换膜必须在水的产生速率高于其蒸发速率状况下工作，以使薄膜保持充分含水状态，因此工作温度必须在 100℃以下。PEMFC 在低温下工作使其具有启动时间短的特性，可在几分钟内达到满载，发电效率为 45%～50%。此外，PEMFC 还具有寿命长、运行可靠的特点，在车辆动力电源、移动电源、分布式电源及家用电源方面有一定的市场，目前奔驰、本田、福特等汽车公司都有燃料电池汽车上路试运行，但 PEMFC 不适合做大容量集中型电厂电池。

(4) MCFC：MCFC 所使用的电解质为分布在多孔陶瓷材料 (LiAlO$_2$) 的碱性碳酸盐。碱性碳酸盐电解质在 600～800℃的工作温度下呈现熔融状态，此时具有极佳的离子电导率。由于在高温下工作，MCFC 的电极反应不需要铂等贵金属作为催化剂，一般可以采用镍与氧化镍分别作为阳极与阴极。MCFC 具有内重整能力，甲烷与一氧化碳均可直接作为燃料。并且 MCFC 的余热可回收或与燃气轮机结合组成复合发电系统，使发电容量和发电效率进一步提高，被称为第二代燃料电池系统。它的缺点是必须配置二氧化碳循环系统；要求燃料气体中硫化氢和碳酰硫的体积分数小于 0.5×10^{-6}；熔融碳酸盐具有腐蚀性，而且易挥发。与 SOFC 相比，MCFC 的寿命较短，组成复合发电系统的效率低，启动时间长。MCFC 已接近商业化，示范电站的规模已达到兆瓦级，目前主要在美国、日本和西欧研究与利用较多，2～5MW 公用管道型 MCFC 已经问世，在解决 MCFC 的性能衰减和电解质迁移方面已取得突破。我国已研制出 1～5kW 的 MCFC。

(5) SOFC：SOFC 所使用的电解质为固态非多孔金属氧化物，通常为三氧化二钇稳定的二氧化锆 (Y$_2$O$_3$-stabilized-ZrO$_2$，YSZ)，在 650～1000℃的工作温度下，氧离子在电解质内具有较高的电导率。阳极使用的材料为镍-氧化锆金属陶瓷，阴极则为锶掺杂的锰酸镧 (Sr-doped-LaMnO$_3$，LSM)。SOFC 具有许多显著优点[7]：①由于电池为全固体的结构，避免了使用液态电解质所带来的腐蚀和电解液泄漏等问题；②不用铂等贵金属作催化剂而大大减少了电池成本；③SOFC 高质量的余热可以用于热电联供，从而提高余热利用率，总的发电效率可达 80%以上；④燃料适用范围广，从原理上讲，固体氧化物离子导体是最理想的传递氧的电解质材料，所以，SOFC 适用于几乎所有可以燃烧的燃料，不仅可以用氢气、一氧化碳等燃料，而且可直接用天然气、煤气和其他碳氢化合物作为燃料。SOFC 目前已开发了管式、平板式和瓦楞式等多种结构形式，它是大功率、民用型燃料电池的第三代燃料电池。

1.3　SOFC 原理

SOFC 主要由固体氧化物电解质、阳极(燃料气电极)、阴极(空气电极)和材料组成。SOFC 的工作原理如图 1-1 所示。

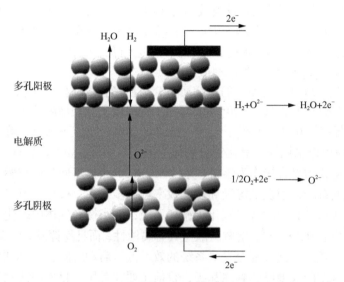

图 1-1　SOFC 工作原理示意图[8]

在阴极上，氧分子吸附解离后得到电子被还原成氧离子：

$$O_2 + 4e^- \longrightarrow 2O^{2-} \tag{1-1}$$

氧离子在电位差和氧浓度驱动力的作用下，通过电解质中的氧空位向阳极迁移，与燃料(以 H_2 为例)发生氧化反应生成水，同时释放电子：

$$2O^{2-} + 2H_2 - 4e^- \longrightarrow 2H_2O \tag{1-2}$$

电池的总反应为

$$2H_{2a} + O_{2c} \longrightarrow 2H_2O_a \tag{1-3}$$

式中，下角标 a、c 分别表示阳极、阴极。

电池的电动势可由 Nernst 方程求得

$$E_r = E^{\ominus} + \frac{RT}{4F} \ln P_{O_{2c}} + \frac{RT}{2F} \ln \frac{P_{H_{2a}}}{P_{H_2O_a}} \tag{1-4}$$

式中，P 为气体的分压；$E^{\ominus}$ 为标准状态下的电池电动势。可用下式计算得到

$$E^{\ominus} = \frac{RT}{4F} \ln K_i \tag{1-5}$$

在标准状态下 E_r 等于 $E^{\ominus}$，并可以表示为

$$E_r = E^{\ominus} = -\frac{\Delta G^{\ominus}}{zF} = -\frac{\Delta H^{\ominus} - T\Delta S^{\ominus}}{zF} \tag{1-6}$$

式中，$\Delta G^{\ominus}$ 为电池反应的标准 Gibbs 自由能变化值；$\Delta H^{\ominus}$ 为电池反应的标准焓变；$\Delta S^{\ominus}$ 为电池反应的标准熵变；z 为 1mol 燃料在电池中发生反应转移电子的量（mol）；F 为法拉第常量。

电池电能转换的热力学效率为

$$f_T = \frac{\Delta G^{\ominus}}{\Delta H} \tag{1-7}$$

电池的开路电压为电池处于开路状态即电流为零时的电压。当一个电化学反应没有电流流过时，应该是处于平衡状态，那么其电位等于平衡电压，即 Nernst 电压。但是电极状态、杂质等不可控制因素及电池中存在反应物通过电解质从阳极到阴极的渗透等导致电池的开路电压比平衡电压要低，对于在高温下工作的 SOFC，开路电压与平衡电压差别不是太大，但是在低温时会比平衡电压低 0.2V 左右[8]。根据 Nernst 方程及相关的热力学数据可以求出 SOFC 不同工作温度时的理论电动势。

1.4 SOFC 的结构类型

为了实际应用，SOFC 单体电池需要做成电池堆以增加电压和输出功率。合理的 SOFC 结构应具有四个基本特征，即性能可靠、便于放大、方便维修和价格低廉。SOFC 的构型不同，对其研究的内容和电池的制作方法也不同。SOFC 电池堆可以做成多种结构，如平板式、管式、套管式和瓦楞式等[9]。但经过长期的发展和优化，目前采用的 SOFC 结构类型主要有平板式和管式两种。

1.4.1 平板式 SOFC

图 1-2 为平板式 SOFC 的结构示意图[10]。平板式 SOFC 的阳极、电解质和阴极均为平板层状结构，以前的设计主要采用流延、轧膜或干压等方法制备出厚的致密 YSZ 电解质膜（厚度为 0.1～0.5mm），然后以电解质厚膜为支撑体丝网印刷或浸渍阴、阳极，烧结成一体，组成"三合一"结构阳极-电解质-阴极组合板（positive electrolyte negative plate，PEN）。PEN 间采用开凿有导气沟槽的双极板连接，使之

相互串联构成电池堆。氧化气体和燃料气体在 PEN 的两侧交叉流过。PEN 与双极板间通常采用微晶玻璃密封,形成封闭的氧化气室和还原气室。目前,为了降低电池内阻,支撑体已改进为多孔阴极或阳极。

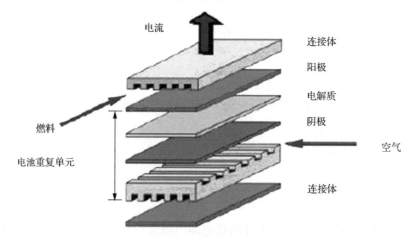

图 1-2　平板式 SOFC 的结构示意图[10]

在平板式 SOFC 中,电流流向与电池垂直,所以电池的欧姆极化比管式 SOFC 低,性能提高,平板式 SOFC 结构优点是电池结构简单,平板电解质和电极制备工艺简单,容易控制,造价也比管式低得多。而且平板式 SOFC 由于电流流程短、采集均匀,电池功率密度比管式 SOFC 高。但平板式 SOFC 也有如下缺点:①密封困难,抗热应力性能较差,较难实现热循环。高温加压密封时,要求密封材料同时与合金连接板和陶瓷 PEN 浸润黏附,达到气密要求,在较大温度波动或热循环时能够释放由热膨胀不匹配造成的界面热应力,还要求密封材料高温尺寸稳定、化学稳定性好、绝缘等。由于性能要求苛刻,密封技术一直是制约其发展的技术难题。②大面积 PEN 制备困难、成本高。为了保证一定的输出功率,功率密度固定时必须扩大 PEN 的工作面积,而面积很大且薄的陶瓷片很难保证强度和平整度。③双极板性能要求高。双极板在高温氧化气氛中工作,为保证集电性能,其必须有优良的抗氧化性能,以及与 PEN 的热膨胀匹配性和化学稳定性。

1.4.2　管式 SOFC

管式 SOFC 最早由美国西屋电气公司研制,它由一端封闭的管状单体电池以串、并联方式组装而成。每个单体电池从内到外由多孔 CaO 稳定的 ZrO_2(简称 CSZ)支撑管、LSM 空气电极、YSZ 固体电解质薄膜和 Ni/YSZ 金属陶瓷阳极组成。后来西屋电气公司直接采用 LSM 阴极作为支撑体,而不用 CSZ 支撑。图 1-3 为管式 SOFC 的结构示意图[10]。单电池从内到外由一端封闭的多孔阴极支撑管、电解质、连接体和阳极组成。在这种设计中,阴极为挤压成型,机械强度高。电解质和连接体分别采用电化学气相沉积(EVD)和等离子喷涂法沉积在阴极上。然后，在电解质上沉积阳极。燃料在管外流动，空气在管内流动。管式设计具有许多优点：电池的工作面积较大；各单电池之间不需要密封；单电池间的连接体处于还原气氛，可以使用廉价的金属材料作电流收集体；当某一个单电池损坏时，只需切断该单电池氧化气体的送气通道，不会影响整个电池堆工作。但该结构也有其明显的缺点：制备工艺(EVD)成本高；集电时电流流经路径较长，限制了 SOFC 的性能；未反应燃料采用燃烧的方式，降低了燃料利用率[11-13]。管式 SOFC 与平板式 SOFC 在各项性能上的差异如表 1-2 所示。与平板式 SOFC 相比，管式 SOFC 的功率密度略低，但它具有高机械强度、高抗热冲击性能、简化的密封技术、高模块化集成性能等特点，更适合于建设大容量电站。鉴于管式 SOFC 的功率密度较低，随着技术的发展出现了扁管式和微管式 SOFC。

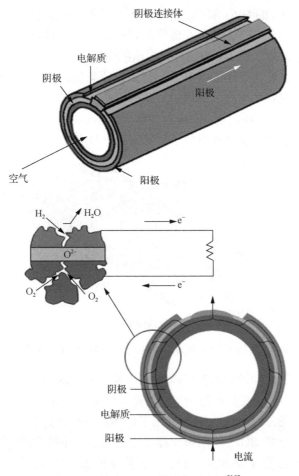

图 1-3 管式 SOFC 的结构示意图[10]

表 1-2　管式 SOFC 与平板式 SOFC 的性能对比

性能	管式 SOFC	平板式 SOFC
单位面积功率密度	低	高
体积功率密度	低	高
高温密封	不必需	必需
启动速度	快速	慢
连接	困难	较容易
制造成本	高	低

1. 扁管式 SOFC

2000 年，西门子-西屋动力公司 Singhal 率先提出了一种高能量密度(high power density，HPD)的 HPD-SOFC 结构设计[2]。这种结构的特点是兼具管式 SOFC 和平板式 SOFC 的优势，既无须高温密封材料，又能够显著提高单位长度的功率密度及体积功率密度。图 1-4 为该公司提出的阴极支撑型 HPD-SOFC 结构设计示意图。从图中可以看出，HPD-SOFC 与管式设计类似，都具有密闭的一端，可以为整个电池提供完整的空气流通通道，从而不必采用任何密封手段。不同的地方在于 HPD-SOFC 独有的扁平表面，可有效增大输出功率密度；内部构建的一些"肋条"作为电流的通路，显著地缩短了集流路径，从而大大降低了电池内阻。

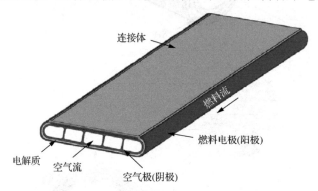

图 1-4　西门子-西屋动力公司提出的 HPD-SOFC 的结构设计

HPD-SOFC 的结构设计被提出以来，迅速得到了 SOFC 业界的广泛关注。为了降低电池操作温度、提高电池功率，进而实现扁管式 SOFC 的实用化，从 2002 年开始，日本京瓷公司(Kyocera)开发出了以 Ni/YSZ 为支撑的扁管式 SOFC，相比阴极支撑型扁管式 SOFC，阳极支撑型电池具有更小的欧姆电阻和更高的输出功率。单体电池采用 YSZ-SDC(SDC 为钐掺杂的氧化铈)双层电解质结构，使用镧锶钴铁(LSCF)作为阴极材料，改性铬酸镧作为连接体材料，工作温度为 750℃，单体电池功率在 5～10W，电池堆功率为 700～1000W，并开发了 CHP 系统，整体效率达到 90%，如图 1-5 所示。孙克宁团队作为国内最早开展扁管式 SOFC 研究的课题组，设计并开发了长度为 150mm、阴极有效工作面积约为 30cm^2 的 Ni/YSZ 阳极支撑型扁管式 SOFC，并采用钛酸锶镧作为新型连接体材料，提高了电池的稳定性和界面兼容性，如图 1-6 所示。

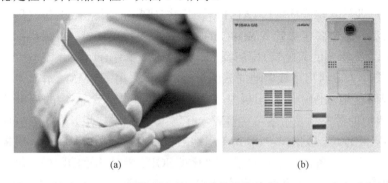

(a)   (b)

图 1-5 日本京瓷公司开发的扁管式 SOFC 单体电池(a)和 SOFC 发电系统(b)

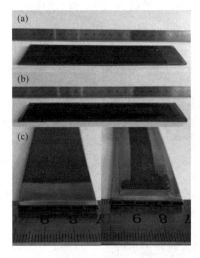

图 1-6 孙克宁团队开发的阳极支撑型扁管式 SOFC 照片

2. 微管式 SOFC

微管式 SOFC 兼具管式 SOFC 和平板式 SOFC 的优点，其管径由厘米级、亚毫米级缩小至微米级，代表了 SOFC 的未来发展方向。微管式 SOFC 一般为自支撑型，即以电池本身的一部分作为整个电池的结构支撑。根据支撑结构的不同，自支撑型微管式 SOFC 可分为阳极支撑型、阴极支撑型和电解质支撑型三种。支撑结构要求具有一定厚度，以保证可提供足够的机械强度。在这三种结构中，阳极支撑结构更容易被采纳,这是因为含 Ni 元素的阳极陶瓷支撑管具有良好的机械强度和导电性,并且容易在其上沉积一层薄而致密的 YSZ 电解质,可大大降低电池的欧姆内阻[14]。阳极支撑组件的制备与无机陶瓷管生产技术密切相关。目前,中空陶瓷管的生产技术主要包括传统的塑性挤出成型[15]、冷等静压成型[16]、注浆成型[17]等几种,塑性挤出成型是当前使用最广泛的生产技术。

日本产业技术综合研究院(AIST)精细陶瓷研究组的 Suzuki 等采用传统的塑性挤出成型技术制备了微管式 SOFC 的 Ni-GDC 支撑阳极管,并采用涂覆工艺制备了 GDC(钆掺杂的氧化铈)电解质和 LSFC-GDC 复合阴极,该电池的直径为 0.8mm。图 1-7(a)给出了该电池的截面形貌,由于采用了 PMMA 作为造孔剂,因此可以很明显地从图中看到阳极中有呈球形的孔洞存在。电池的放电性能佳,550℃时电池的最大功率密度可达 $1W \cdot cm^{-2}$[18]。他们进一步开发了立方体形的微管式 SOFC 电池堆,见图 1-7(b),单电池被包裹在一个阴极基体中,阴极基体同样采用挤出工艺制备,其中包含了同微管式 SOFC 外径相近的凹槽,每个基体包含 5 个凹槽,能够容纳 5 个单电池,这 5 个单电池组成一组。立方体型微管式 SOFC 电池堆包含 20 个直径为 0.8mm 的微管式 SOFC 单电池,其体积约为 $0.8cm^3$,500℃时电池堆的开路电压为 3.6V,放电功率为 2W,对该电池堆进行了 5 次 3min 内从 150℃到 400℃的快速启动测试,发现电池堆性能没有任何衰减。

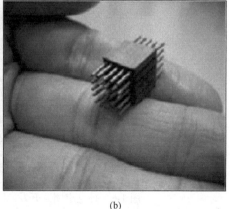

(a)   (b)

图 1-7 微管式 SOFC 截面 SEM 照片(a)[18]和立方体形微管式 SOFC 电池堆的照片(b)[19]

近些年来,基于聚合物溶液浸没沉淀相转化原理而提出的陶瓷膜制备技术发展很快,应用该原理结合纺丝技术和烧结工艺可以用来制作阳极支撑微管式 SOFC 的中空纤维阳极。该方法制得的阳极微管具有不对称结构,比表面积大,有利于燃料气和产物气的传质扩散,可大幅降低电池内阻,提高能量转换效率。更重要的是,该方法要求的仪器设备价格低廉,操作工艺简单,有利于降低生产成本。孙克宁团队采用相转化技术制备了 Ni/YSZ 微管阳极,并通过涂敷工艺制备了 Ni-ScSZ 阳极功能层、ScSZ 电解质及 LSM-YSZ 复合阴极，图 1-8(a)、(b) 为制备完成的微管式 SOFC 的数码照片。从图中可以看出，微管式 SOFC 单电池 全长为 2cm，直径为 1.3mm，阴极长度为 5mm。从图 1-8(c)可以看出，Ni/YSZ 微管阳极具有典型的不对称结构。指型孔分布在管壁的两侧，中间是海绵状孔结 构。双孔道阳极的气体透过率为 $(3\sim8)\times10^{-5}\mathrm{mol}^{-2}\cdot\mathrm{s}^{-1}\cdot\mathrm{pa}^{-1}$，可见指型孔有利于 燃料气的快速扩散，能够减小燃料气在支撑阳极当中的气体传输阻力，是一种优 秀的气体传输介质[20]。Ni/YSZ 微管阳极的厚度约为 135μm，减薄的壁厚同样也有 利于燃料气在阳极当中的扩散。图 1-8(d)显示了电解质/阳极界面的微观结构，可 以看出，ScSZ 电解质膜的厚度约为 14μm，该电解质膜致密无通孔。在 ScSZ 电 解质膜和 Ni/YSZ 微管支撑阳极之间引入了一层 Ni-ScSZ 阳极功能层。Ni-ScSZ 阳 极功能层的厚度约为 11μm，并与 ScSZ 电解质膜和 Ni/YSZ 微管支撑阳极均紧密 结合。Ni-ScSZ 阳极功能层中孔的孔径均小于 Ni/YSZ 微管支撑阳极中的指型孔的 孔径，这样会增加 ScSZ 电解质/Ni-ScSZ 阳极功能层之间的三相反应界面，有利 于电池性能的提高。并且 Ni-ScSZ 阳极功能层还能够起到调节 ScSZ 电解质和 Ni/YSZ 微管支撑阳极之间的热膨胀系数的作用，有利于电池结构的稳定。Ni/YSZ 微管支撑阳极中的指型孔垂直于 Ni-ScSZ 功能层，这样的结构有利于燃料气在 Ni-ScSZ 阳极功能层中的扩散。该电池 800℃时最大功率密度为 $1.0\mathrm{W}\cdot\mathrm{cm}^{-2}$，燃料 利用率为 57.14%。

图 1-8 微管式 SOFC 的数码照片和阳极支撑 ScSZ 电解质 SOFC 截面 SEM 照片
(a)长度；(b)直径；(c)整体形貌；(d)电解质/阳极界面结构

1.5　SOFC 发展趋势及问题与挑战

1.5.1　SOFC 发展趋势

1. 国外发展现状

由于在电能和热能方面的高效率，20 世纪 80 年代出现的 MCFC 和 90 年代出现的 SOFC 都得到了快速发展。管式 SOFC 是最接近商业化的 SOFC 发电技术。西门子-西屋动力公司是高温管式 SOFC 技术的先锋。该公司已经制造和运行了多套标称功率至 220kW 的完整电站系统，并形成了单班每年 4MW 的生产能力。日本的 Kansai 电力公司、Ontario Hydro 等公司也在开展管式 SOFC 的研究和开发。

加拿大 Global 热电公司在中温 SOFC 电池的研发领域具有举足轻重的地位，Global 的研发方向为中温平板型 SOFC，他们已建立了每年最终生产能力 10MW 的中间工厂，并在 2000 年后期开始优化电池制造工艺。目前，他们开发的 750℃ 操作的阳极负载 SOFC 电池堆样机具有很好的性能，单个燃料电池输出功率密度大于 $1W \cdot cm^{-2}$，电池堆输出功率密度大于 $600MW \cdot cm^{-2}$。电池中电解质 YSZ 的厚度仅 5～10μm，以氢气作燃料，在 700℃、750℃ 和 800℃ 时其输出功率密度分别为 $0.723W \cdot cm^{-2}$、$1.093W \cdot cm^{-2}$ 和 $1.216W \cdot cm^{-2}$；当燃料利用率为 80% 时，其输出功率密度仍达到 $0.5W \cdot cm^{-2}$ 以上。

西北太平洋国家实验室(Pacific Northwest National Laboratory，PNNL)用流延法制备厚约 10μm 的 YSZ 电解质和厚约 600μm 的 NiO/YSZ 阳极，并在 1350℃ 共烧结 1h，阴极采用 Sr 掺杂的锰酸镧 LSM+YSZ，或者 Sr 掺杂的铁酸镧(LSF)，用丝网印刷法涂渍到电解质层上然后烧结。这类电池的性能很大程度上取决于阴极和阴极/电解质接口的微结构。PNNL 正在进行这方面的优化工作以期达到高且稳定的电池性能。800℃ 时，电池最大输出功率密度为 $1W \cdot cm^{-2}$(在 0.7V 时，空气作氧化剂，97vol%H_2+3vol%H_2O[①]作燃料)。

美国的 Ztek 公司发展了可移动和固定场地应用的平板式 SOFC 的发电系统。自 1984 年以来 Ztek 公司已处于 SOFC 电池发展(包括集成工厂系统)的前列。Ztek 制造出 25kW 的 SOFC 系统，整个系统可装于一辆卡车上，该系统已成功操作超过 25000h。其平板式 SOFC 组件结构简单，制备价格低，能以极高的效率回收副产物和废热，系统的整体性简单，有替代目前发电系统的潜力。但是在平板式 SOFC 中需要有密封件用以分隔空气和燃料，高温密封的困难使平板式 SOFC 在实际发电中的应用受到了限制。

――――――――――

① vol%表示体积分数。

美国布鲁姆能源公司(Bloom Energy, BE)的其核心技术源于 NASA 火星计划的一部分。2010 年, BE 的商用微型燃料电站 Bloom Box 问世, 且在互联网数据中心(IDC)、大型卖场、通信基站等领域得到初步应用, 融资 4 亿美元, 致力于降低电池成本, 在多家高科技公司设有示范系统, 近期目标为将每个家庭用户成本降到 3000 美元。

三菱重工自 20 世纪 80 年代开始研究 SOFC 大规模发电系统。三菱重工与日立制作所(Hitachi)合并火力发电系统业务, 于 2014 年 2 月 1 日成立了三菱日立电力系统株式会社(MHPS)。2012 年, 在东京燃气株式会社示范运行的 250kW 固体氧化物燃料电池-微型汽轮机(SOFC-MGT)混合动力系统, 性能非常稳定, 运行 4100h 几乎无衰减(电压衰减 $0\% \cdot 1000h^{-1}$)。2015 年, 在日本九州大学示范运行 250kW 加压 SOFC-MGT 混合发电系统。

Chubu 电力与三菱重工合作生产出一种 MOLB 特殊面状的 SOFC, 在热测定方面, 以 $100℃ \cdot h^{-1}$ 的温度变化, 经 $500 \sim 1000℃$ 的 25 次循环试验, 各项指标没有任何衰变。该种型号的电池体系正在接受 25kW 的长期测定。两家公司还生产出一种高压的 SOFC, 在这种体系中采用分隔管式结构, 目前运行已达 7000h, 电压衰减仅为 1%~2%。此外, 他们还制造了 1kW 的电极电解质和内部连接物, 进一步降低了成本。尼桑等公司采用湿法生产管状条式 SOFC, 管直径为 2.2cm, 有效高度为 70cm, 这种体系工作时输出功率已达几千瓦。对充氢电池体系, 在 900℃ 和 $0.3A \cdot cm^{-2}$ 的电流密度下, 经 2000h 工作, 电压下降率仅为 $0.3\% \cdot 1000h^{-1}$; 在 $0.18W \cdot cm^{-2}$ 的输出功率下, 燃料的利用效率可达 80%, 适合于大规模生产。

2. 国内发展现状

与发达国家相比, 我国在这一领域的起步较晚, 加之资金投入不够, 技术积累不多, 所以在该领域的技术明显落后。在国内, 中国科学院上海硅酸盐研究所、中国科学院大连化学物理研究所、哈尔滨工业大学、吉林大学、中国科学技术大学、中国矿业大学等一直致力于 SOFC 的研发。

中国科学院宁波工业技术研究院新能源技术研究所提出了一种中空全对称阳极支撑结构的平板型 SOFC, 并通过干压成型与 YSZ/GDC 共烧结的方法制备了有效面积为 $20cm^2$ 的阳极支撑 LSCF/GDC/Ni/YSZ/GDC/LSCF 电池。图 1-9 为中空对称电池全电池, 该电池电解质与阻挡层完全致密, 氧化还原下彻底热循环后电池性能依然能恢复, 这突破了传统阳极支撑电池能够承受氧化、还原的极限。当前条件下, 电池在稳定运行下的衰减率约 $1.7\% \cdot 100h^{-1}$, 而单次热循环下衰减率为 $1.6\% \cdot 100h^{-1}$。经过优化后, 电池在 750℃ 下输出功率密度性能达 $0.33W \cdot cm^{-2}$ 和 0.7V, 电池的电化学性能有待提高。

图 1-9　中空对称电池全电池

西安交通大学动力工程多相流国家重点实验室国际可再生能源研究中心提出了发电模式到发电联合化工产品生产的思路。国际上已有案例采用燃料电池阳极的氧化反应对于阳极燃料进行化学重整，在发电的同时产生有价值的化工产品。该方法对于化工生产领域将产生巨大的价值，而在传统的方法中该部分电能则以热能的方式被浪费。

华中科技大学研究了 SOFC 电池堆长期稳定性，发现电池长期运行后性能衰减的因素包括 Cr 对阴极的毒化作用、金属连接体高温氧化、气体渗漏与高温密封。研究发现，采用新型含 Mo 合金比 SUS430 具备更好的抗 Cr 毒化阴极能力；通过制备金属连接体高温导电涂层防护，明显降低了氧化层阻抗；开发了玻璃基和陶瓷基的密封材料，取得了良好的密封效果。

中国科学院上海硅酸盐研究所研究确立了高性能的单电池和高稳定性的千瓦级电池堆。制备的标准电池尺寸为 20cm×20cm，电池体系为 NiO-YSZ|YSZ|GDC|LSCF，单电池功率 70～160W（H_2/空气）。研究优化了电池堆集成工艺参数，形成由 50 片 20cm×20cm 电池构成的电池堆（ST200-50），输出功率 3875W，单位面积功率 0.3W·cm^{-2}（H_2:64L·min^{-1}），发电效率 51%（1800W、H_2:20L·min^{-1}），电池堆冷热循环 11～30 次；百瓦级电池堆运行 3100h，衰减率小于 2%·1000h^{-1}。潮州三环（集团）股份有限公司在 Bloom Energy 成立之初（2005 年）就与之合作，进行燃料电池陶瓷隔膜板的研发，为 Bloom Energy 配套生产燃料电池用陶瓷隔膜板，用以隔绝正负极反应。目前，该公司在 SOFC 领域出售电解质隔膜板和 1kW 级电池堆。电池在 750℃下运行一年，电效率仍在 60% 以上，经 24 次热循环，每循环电压衰减不超过 0.15%，无泄漏发生。2013 年 4 月，中国科学技术大学与日本 SHINCRON 株式会社合作成立了吉世尔（合肥）能源科技有限公司。2014 年 8 月，"联想之星"投资成立宁波索福人能源技术有限公司，生产的电池堆输出功率 1300W，燃料利用率 94.3%，发电效率 72.5%。

孙克宁团队在 SOFC 单体电池即相关电池材料方面进行研究，已掌握了大尺寸平板式 SOFC 单体电池共流延制备技术、高温低氧化连接体表面涂层处理技术及高温刚性、柔性密封材料合成制备技术，取得了良好的成果。图 1-10 为孙克宁团队 2010 年采用电解质与阳极的共流延共烧结方法成功制备出的 100mm×100mm

平整大尺寸单体电池,所制备的单体电池在 750℃、H_2 条件下功率达到 26.9W·cm^{-2}。由两个单体电池组装的电池堆放电功率密度达到 51.2W,放电开路电压达到 2.22V。在此基础上,结合全新的连接体结构设计和独有的钙钛矿氧化物保护涂层技术,于 2015 年成功开发了功率为 573W 的阳极支撑 SOFC 电池堆。

发明了BCAS微晶玻璃密封材料
授权专利(ZL200410013582.3)

图 1-10 流延共烧结技术制备 SOFC 单体电池

孙克宁团队在电池材料方面取得了很好的成果。例如,采用直流电场烧结可在短时间内和较低的温度下获得致密电解质。浸渍法制备了 Ni-CeO_2 直接甲烷阳极,在提高其抗积碳性能的同时降低了金属 Ni 的用量,并研究确定了最佳的浸渍工艺[21,22]。通过浸渍法制备了三维纳米结构阴极,提高了阴极的三相界面长度,增加了阴极比表面积及催化反应活性区等。通过浸渍自制的 PS 模板制备了结构完整的三维有序大孔(3-DOM)结构的 LSM/YSZ 阴极薄膜,大大降低了电池阴极的极化电阻(ASR)[23,24]。采用等离子喷涂的方法和电化学沉积的方法在连接体上制备的金属 Ni、$La_{0.8}Sr_{0.2}FeO_{3-\delta}$(LSF20)和 $La_{0.8}Sr_{0.2}Mn(Fe)O_{3-\delta}$(LSM20)保护涂层等,均在一定程度上提高了 SUS430 合金的抗高温腐蚀性[25,26]。

近年来,我国对于燃料电池乃至 SOFC 的发展愈发重视。2013~2016 年,国家重大部署陆续出台:2013 年 8 月,国家能源局发布《分布式发电管理暂行办法》和《关于印发大力发展分布式发电若干意见》;2016 年 4 月,国家发展和改革委员会和国家能源局联合发布《能源技术革命创新行动计划(2016—2030 年)》,该计划指出"氢能与燃料电池技术创新:燃料电池分布式发电,重点在质子交换膜燃料电池(PEMFC)、固体氧化物燃料电池(SOFC)、金属空气燃料电池(MeAFC),以及分布式制氢与燃料电池(PEMFC 和 SOFC)的一体化设计和系统集成等方面开展研发与攻关；SOFC 分布式发电系统使用寿命达到 40000h 以上"。2016 年 6 月，国家发展和改革委员会、工业和信息化部、国家能源局联合发布的《中国制造 2025——能源装备实施方案》中指出"燃料电池的百千万至兆瓦级固体氧化物燃料电池 (SOFC) 发电分布式能源系统：突破 SOFC 电催化材料、膜电极、高温双极连接体关键技术，掌握长寿命 (＞40000h) 的管型和板型 SOFC 及其关键部件的批量制备与生产技术、系统集成技术"。在该实施方案中单独列出了燃料电池发展规划，与中国共产党第十五次全国代表大会主要任务并列，在国内尚属首次。

1.5.2 问题与挑战

在 SOFC 发展及商业化过程中，热电联供技术有效提高了 SOFC 的工作效率，但高温燃料电池仍然存在的问题是高的工作温度对电池寿命的影响。因此，在电池材料开发、电池组装技术、电池系统设计及电池管理等各方面需要继续进行联合研究，实现学科交叉，以促进 SOFC 的商业化进程。关键问题如下。

(1) 对电池材料、电池密封技术、电池堆组装等研究，存在重复性工作，需进行分类研究，定期交流，合作开发电池系统，减少资源浪费。

(2) 在研究电池输出性能和长期稳定性如何提高的同时，需加强 SOFC 理论研究和工艺实现，降低 SOFC 的工作温度和制造成本，切实促进 SOFC 产业化发展。

(3) 国内 SOFC 产业化发展中，仅有的产品主要为单电池部件和小型电池堆，较为单一，且产量不足，整体发展滞后，在产业化尤其是示范系统方面缺乏经验。

(4) 难以进行市场竞争，相对传统发电，SOFC 发电较高，缺乏市场竞争力，需要国家补贴或实现技术突破，才能替代部分传统能源。

面临的挑战包括如下。

(1) 积累研究成果，考虑切实可行的产业化路线，展示给国家，争取国家支持。

(2) 共享或交换电池制造技术，定期交流，沟通合作。转变研究思路，从高校研究为主向用户需求决定研究方向转变，实现企业主导、政府补贴、高校攻关的合作模式，促进产业化发展。

(3) 明确任务，确认分工。实现单电池-电池堆系统-工业化设计-产业布局发展格局，分工合作，多领域、多学科互动，共同发展。

(4) 电池堆产业化的核心问题是长期稳定性，需在降低电池堆成本和稳定电池堆性能方面实现技术突破。

1.6 SOFC 特点及应用

SOFC 的优势符合能源市场的自由化、环境意识的加强和分布式发电的趋势。SOFC 系统最诱人的特性是效率高、燃料的适应性强及几乎没有颗粒物、NO_x、SO_x 和未燃烧的一氧化碳与烃类的排放。以燃气机、燃气涡轮机和组合循环装置等有竞争力的系统设定的经济和技术的规格为基准，SOFC 组合系统在电效率、部分负荷效率和排放方面都比现有的技术具有更明显的优势。SOFC 的具体特点如下。

(1)高的工作温度(一般在 600℃以上)有效地提升了电极的反应活性，使其不必像其他低温燃料电池那样使用贵金属催化剂，而代之以廉价的氧化物电极材料。

(2)高温工作拓宽了燃料气体的选择范围，价格相对低廉的烷烃类燃料可以在电池内部重整和氧化产生电能。这样就避免了使用价格相对昂贵的氢气作为燃料。同时，高温工作大大提高了电池对硫化物的耐受能力，其耐受能力比其他燃料电池至少高两个数量级。

(3)SOFC 工作时产生大量的余热，可以实现热电联用，提高发电系统的效率，理论上电池的总效率可以达到 80%左右。

(4)SOFC 是全固态结构，可以避免使用液态电解质所带来的腐蚀和电解液流失等问题，全固态结构还有利于电池的模块化设计，提高电池体积比容量，降低设计和制作成本。

SOFC 发电系统有着广泛的应用，目前已确定能使用 SOFC 的市场包括家居、商业和工业热电联供、分布式发电、运输领域的辅助电源装置及轻便电源。SOFC 作为移动式电源，可以为大型车辆提供辅助动力源。第一辆以 SOFC 作为辅助电源系统(auxiliar power unit，APU)的汽车，由 BMW 与 Delphi 合作推出，于 2001 年 2 月 16 日在德国慕尼黑问世。作为美国能源部固体能源转换协会的示范项目，美国汽车配件厂商戴姆勒公司在华盛顿由美国能源部主办的展会上展出使用 SOFC 的第二代辅助电源装置，用煤气作燃料。SOFC 辅助电源装置质量为 70kg，体积为 44L，与第一代装置相比，质量和体积均缩小了 75%，SOFC 辅助电源装置是针对轿车、商用车、军用车及固定电源等用途设计的，输出功率为 5kW。图 1-11 为 SOFC 应用领域图片。SOFC 这种应用的优点如下。

(1)可以使用与内燃机相同的烃燃料(如汽油、柴油)。

(2)可以提供有用的热能。

(3)发电机停机状态下可以运行。

(4)比现有的发电系统的效率高得多。

(5)排放低。

家庭电站　　　　　　　　　　固定电站

便携式全天候电源

动力辅助电源

图 1-11　SOFC 应用领域图片

参 考 文 献

[1] 衣宝廉. 燃料电池——原理、技术及应用. 北京: 化学工业出版社, 2003.

[2] 拉米尼, 詹姆斯, 迪克斯, 等. 燃料电池系统——原理·设计·应用. 北京: 科学出版社, 2006.

[3] 姚思童, 司秀丽, 杨军, 等. 燃料电池的工作原理及其发展现状. 沈阳工业大学学报, 1998, 20(1): 48.

[4] Cropper M A J, Geiger S, Jollie D M, et al. Fuel cells: A survey of current developments. Journal of Power Sources, 2004, 131(1~2): 57-61.

[5] 李瑛, 王林山. 燃料电池. 北京: 冶金工业出版社, 2000.

[6] 刘建国, 孙公权. 燃料电池概述. 物理学与新能源材料专题, 2004, 33(2): 79-84.

[7] 奥海尔. 燃料电池基础. 北京: 电子工业出版社, 2007.

[8] 毛宗强. 燃料电池. 北京: 化学工业出版社, 2005.

[9] Minh N Q, Takahashi T. Science and technology of ceramics fuel cells. Amsterdam: Elsevier, 1995: 235-296.

[10] Singhal S C, Iwahara H. Tubular solid oxide fuel cells. Proceedings of the Third International Symposium on Solid Oxide Fuel Cells, 1993: 665-677.

[11] Yahiro H, Baba Y, Eguchi K, et al. High temperature fuel cell with ceria-yttria solid electrolyte. Journal of the Electrochemical Society, 1988, 135: 2077-2080.

[12] Zhen Y D, Tok A I Y, Jiang S P, et al. Fabrication and performance of gadolinia-doped ceria-based intermediate-temperature solid oxide fuel cells. Journal of Power Sources, 2008, 178(1): 69-74.

[13] Itoh H, Hiei Y, Yamamoto T, et al.Optimized mixture ration in YSZ-supported Ni/YSZ anode material for SOFC. Electrochemica Society Proceedings, 2001, 16(7): 751-757.

[14] Suzuki T, Funahashi Y, Yamaguchi T, et al. Fabrication and characterization of micro tubular SOFCs for advanced ceramic reactors. Journal of Alloys and Compounds, 2008, 451:632-635.

[15] Jardiel T, Levenfeld B, Jiménez R, et al. Fabrication of 8-YSZ thin-wall tubes by powder extrusion moulding for SOFC electrolytes. Ceramics International, 2009, 35(6): 2329-2335.

[16] Tucker M C. Progress in metal-supported solid oxide fuel cells: A review. Journal of Power Sources, 2010, 195(15): 4570-4582.

[17] Hanifi A R, Torabi A, Etsell T H, et al. Porous electrolyte-supported tubular micro-SOFC design. Solid State Ionics, 2011, 192(1): 368-371.

[18] Suzuki T, Funahashi Y, Yamaguchi T, et al. Effect of anode microstructure on the performance of micro tubular SOFCs. Solid State Ionics, 2008, 180(6-8): 546-549.

[19] Suzuki T, Funahashi Y, Yamaguchi T, et al. Cube-type micro SOFC stacks using sub-millimeter tubular SOFCs. Journal of Power Sources, 2008, 183(2): 544-550.

[20] 孙旺. 双孔道阳极支撑 SOFC 的制备及其电化学性能研究. 哈尔滨: 哈尔滨工业大学, 2013: 53.

[21] Qiao J S, Sun K, Zhang N Q, et al. Ni/YSZ and CeO_2-Ni/YSZ anodes prepared by impregnation for Solid Oxide Fuel Cell. J Power Sources, 2007, 169: 253-258.

[22] Qiao J S, Zhang N Q, Wang Z H, et al. Performance of mix-impregnated CeO_2-Ni/YSZ anodes for direct oxidation of methane in solid oxide fuel cells. Fuel cells, 2009, 5(9): 729-739.

[23] Zhang N Q, Li J, He Z L, et al. Preparation and characterization of nano-tube and nano-rod structured $La_{0.8}Sr_{0.2}MnO_{3-\delta}/Zr_{0.92}Y_{0.08}O_2$ composite cathodes for solid oxide fuel cells. Electrochemistry Communications, 2011, 13(6): 570-573.

[24] Li J, Zhang N Q, Ni D, et al. Preparation of honeycomb porous solid oxide fuel cell cathodes by breath figures method. International Journal of Hydrogen Energy, 2011, 36(13): 7641-7648.

[25] Fu C J, Sun K N, Zhang N Q, et al. Effects of protective coating prepared by atmospheric plasma spraying on planar SOFC interconnect. Rare Metal Materials and Engineering. 2006, 35(7): 1117-1120.

[26] Fu C J, Sun K N, Zhou D R. Effects of $La_{0.8}Sr_{0.2}Mn$ (Fe) $O_{3-\delta}$ protective coatings on SOFC metallic interconnects. Journal of Rare Earth. 2006, 24(3): 320-326.

第2章　固体氧化物燃料电池电解质

电解质是固体氧化物燃料电池的核心部件，它起到传递氧离子，同时将燃料气和氧化气隔离的双重作用，要求其具有较高的离子电导率和离子迁移数、良好的热稳定性和化学稳定性，因此电解质材料的性能是决定电池性能的关键因素之一。

2.1　固体电解质的特性及空间电荷层

2.1.1　固体电解质的特性

SOFC 对固体电解质的要求如下。

(1)高的离子电导率。作为燃料电池中的核心部件，SOFC 中的固体电解质主要功能是传输离子电荷，要求电解质材料在很宽的氧分压范围内具有高的离子电导率，一般要求在工作温度下离子电导率大于 $10^{-2}\text{S}\cdot\text{cm}^{-1}$，并且长时间保持稳定。

(2)高的离子迁移数。良好的电解质材料应为正或负离子单向导电，不应该在电解质内部出现电子导电，避免降低电池电动势，因此必须有高的离子迁移数。

(3)良好的结构稳定性。在氧化和还原气氛下，以及从室温到制备/操作温度的范围内，电解质材料必须具备结构稳定性，避免发生相变或外形尺寸变化。

(4)良好的化学稳定性。在双重气氛下和从室温到制备/操作温度范围内，电解质都应该与其他电池元件在化学上相容，不发生界面反应，保持化学稳定性。

(5)与其他电池元件有良好的热膨胀匹配性。从室温到制备/操作温度范围内，电解质都应该与其他电池元件热膨胀系数相匹配，避免开裂、脱落和接触不良。

图 2-1 列出了几种典型电解质的阿伦尼乌斯(Arrhenius)曲线。SOFC 的氧离子导体型电解质中，研究最早且应用最为广泛的是 Y_2O_3 稳定的 ZrO_2(YSZ)，此外，CeO_2 基电解质、Bi_2O_3 基电解质和 $LaGaO_3$ 基电解质等中低温电解质材料也受到广泛关注与应用。最近，还发现了许多其他材料也具有良好的氧离子传导性能，如钙铁石和六方晶系氧化物等。离子电导率可以用随机行走方程描述[1]：

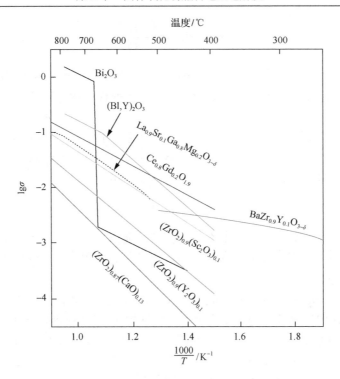

图 2-1　几种电解质的阿伦尼乌斯曲线

$$\sigma = cZe\mu = \left(\frac{c\gamma vZ^2e^2a^2}{kT}\right)\exp\left(-\frac{\Delta g_{\mathrm{m}}}{kT}\right) \qquad (2\text{-}1)$$

式中，γ 为考虑不同扩散的几何因子；c 为晶体中移动离子的浓度；a 为跳动距离；Z 为电荷量；Ze 为离子电量；μ 为粒子的迁移率；v 为试图跳跃的频率；k 为 Boltzmann 常量；g 为没有外加电场迁移的能量；T 为热力学温度，K；Δg_{m} 为从一个稳定位置迁移到另一个稳定位置需要克服的能垒高度。能垒高度项通常写为两部分：

$$\Delta g_{\mathrm{m}} = \Delta h_{\mathrm{m}} - T\Delta s_{\mathrm{m}} \qquad (2\text{-}2)$$

式中，Δh_{m} 为氧空位迁移焓变；Δs_{m} 为氧空位迁移熵变。式 (2-1) 可写成

$$\sigma = cZe\mu = \left(\frac{c\gamma vZ^2e^2a^2}{kT}\right)\exp\left(-\frac{\Delta h_{\mathrm{m}}}{kT}\right)\exp\left(\frac{\Delta s_{\mathrm{m}}}{k}\right) \qquad (2\text{-}3)$$

这个方程表现了阿伦尼乌斯型行为：

$$\sigma T = \sigma_0 \exp\left(-\frac{\Delta h_{\mathrm{m}}}{kT}\right) \qquad (2\text{-}4)$$

式中，σ_0 为常数。这个方程通常写成以下更普遍的形式：

$$\sigma T = \sigma_0 \exp\left(-\frac{E_a}{kT}\right) \tag{2-5}$$

式中，E_a 为传导的活化能。通常以 $\ln(\sigma T)$ 对 $1/T$ 的图像的斜率求有关活化能的量。

对于氧离子导体，如掺杂的氧化铈，由 M^{3+} 取代主体晶格 Ce^{4+} 产生的氧空位引起高离子导电性。但 M'_{Ce} 与氧空位之间也存在库仑作用，形成有序的二元团簇 $(M'_{Ce}:V_{\ddot{O}})$ 或多元团簇 $(M'_{Ce}:V_{\ddot{O}}:M'_{Ce})$。形成这种团簇有一个临界温度 T^*，温度低于 T^* 时，氧空位团聚于 T^* 中心；当温度高于 T^* 时，发生团簇的解离，氧空位可在晶格中自由活动，即自由氧空位。因此，E_a 可进一步写成

$$E_a = \Delta H_m + \Delta H_a \tag{2-6}$$

式中，ΔH_m 为氧空位跃迁到相邻空位所需要的能量。由于低温下的团聚作用，氧空位受到束缚无法自由移动，因此，ΔH_a 为氧空位从团簇中解离形成自由氧空位所需要的缔合焓。

例如，Huang 等[2]对 $Ce_{0.90}Gd_{0.10}O_{1.95}$ 的研究认为，阿伦尼乌斯曲线为两条相交的直线，在中低温范围内并不完全符合线性规律，T^* 为 (583 ± 45)℃，两部分的回归方程的斜率不一致。氧离子电导的活化能由两部分组成[3]，因此一般电导率在整个低温—高温的范围内并不完全符合阿伦尼乌斯线性规律，电导率在两个温度段的阿伦尼乌斯曲线表现为两条相交的直线，其交点对应的温度即为临界温度 T^*，并且两个温度段的活化能差值大小即为解离焓 ΔH_{ass} 的大小。图 2-2 给出了 $Ce_{0.90}Bi_{0.02}Gd_{0.08}O_{1.95}$ 在 1300℃烧结后试样的阿伦尼乌斯曲线，温度为 350~800℃。从图中可以判断出，550℃为临界温度，解离焓大小为 0.23eV。

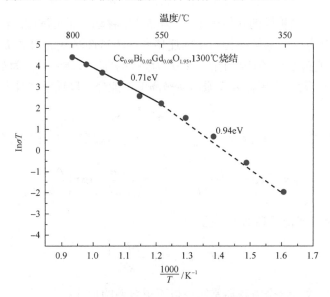

图 2-2　$Ce_{0.90}Bi_{0.02}Gd_{0.08}O_{1.95}$ 的电导率-温度关系曲线(1300℃煅烧)

2.1.2 空间电荷层

即使是高纯的电解质材料，其晶界电阻也比晶粒电阻高出几个数量级，晶界的阻塞效应产生的原因是在晶界核附近存在氧空位的耗尽层，即空间电荷层，这种氧空位的耗尽来源于带正电的晶界核对氧空位的排斥作用，这种效应可以用砖层模型来描述。图 2-3 是砖层模型示意图。

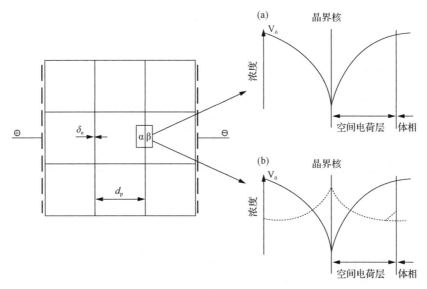

图 2-3 砖层模型示意图[4]

(a) 空间电荷层空位分布；(b) 空间电荷层电荷分布

模型假定晶粒是方形的，d_g 是晶粒尺寸，δ_{gb} 是晶界层厚度，且晶粒结构规则，分布均匀，晶界由晶体失配区（晶界核）和相邻的两个空间电荷组成。对于晶界阻塞效应的理解，最常用且最有效的是砖层模型。晶界是由两个空间电荷层和二者之间的晶界核组成。其中，空间电荷层是一个弱传导层，晶界核是氧空位过剩层。由于晶界的电中性特质及库仑引力的作用，晶界核的两侧是带负电的氧空位耗尽层即空间电荷层。平衡状态时，晶界的两个空间电荷层是对称的，空间电荷层的存在导致了晶界电导率低于本体的晶粒电导率[5]。

对于受主掺杂的电解质体系，在晶界处存在着空间电荷耗尽层，此处的氧空位浓度远低于本体中的氧空位浓度[6]：

$$\frac{\left[V_{\ddot{O}}\right](X)}{\left[V_{\ddot{O}}\right](\text{bulk})} = \exp\left[-\frac{1}{2}\left(\frac{X-\lambda^*}{\lambda}\right)^2\right], \quad X \leqslant \lambda^* \tag{2-7}$$

式中，X 为晶界核到空间电荷层 $(X < \lambda^*)$ 计算点的垂直距离；λ^* 为空间电荷层的厚度，$\lambda^* = 1/2\delta_{gb}$；$\lambda$ 为德拜长度。当 $X \geqslant \lambda^*$ 时，$[V_{\ddot{O}}](X)/[V_{\ddot{O}}](bulk) = 1$，这里的 $[V_{\ddot{O}}](X)$ 是空间电荷层中某一点的氧空位浓度。为了计算氧空位在空间电荷层的分布，需要确定公式 (2-7) 中的德拜长度 λ 和空间电荷层厚度 λ^*（或者晶界层厚度 δ_{gb}）。其中，λ 可以根据式 (2-8) 计算：

$$\lambda = \frac{1}{4}\delta_{gb}\left(\frac{e\Delta\varphi(0)}{k_B T}\right) \tag{2-8}$$

这里 $\Delta\varphi(0)$ 称为空间电荷势或肖特基势垒高度，即由缺陷引起的迁移过程需要跨越的能量跃迁高度，该值与颗粒尺寸大小有关[7]。而公式中的 δ_{gb} 代表的是晶界层的厚度，它由晶粒、晶界电容和颗粒尺寸决定：

$$\delta_{gb} = \frac{C_b}{C_{gb}}G \tag{2-9}$$

式中，C_b 为晶粒电容 $(F \cdot cm^{-1})$；C_{gb} 为晶界电容 $(F \cdot cm^{-1})$；G 为平均颗粒尺寸 (μm 或 nm)。

式 (2-8) 中的 $\Delta\varphi(0)$ 可以由晶粒电导率和表观晶界电导率获得：

$$\frac{\sigma_b}{\sigma_{gb}^s} = \frac{\exp[2e\Delta\varphi(0)/(k_B T)]}{4e\Delta\varphi(0)/(k_B T)} \tag{2-10}$$

表观晶界电导率由颗粒尺寸和总的晶界电导率决定：

$$\sigma_{gb}^s = \frac{L\sigma_{gb}^{total}}{R_{gb}AG} \tag{2-11}$$

式中，R_{gb} 为晶界电阻；A 为实际测量的面积；L 为实际测量的厚度。

将式 (2-8)～式 (2-11) 的计算结果带入式 (2-7) 中，即可以计算出某一空间位点的氧空位浓度占晶粒空位浓度的比例。在对上述不同掺杂含量材料所对应的晶界电导率进行分析的过程中，需要确定的量是晶粒和晶界电导率、晶粒和晶界电容与颗粒尺寸，以上五个参数可以通过低温阻抗谱和微观形貌确定其具体数值。其中，电容值可以根据阻抗谱及 $C = (R^{1-n}C_Q)^{1/n}$ 计算得出。

根据阻抗数据及微观结构，得出晶粒、晶界电容和颗粒尺寸，计算出晶界层厚度 δ_{gb}。同样地，根据式 (2-8)，为了确定德拜长度还需要确定的参数是 $\Delta\varphi(0)$ 值，因此需要根据计算的晶粒电导率和表观晶界电导率及颗粒尺寸得出 $\Delta\varphi(0)$ 值。图 2-4 是 $Ce_{0.90}Gd_{0.10}O_{1.95}$ 在 1400℃ 和 1500℃ 煅烧后，样品在 350℃ 和 450℃ 测得的电化学阻抗谱图。

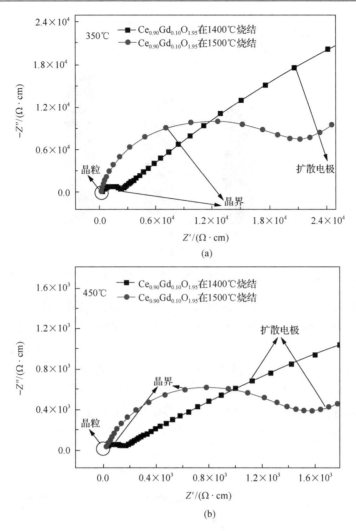

图 2-4　$Ce_{0.90}Gd_{0.10}O_{1.95}$ 在 1400℃和 1500℃煅烧的样品在 350℃ (a) 和 450℃ (b) 测得的
电化学阻抗谱图

　　根据肖特基模型，$Ce_{0.90}Gd_{0.10}O_{1.95}$ 和 $Ce_{0.90}Bi_{0.02}Gd_{0.08}O_{1.95}$ 两样品在不同烧结
温度下的肖特基势垒高度 $\Delta\varphi(0)$ 可以通过晶粒电导率与表观晶界电导率来计算。
$Ce_{0.90}Gd_{0.10}O_{1.95}$ 在 1400℃和 1500℃煅烧后样品的肖特基势垒高度为 0.26V 和
0.30V；$Ce_{0.90}Bi_{0.02}Gd_{0.08}O_{1.95}$ 在 1300℃、1400℃和 1500℃煅烧后样品的肖特基势
垒高度分别为 0.19V、0.21V 和 0.24V，如图 2-5 所示。肖特基势垒高度由晶界的
缺陷引起，即缺陷分布由迁移能决定。

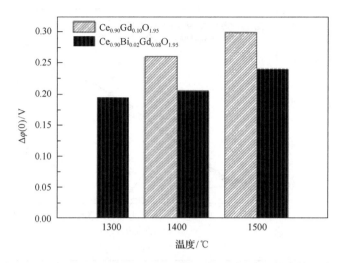

图 2-5　$Ce_{0.90}Gd_{0.10}O_{1.95}$ 和 $Ce_{0.90}Bi_{0.02}Gd_{0.08}O_{1.95}$ 样品在不同温度下的肖特基势垒高度 $\Delta\varphi(0)$

　　随着烧结温度的增加，$Ce_{0.90}Gd_{0.10}O_{1.95}$ 和 $Ce_{0.90}Bi_{0.02}Gd_{0.08}O_{1.95}$ 的肖特基势垒高度呈线性增加，两者在空间电荷层的氧空位浓度见图 2-6。1500℃温度下样品的氧空位浓度比较低，从而降低了晶界电导率。对于受主掺杂的氧化铈材料，由于 Bi^{3+} 的离子半径较大，增大了晶格失配作用，从而促进掺杂离子在晶界的偏析及氧空位在晶界层的耗尽，同时由库仑引力产生的团簇 $Bi'_{Ce}V_{\ddot{O}}Bi'_{Ce}$ 相比于 $Gd'_{Ce}V_{\ddot{O}}Gd'_{Ce}$ 静电作用更强，促进了受主掺杂离子在晶界的聚集，降低了晶界处的氧空位浓度[8-9]。

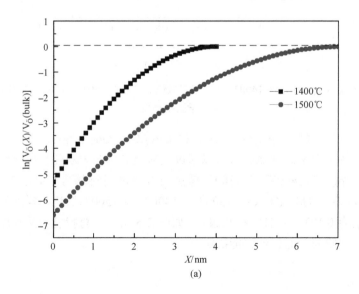

(a)

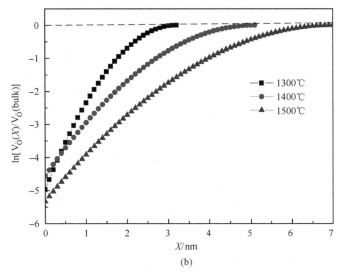

图 2-6　电荷层中氧空位分布

(a) $Ce_{0.90}Gd_{0.10}O_{1.95}$；(b) $Ce_{0.90}Bi_{0.02}Gd_{0.08}O_{1.95}$

2.2　电解质的类型

2.2.1　ZrO_2 基固体电解质

常温下 ZrO_2 是单斜结构，在 1170℃转变为四方结构，2370℃时为面心立方结构。加入 Y_2O_3 稳定剂后，立方 ZrO_2 可以稳定到室温，同时引入 Y^{3+}，由于电荷补偿效应而增加了氧离子的空位浓度。8mol%[①]Y_2O_3 掺杂 ZrO_2 的抗弯强度是 230MPa，8mol% Sc_2O_3 掺杂 ZrO_2 的抗弯强度是 270MPa；在氧分压为 10^{-30}atm[②]时，电子电导率与离子电导率相当，但 SOFC 在正常工作时的氧分压范围（0.21～10^{-20}atm）内其电子电导率可忽略[10]。近年来，在原子层沉积的 YSZ 中，300～450MPa 条件下，还发现了质子导电现象[11]。

ZrO_2 基电解质电导率与掺杂元素的组成有关。图 2-7 给出了 1000℃时 ZrO_2-Ln_2O_3（Ln=Sc、Yb、Y、Dy、Gd、Er）体系的研究结果[12]。

在 ZrO_2-Ln_2O_3 体系中，1000℃时最高电导率对应的掺杂浓度与掺杂离子半径关系如图 2-8 所示，具有最高电导率的掺杂浓度随掺杂离子半径的增加而降低。Sc^{3+} 与 Zr^{4+} 的离子半径最接近，因此，掺杂 Sc^{3+} 时电导率最高，且具有最大的电导率。

---

① mol%表示物质的量分数。

② 1atm=101325Pa。

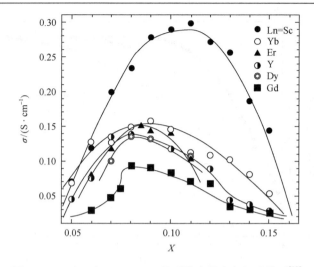

图 2-7　1000℃时 ZrO_2-Ln_2O_3 体系的电导率与组成关系[12]

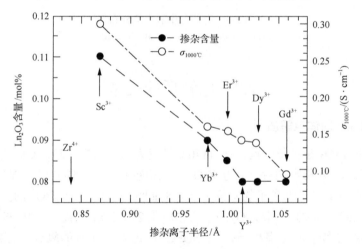

图 2-8　ZrO_2-Ln_2O_3 体系对应最高电导率的掺杂浓度与掺杂离子半径的关系

迁移能 E_a 与迁移焓 ΔH_m 和缔合焓 ΔH_a 有关。图 2-9 是 ZrO_2-Ln_2O_3 体系中离子迁移焓和缔合焓与掺杂离子半径之间的关系。低温下存在 $(V_{\ddot{O}} : M'_Z)$ 团簇，而高温下则完全分离为自由的 $V_{\ddot{O}}$ 和 M'_Z。

因为 Sc^{3+} 与 Zr^{4+} 离子半径最接近，所以 Sc^{3+} 掺杂的 ZrO_2 具有最低的离子迁移焓和最高的缔合焓。离子迁移焓随着掺杂离子半径的增加而增加，这是由阳离子亚点阵中尺寸差异产生的弹性应变能所致；氧离子空位与掺杂阳离子间的缔合焓随掺杂阳离子半径的增大而减小。

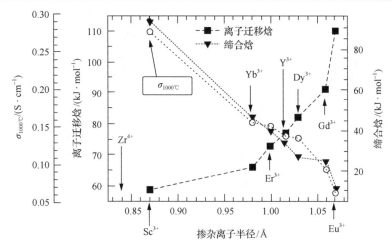

图 2-9　离子迁移焓和缔合焓与掺杂离子半径的关系[13]

　　空位与被取代离子之间存在最近邻、次近邻及第三近邻位置关系，如图 2-10 所示。Zacate 等[13]用原子模拟计算 M_2O_3 掺杂 ZrO_2 的缺陷相互作用，以缺陷结合能大小来描述缺陷构型，对 $(M'_{Zr}:V_{\ddot{O}})^{·}$ 和 $(2M'_{Zr}:V_{\ddot{O}})^{X}$ 的计算结果见图 2-11。结果表明，无论是 $(M'_{Zr}:V_{\ddot{O}})^{·}$ 还是 $(2M'_{Zr}:V_{\ddot{O}})^{X}$，对于离子半径小于 Sc^{3+} 的离子，空位在被取代离子的最近邻位置；对于离子半径大于 Sc^{3+} 的离子，空位在被取代离子的次近邻位置，曲线转折点在 Sc^{3+}。对于 Sc^{3+} 而言，空位在最近邻、次近邻及第三近邻位置的结合能变化不大，而对 Y^{3+} 则变化较大。Sc^{3+} 掺杂时，空位迁移过程在经历第三近邻位置前不需要经历大的结合能变化。扩展 X 射线吸收精细结构 (EXAFS) 研究表明，YSZ 中空位在次近邻位置[14]。

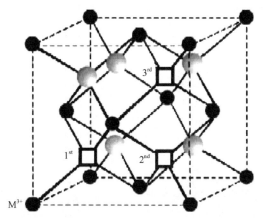

图 2-10　空位与被取代离子之间的位置关系

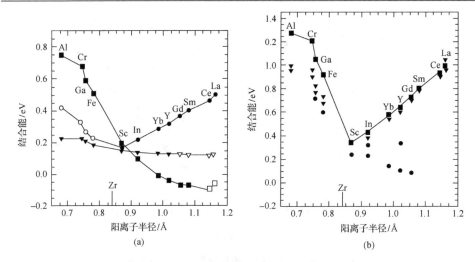

图 2-11 M³⁺掺杂离子半径对氧空位的结合能

(a) ($M'_{Zr} : V_{\ddot{O}}$)' ；(b) ($2M'_{Zr} : V_{\ddot{O}}$)^X

在材料实际制备过程中，电导率还与材料纯度有关。例如，Si 的存在会严重影响 YSZ 的电导率[15]，并且 YSZ 晶粒尺寸的大小也会影响电导率[16]。当 YSZ 晶粒尺寸在 100nm 以上时，电导率随晶粒尺寸的增大而增加，但是当晶粒尺寸低于 100nm 时，晶粒尺寸减小，可能发生晶界电阻减小进而提高电导率。表 2-1 是文献报道的几种掺杂 ZrO_2 的电导率。

表 2-1 不同元素掺杂 ZrO_2 的电导率

掺杂氧化物含量/mol%	电导率/(S·m⁻¹)	温度/℃	参考文献
18Y	12	1000	[17]
16Yb	8.8	1000	[17]
20Sc	25	1000	[17]
10Sm	5.8	1000	[17]
33La	0.15	1000	[17]
30Nd	1.4	1000	[18]
16Y，0.5at%Znª	2.89	800	[19]
16Y，2Fe	1.25	700	[20]
8Ce，34Nd	0.9	800	[21]
8Ce，17Sm	1.4	800	[21]
8Ce，17Gd	1.8	800	[21]
8Ce，17Dy	2.4	800	[21]
8Ce，17Ho	2.7	800	[21]
8Ce，17Y	2.7	800	[21]
8Ce，17Er	2.7	800	[21]
8Ce，17Yb	3.9	800	[21]
8Ce，17Sc	6.6	800	[21]

a. at%为原子百分含量。

2.2.2　CeO₂ 基固体电解质

CeO₂ 是立方萤石型 (CaF₂) 结构，在一个理想的 CeO₂ 晶胞中，Ce⁴⁺ 按面心立方排列，O²⁻ 占据所有四面体的顶点位置，每个 O²⁻ 与相邻最近的 4 个 Ce⁴⁺ 进行配位，而每个 Ce⁴⁺ 被 8 个 O²⁻ 包围，Ce⁴⁺ 构成的八面体空隙则全部留空。纯 CeO₂ 空间群为 $Fm\bar{3}m$，是 n 型半导体，依赖于小极化子跃迁导电，离子电导可以忽略。在温度和压力变化时，可以形成具有氧空位的 CeO₂₋δ。当 δ 较小（δ<10⁻³）时，主要离子缺陷为二价的氧离子空位；当 δ 较大（δ>10⁻³）时，主要离子缺陷是二价向一价过渡的氧离子空位[22]。

萤石结构中 Ce⁴⁺ 半径很大，它可以和许多物质形成固溶体。当掺入二价或三价金属氧化物后，其在高温下表现出较高的氧离子电导和较低的传导活化能，使其可以用作 SOFC 电解质材料，相同温度下的电导率通常要比 YSZ 高 1～2 个数量级。Yahiro 等[23]报道了 $(CeO_2)_{1-x}(Sm_2O_3)_x$ 体系中具有代表性的掺杂量与电导率的关系，如图 2-12 所示。当掺杂 Sm₂O₃ 量约为 10mol% 时，电导率最大。

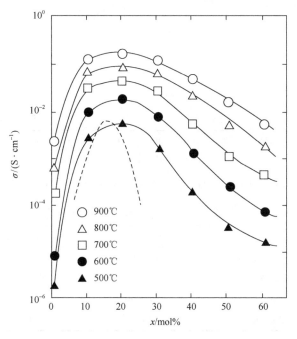

图 2-12　$(CeO_2)_{1-x}(Sm_2O_3)_x$ 体系中 σ 与摩尔分数 x 的关系

除掺杂浓度之外，掺杂离子的半径也是重要影响因素。Kim[24]研究了掺杂离子半径对电性能的影响，结合 Vegard 定律，确定了二价碱土金属离子和三价金属离子掺杂的临界半径 r_c 分别是 0.1106nm 和 0.1038nm。图 2-13 给出了掺杂含量为 10mol% 时 CeO₂ 的电导率和掺杂元素离子半径之间的关系。Ca²⁺ 的离子半径最接近临界半径，是目前在碱金属掺杂剂中研究较多的一种材料[25]；三价金属离子掺杂的电导率要高于二价金属离子，其中掺杂效果最好的两种稀土离子是 Gd^{3+} 和 Sm^{3+}，离子半径分别为 0.1053nm 和 0.108nm，最接近临界半径 0.1038nm，Gd^{3+} 和 Sm^{3+} 也因此获得了最广泛的研究与应用[26]。Kim 系统地研究了掺杂离子半径对 CeO_2 晶格的影响，并给出了室温下 CeO_2 固溶体晶格常数(a)与掺杂离子半径之间的经验表达式。表 2-2 列出了部分文献中采用不同掺杂离子制备的 CeO_2 电解质的电导率。

$$a = 0.5413 + \sum (0.00220\Delta r_k + 0.00015\Delta z_k)m_k \qquad (2\text{-}12)$$

式中，r_k 为掺杂离子半径；Δz_k 为掺杂元素价态与主体元素价态差；m_k 为掺杂元素的摩尔分数。

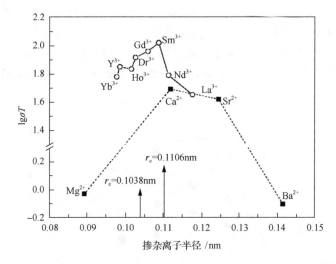

图 2-13　800℃时 CeO_2 离子电导率与掺杂元素离子半径的关系[24]

表 2-2　单掺杂 CeO_2 材料的电导率

掺杂元素	组成	电导率/$(S \cdot cm^{-1})$	测试温度/℃	参考文献
Ca	$Ce_{0.9}Ca_{0.1}O_{1.9}$	1.7×10^{-2}	800	[27]
Y	$Ce_{0.91}Y_{0.09}O_{1.95}$	2.3×10^{-2}	700	[28]
Gd	$Ce_{0.8}Gd_{0.2}O_{1.95}$	2.97×10^{-2}	700	[29]
Sm	$Ce_{0.8}Sm_{0.2}O_{2-\delta}$	4.1×10^{-2}	700	[30]

Minervini 等[31]基于最小能量技术，用原子模拟研究 CeO_2 中用 M^{3+} 掺杂时 $(M'_{Ce} : V_{\ddot{O}})^{\cdot}$ 与 $(2M'_{Ce} : V_{\ddot{O}})^X$ 的缺陷结合能，见图 2-14。结果表明，当离子半径比 Gd^{3+} 小时，空位优先占据被取代离子的最近邻位置，当离子半径比 Gd^{3+} 大时，空位优先占据被取代离子的次近邻位置。

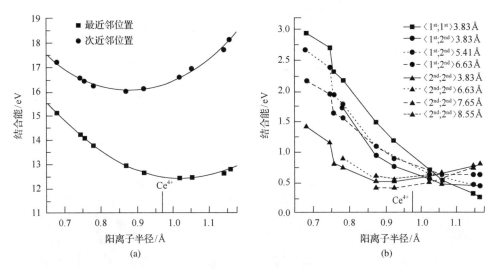

图 2-14　M^{3+} 掺杂离子半径对氧空位的结合能

(a) $(M'_{Ce}:V_{\ddot{O}})^{\cdot}$；　(b) $(2M'_{Ce}:V_{\ddot{O}})^{X}$

掺杂的 CeO_2 中空位迁移不仅取决于空位在跃迁路径上遇到的空间阻力，还与邻近掺杂离子和氧空位的静电吸引力及排斥力有关。在 CeO_2 晶格中，相邻的四面体中氧空位跃迁有三种可能路径，见图 2-15(a)，路径 1～3 分别为[100]、[110]和[111]方向。Nakayama 等[32]基于密度泛函的第一性原理，利用弹性能带法（nudged elastic band）研究空位在 CeO_2 晶格中的跃迁过程及晶格能变化。研究表明，沿[100]、[110]、[111]分别是直线跃迁、弧线跃迁、直线跃迁，对应跃迁活化能变化分别是 0.5eV、2.5eV、3.3eV。对于[100]方向，空位跳跃需穿越由两个 Ce^{4+} 构成的哑铃形瓶颈区域，跳跃的空位与 Ce^{4+} 相互作用的最近距离为 0.195nm，空位跳跃阻力小，所以活化能最低；对于[111]方向，空位跳跃需穿越由八个氧离子构成的较大的间隙空间，跳跃的空位与 Ce^{4+} 相互作用的最近距离为 0.238nm，由于跳跃的空位会受到周围多个氧离子的静电作用，空位通过该路径实现跳跃比较困难，所以活化能较高；对于[110]方向，弯曲跃迁轨迹的中间位置和[111]方向的直线跃迁路径的中间位置比较接近，所以活化能也比较高，因此，[110]和[111]方向对空位扩散的贡献几乎可以忽略不计。Yashima 等用同步辐射光源研究了掺杂 CeO_2 晶胞变化，并将电导率与氧原子在晶胞中的偏移量联系起来。当掺杂离子进入 CeO_2 晶胞后，晶胞会扭曲变形，氧离子相对于原来位置也会发生一些偏移，偏移后的氧离子需要克服更大的势垒才能跃迁到邻近的氧空位上去。

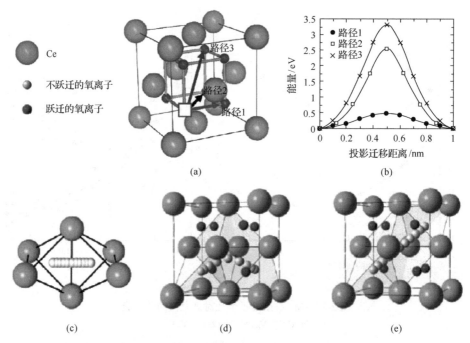

图 2-15　空位迁移路径及晶格能变化示意图

(a)迁移路径示意图；(b)迁移投影距离；(c)～(e)氧离子在晶格内的跃迁路径示意图

理论上最接近 Ce^{4+} 临界半径的是 Pm^{3+}，但 Pm^{3+} 具有放射性。根据 Kim 提出的 $(X_A+X_B)r_c=X_Ar_A+X_Br_B$ 计算临界半径公式,结合小离子半径元素与大离子半径元素，包括 La/Y、Lu/Nd、Y/Sm、Sm/Nd，利用协同效应(synergistic effect)或平均效应(average effect)[33]，取得了更好的电性能，在掺杂浓度相同的情况下，双掺杂的电解质材料比单掺杂 CeO_2 的离子电导率高出 10%～30%[34]。表 2-3 列出了部分双掺杂 CeO_2 电解质的电导率。

表 2-3　双掺杂 CeO_2 电解质的电导率

掺杂元素	组成	电导率/$(S \cdot cm^{-1})$	测试温度/℃	参考文献
Sm/Ca	$Ce_{0.8}Sm_{0.15}Ca_{0.05}O_{2-\delta}$	8.37×10^{-2}	800	[36]
Sm/Y	$Ce_{0.8}Sm_{0.1}Y_{0.1}O_{1.9}$	1.44×10^{-2}	600	[37]
Sm/La	$Ce_{0.8}Sm_{0.17}La_{0.03}O_{1.9}$	3.80×10^{-2}	700	[38]
Sm/Nd	$Ce_{0.8}Sm_{0.1}Nd_{0.1}O_{1.9}$	1.22×10^{-2}	500	[39]
Gd/Pr	$Ce_{0.8}Gd_{0.17}Pr_{0.03}O_{1.9}$	3.10×10^{-2}	700	[40]
Gd/Sm	$Ce_{0.85}Gd_{0.1}Sm_{0.05}O_2$	4.75×10^{-2}	700	[41]
Gd/Nd	$Ce_{0.8}Gd_{0.12}Nd_{0.08}O_{1.9}$	6.26×10^{-2}	700	[42]
Gd/Dy	$Ce_{0.8}Gd_{0.03}Dy_{0.17}O_{2-\delta}$	2.15×10^{-1}	800	[43]
Gd/Y	$Ce_{0.8}Gd_{0.05}Y_{0.15}O_{1.9}$	3.84×10^{-2}	600	[44]
Gd/Ca	$Ce_{0.85}Gd_{0.125}Ca_{0.025}O_{2-\delta}$	1.27×10^{-2}	500	[45]

在 SOFC 操作环境中，CeO_2 还会发生如下反应导致 Ce^{4+} 还原为 Ce^{3+}，产生电子导电：

$$O_O^x + 2Ce_{Ce}^x \Longrightarrow \frac{1}{2}O_2(g) + V_{\ddot{O}} + 2Ce_{Ce}' \tag{2-13}$$

电子电导率与氧分压的关系式是

$$\sigma_e = \mu_e e[Ce_{Ce}'] \infty p_{O_2}^{-\frac{1}{4}} \tag{2-14}$$

实验测得的电导率与氧分压关系如图 2-16 所示[35]。在高温下，使用掺杂 CeO_2 作电解质时的电子电导率会导致开路电压降低。Gauckler 分析考虑电子电导时以 $Ce_{0.8}Sm_{0.2}O_{1.9}$ 为电解质的电池的效率，认为 $Ce_{0.8}Sm_{0.2}O_{1.9}$ 作电解质的 SOFC 工作温度应低于 600℃，Steel 则认为 500℃ 是最适合的工作温度[10]。

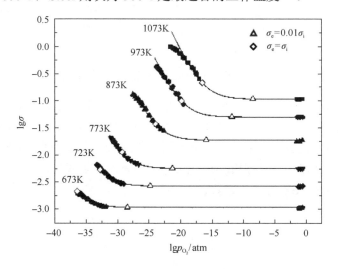

图 2-16　$Ce_{0.8}Sm_{0.2}O_{1.9}$ 电导率与氧分压的关系

2.2.3　Bi_2O_3 基固体电解质

Bi_2O_3 在不同的温度和条件下可呈现出不同的晶体结构，共有 α、β、γ、δ、ε 和 ω 六种相存在。图 2-17 是 Bi_2O_3 的相图[46]。室温下 Bi_2O_3 最稳定的结构为 α 单斜相，在加热过程中，α 单斜相转变为 δ 相，相变温度范围为 717～740℃，通常在 730℃ 发生相变。高温 δ 相在 730℃ 至熔点 825℃ 范围内是稳定的。δ-Bi_2O_3 即为立方萤石结构。近期的工作中采用中子衍射结合 Rietveld 精修与最大熵法，测得 δ-Bi_2O_3 在 778℃ 时的晶胞参数 a=5.6549(9) Å，并且精确确定了其结构的无序性，即氧离子部分占据 8c 和 32f 位置。这种氧离子部分占据阴离子晶格的结构决定了 δ-Bi_2O_3 具有良好的氧离子导电性。在冷却过程中，δ-Bi_2O_3 可以在 730～640℃ 范围内存在,但是它处于亚稳态。在 650℃时得到中间亚稳态——四方结构的 β-Bi₂O₃,在 640℃时得到体心立方结构的 γ-Bi₂O₃。这种相的变化取决于热处理过程。

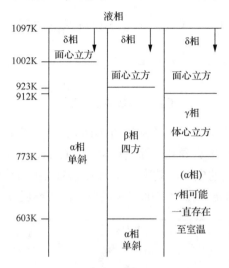

图 2-17 Bi₂O₃ 的稳态和亚稳态存在范围相图

为将 Bi₂O₃ 从室温到工作温度范围内都稳定在 δ 相,通常在其中掺杂三价稀土氧化物 Ln_2O_3(Ln=Dy,Er,Y,Gd,Nd,La)形成固溶体。图 2-18 是 Y_2O_3 掺杂 Bi₂O₃ 的电导率与温度关系图。电导率在整个温度范围内表现为两条不同斜率的曲线,这是因为存在立方相及六方相。Bi_2O_3-Ln_2O_3 体系的电导率见表 2-4,Bi_2O_3 体系的离子电导率约是 YSZ 的两个数量级。

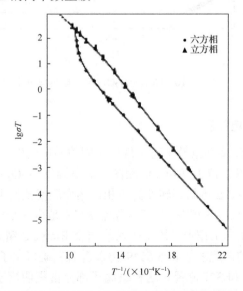

图 2-18 $Bi_{1.55}Y_{0.45}O_3$ 的电导率与温度关系图

表 2-4　Bi_2O_3-Ln_2O_3 体系的电导率

掺杂试剂(Ln_2O_3)	Ln_2O_3 的掺杂浓度/mol%	电导率/($\times 10^{-2}$S·cm^{-1})	
		500℃	700℃
Dy_2O_3	28.5	0.71	14.4
Er_2O_3	20	0.23	37.0
Y_2O_3	20	0.80	50.0
Gd_2O_3	14	0.11	12.0
Nd_2O_3	10	0.30	85.0
La_2O_3	15	0.20	75.0

掺杂 Bi_2O_3 在低氧分压或还原气氛下被还原为金属铋,限制了其应用。为此,Sanna 等[47]发展了一种在 MgO 单晶上用激光脉冲法制备 $MgO/Ce_{0.8}Gd_{0.2}O_{2-\delta}$(CGO)/$[Er_{0.4}Bi_{1.6}O_3$(ESB)/CGO$]_N$ 的方法,N 是 ESB/CGO 的层数,见图 2-19(a),它在干燥的 9% H_2-N_2($10^{-32} < p_{O_2} < 10^{-22}$ atm) 气氛中所测得的电导率见图 2-19(b),N=20 时表现出了极高的横向离子电导率,在 806K 时有一突跃,并且在升降温循环中具有可逆性,作者认为是低氧分压气氛中 ESB/CGO 之间产生的应力致使 ESB 不被还原而表现出良好离子导电性。

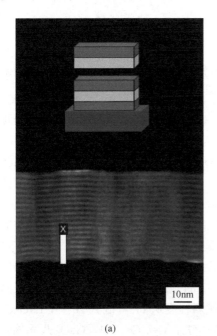

(a)

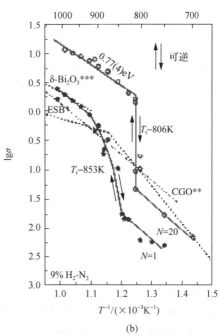

(b)

图 2-19　激光脉冲法制备外延生长 δ-Bi_2O_3 示意图(a)及其在低氧分压气氛中的电导率与温度关系图(b)

2.2.4　LaGaO₃基固体电解质

典型的钙钛矿型氧化物（ABO₃）具有离子和电子的混合导电性。但是，Ishihara 和 Goodenough 几乎同时报道了双掺杂的 LaGaO₃ 这种新型氧离子的导电性，800℃ 时的离子电导率为 $0.1S \cdot cm^{-1}$，是同温度下 YSZ 电导率的四倍，与 8YSZ 在 1000℃ 时的电导率相当，这改变了人们对钙钛矿型复合氧化物材料的认识。$La_{0.9}Sr_{0.1}Ga_{0.8}Mg_{0.2}O_{2.85}$（LSGM）的晶胞结构图见图 2-20（b）。

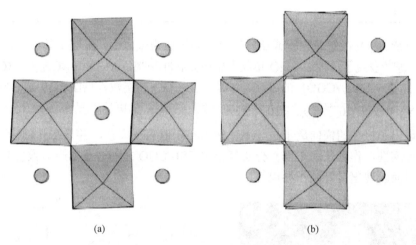

(a)　　　　　　　　　　　　　　(b)

图 2-20　LaGaO₃ 沿 [001]ₚ 晶轴俯视晶胞的结构图 (a) 和 $La_{0.9}Sr_{0.1}Ga_{0.8}Mg_{0.2}O_{2.85}$ 沿 [001]ₚ 晶轴俯视晶胞的结构图 (b)

LaGaO₃ 具有扭曲的钙钛矿结构，倾斜的 GaO₆ 八面体位于正六面体的八个顶点上，La 位于正六面体的中心，组成正交结构的晶胞。而 $La_{0.9}Sr_{0.1}Ga_{0.8}Mg_{0.2}O_{2.85}$ 具有单斜结构，见图 2-20（b）。两个体系晶胞对理想钙钛矿结构的扭曲均来自 GaO₆ 八面体的倾斜。而对称性的改变对这种倾斜具有直接的影响。GaO₆ 八面体具有两个倾斜方向，分别为绕钙钛矿结构晶胞 [001]ₚ 和 [110]ₚ 两主轴的倾斜。对于正交空间群，GaO₆ 八面体在绕 b 轴（[110]ₚ）和 c 轴（[001]ₚ）的方向产生倾斜，沿同轴的邻近的八面体倾斜是同相位的；对于单斜空间群，GaO₆ 八面体在绕 c 轴（[110]ₚ）和 a 轴（[001]ₚ）的方向产生倾斜，沿同轴的邻近的八面体倾斜是反相位的。掺杂降低了 GaO₆ 八面体的倾斜程度，例如，[001]ₚ 的倾斜从 LaGaO₃ 的 9.6° 降低到 $La_{0.9}Sr_{0.1}Ga_{0.8}Mg_{0.2}O_{2.85}$ 的 6.8°，同时 [110]ₚ 的倾斜程度从 11° 降低到 10°。在 LaGaO₃ 中，所有的 Ga—O 键键长相近，而在 $La_{0.9}Sr_{0.1}Ga_{0.8}Mg_{0.2}O_{2.85}$ 中，GaO₆ 八面体则有较大的扭曲。正是这种结构上的差异，造成 LaGaO₃ 的高离子导电性。图 2-21 为用 Schreinemakers 投影法制备出的 LaO₁.₅-SrO-GaO₁.₅-MgO 四元相图。从相图上可以看出，在该体系中存在单相区、两相区和三相区，但不存在含 Mg 的杂相，说明 Mg 在钙钛矿结构的氧化物中溶解度很高。

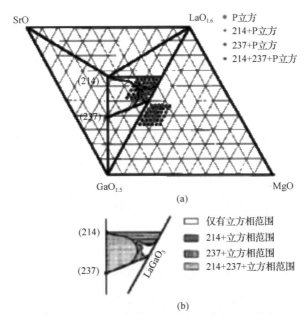

图 2-21　$LaO_{1.5}$-SrO- $GaO_{1.5}$-MgO 四元相图的 Schreinemakers 投影图

以 Sr^{2+} 部分取代 $LaGaO_3$ 中的 La^{3+} 为例，其缺陷反应方程式如下

$$2SrO \longrightarrow 2Sr'_{La} + V_{\ddot{O}} + 2O_O^x \tag{2-15}$$

　　将上述缺陷的生成看成是一个固溶反应，基于能量最小化原理，Islam 等[48] 计算了不同金属离子掺杂 $LaGaO_3$ 的固溶能，如图 2-22 (a) 所示，在所有研究的离子中，Sr^{2+} 取代固溶能最低，故而 Sr^{2+} 是 La^{3+} 的最佳掺杂元素，而 Mg^{2+} 则是 Ga^{3+} 位的最佳掺杂元素。虽然 Cu^{2+} 和 Ni^{2+} 取代 Ga^{3+} 的固溶能也很低，但是计算表明这两个掺杂离子会增加固溶体的 p 型电子电导率。

　　Islam 等[48] 还计算了 LSGM 中的缺陷缔合能，见图 2-22 (b)，在 Ga^{3+} 位置引入的异价离子和氧空位结合能较高，而 La^{3+} 位置引入的 Ca^{2+} 和 Sr^{2+} 则低得多，Sr^{2+} 对空位的结合能几乎于零，因此，与 Mg^{2+} 掺杂 Ga^{3+} 位置相比，Sr^{2+} 取代 La^{3+} 可以更有效地提高 LSGM 的电导率。表 2-5 为 Sr^{2+} 和 Mg^{2+} 不同掺杂量的镓酸镧固体电解质的电导率。

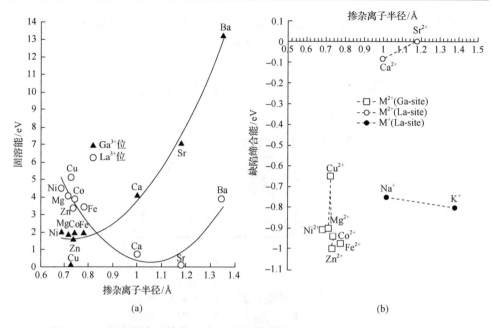

图 2-22　不同金属离子掺杂 $LaGaO_3$ 的固溶能(a)和 LSGM 中的缺陷缔合能(b)

表 2-5　$La_{1-x}Sr_xGa_{1-y}Mg_yO_{3-\delta}$ 固体电解质的电导率

$La_{1-x}Sr_xGa_{1-y}Mg_yO_{3-\delta}$		$\delta(600℃)/(10^{-2}S \cdot cm^{-1})$	$\delta(800℃)/(10^{-2}S \cdot cm^{-1})$	E_a/eV
x	y			
0.1	0	0.897	3.65	0.81
	0.05	2.2	8.85	0.87
	0.10	2.53	10.7	1.02
	0.15	2.20	11.7	1.06
	0.20	1.98	12.1	1.13
	0.25	1.92	12.6	1.17
0.15	0.05	1.93	8.11	0.918
	0.10	2.80	12.1	0.98
	0.15	2.59	13.1	1.03
	0.20	2.11	12.4	1.09
0.20	0.05	2.12	9.13	0.874
	0.10	2.92	12.8	0.950
	0.15	2.85	14.0	1.06
	0.20	2.21	13.7	1.15
0.25	0.10	1.72	4.48	1.02
	0.15	1.91	10.4	1.12

镓氧化物成本高、可挥发、易被还原且在处理过程中容易产生第二相；钙钛矿电极在氧化气氛中或在还原气氛中与金属阳极有明显的反应，这些因素影响了它作为固体电解质的应用。

2.2.5　其他类型电解质

1. 质子导体电解质

质子半径小、质量轻，具有非常高的可动性。质子导体就是一类以质子作为载流子的重要功能材料。1981 年，Iwahara 等第一次发现 Yb 掺杂铈酸锶($SrCeO_3$)在氢气与水蒸气环境下具有质子导电性能，且在 1987 年发现铈酸钡($BaCeO_3$)具有高温质子导电性。随后 Mitsui 等发现了 $SrZrO_3$、$BaCeO_3$ 及 $BaZrO_3$ 等钙钛矿型氧化物质子导体。

$SrCeO_3$ 与 $BaCeO_3$ 是最早发现的重要的钙钛矿型质子导体材料，在 600℃时电导率可以达到或者高于 $10^{-2}S \cdot cm^{-1}$，是非常具有发展前途的中温固体电解质，但 $SrCeO_3$ 与 $BaCeO_3$ 化学稳定性差，容易与酸性气体(如 CO_2)及水蒸气中反应生成碳酸盐或氢氧化物[式(2-16)与式(2-17)]，而 SOFC 所用的燃料通常为有机物质，在燃料电池运行过程中阴极或者阳极产生的 CO_2 和 H_2O 容易与 $SrCeO_3$ 和 $BaCeO_3$ 电解质发生反应导致电解质材料不稳定，所以 $SrCeO_3$ 与 $BaCeO_3$ 的应用受到了限制。质子导体以 $SrCeO_3$、$BaCeO_3$ 与锆酸钡($BaZrO_3$)为代表[49]。

$$BaCeO_3 + CO_2 \rightleftharpoons BaCO_3 + CeO_2 \tag{2-16}$$

$$BaCeO_3 + H_2O \rightleftharpoons Ba(OH)_2 + CeO_2 \tag{2-17}$$

质子缺陷形成的前提条件是氧化物中含有晶格氧空位，并且在高温下能够快速地吸收水蒸气或者氢气从而生成质子缺陷。目前主要有两类氧化物，一类是简单的钙钛矿结构氧化物，具有 ABO_3 化学式；另一类是复合钙钛矿结构氧化物，通式为 $A_2(B'B'')O_6$(摩尔比 B：B''=1：1)和 $A_3(B'B'')O_6$(摩尔比 B'：B''=1：2)，这里 A 通常为+2 价阳离子，B'为+3 价或+2 价阳离子，B''为+5 价阳离子。

这些钙钛矿氧化物在干燥条件下呈现一定的氧离子导电性，如果环境气氛中有水蒸气存在，水蒸气会与氧空位及晶格氧结合，产生质子缺陷(OH_o)，用 Kroger-Vink 符号可以表示为

$$H_2O + V_{\ddot{O}} + O_O^x \longrightarrow 2OH_o \tag{2-18}$$

一般认为质子是半径小、质量轻的粒子，不大可能占据一个晶格的位置，而

是与邻近的氧离子形成 OH⁻，氢氧之间的连接属于强键作用。因此，质子一方面在晶格内环绕晶格氧离子做旋转运动，此时活化能较低，只有 0.1eV，另一方面在两个相邻的晶格氧之间进行跃迁运动，需要较高的活化能，因为此时需要直接打开氢氧键。

2. CeO₂-碳酸盐复合电解质

复合电解质是指将两种或两种以上具有不同荷电传导特性的材料复合所构成的电解质。CeO₂-碳酸盐复合电解质中，氧化铈充当电解质的机械载体，同时传导氧离子；碳酸盐一方面提供离子的体相传导通道，另一方面起着构建两相界面并提供离子界面传导的作用。掺杂 CeO₂-熔融碳酸盐是目前研究最多的复合电解质材料。黄建兵等研究了 SDC-(Li/Na/K)₂CO₃ 和 SDC-(Li/K)₂CO₃ 在空气中的离子传导行为，见图 2-23，发现电导率随温度的升高而增大，Arrhenius 曲线由两段不同斜率的曲线组成，这表明复合电解质在低温和高温下有不同的传导机制，电导率的跃变温度一般比碳酸盐共熔点低 20～40℃。但熔融态碳酸盐容易挥发的特点限制了 CeO₂-碳酸盐复合电解质的应用。

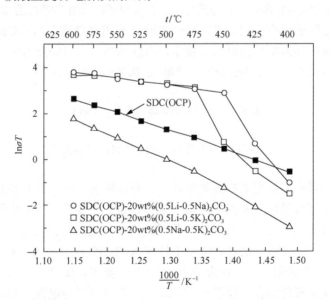

图 2-23　SDC-(Li/Na/K)₂CO₃ 和 SDC-(Li/K)₂CO₃ 在空气中电导率随温度变化的曲线

此外，文献中还可以见到以 La₂Mo₂O₉ 为主体的 LAMOX 导体、磷灰石结构电解质、La₃MMo₂O₁₂ 电解质、烧绿石结构电解质。

2.3　固体电解质的烧结

2.3.1　固体电解质的常压固相烧结

烧结是将成型后的生坯在一定条件下进行热处理,经过一系列的物理变化,得到具有一定组成和显微结构,满足所需特性指标的烧结体的过程。烧结类型可分为气相烧结、液相烧结、固相烧结和反应(瞬时)液相烧结。烧结类型与烧结机理见表 2-6。

表 2-6　烧结类型与烧结机理

烧结类型	物质迁移机理	驱动力
气相烧结	蒸发-凝聚	蒸气压差
固相烧结	扩散	自由能或化学位差
液相烧结	黏滞流动、扩散	毛细管压力、表面张力
反应液相烧结	黏滞流动、溶解-沉淀	毛细管压力、表面张力

除了常压烧结,烧结方法还有特种烧结(包括热压、热等静压、热挤压、热锻造等热致密化方法)、反应烧结、高温自蔓延烧结和微波烧结等。

氧化物的常压固相烧结过程通常分为三个阶段:初期、中期、末期,如图 2-24所示。

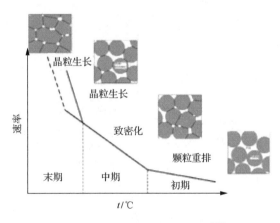

图 2-24　固相烧结过程示意图[49]

这里,假设生坯中初始球形粒子最初形成的是一个松散的结构。进入烧结初期后,颗粒之间主要为点接触,该阶段温度较低,因此主要是颗粒重排过程,坯料的收缩率较小。随烧结的进行,颗粒间的接触面积逐渐增大,颗粒中心距离减小,逐渐形成晶界,气孔形状及数目发生改变。进入烧结中期后,主要以材料的致密化(densification)过程为主，致密化烧结通常是一个缓慢的过程，也是排除气孔获得致密陶瓷的重要阶段，其致密化温度一般为 $2/3T_m$(T_m 为 Kelvin 熔点)。烧结进入末期时，气孔已转变为闭孔甚至只存在较少的气孔，因此该阶段主要发生晶粒的生长过程，随着晶粒尺寸的增加，残余小气孔聚集合并，直至所有的气体排出形成致密体。

　　按照烧结过程的物质传输机制，致密化传质机理主要包括流动传质、扩散传质、蒸发-凝聚传质及气相传质过程。其中，流动传质是指在表面张力或者外加压力的作用下通过变形、粒子断裂、塑性流动等过程引起物质的流动和颗粒重排，这种流动传质是烧结初期致密化的主要原因。而扩散传质则是指质点或者空位借助于浓度梯度推动界面迁移的过程。在氧化物陶瓷的传统固相烧结过程中，致密化过程主要由扩散传质机制控制。扩散传质过程的发生，主要是由于在烧结颈、晶界表面和晶粒间存在空位浓度梯度，烧结过程中物质可以通过体扩散、表面扩散和晶界扩散向颈部进行定向传递。图 2-25 为陶瓷烧结过程中物质扩散的六种机制示意图。生坯从成型开始，随着温度的升高，质点随机扩散，以三个颗粒变化为例，通常发生蒸发-凝聚、表面扩散、从表面出发的晶格扩散，这三个过程称为重排促进过程，即烧结初期。此时陶瓷体密度变化较小，一般致密度 ρ 为 60%～65%。随着温度的升高，进入致密化过程，质点的扩散方式为从晶界出发的晶格扩散、沿着晶界方向的晶界扩散或者通过黏滞流动，图中只有 4～6 对应的传质过程才能够促进陶瓷体致密性的提高。

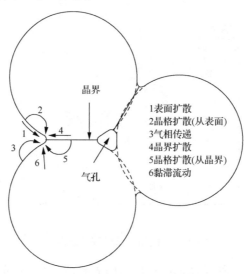

图 2-25　传质机制示意图[50]

　　对于 SOFC，电解质的高致密性要求材料需要在高温烧结才能符合其要求，因此，研究其烧结过程显得十分重要。

$Ce_{0.9}Gd_{0.1-x}Bi_xO_{1.95}$ ($x=0$ 或 $0.01\sim0.05$，样品分别为 GDC 或 $GBDC_x$）的相对密度见图 2-26。从图中可以看出，GDC 的烧结温度为 1400℃时相对密度为 92%，随着 Bi 掺杂含量的升高（$x\geqslant0.02$），致密性能得到改善，相对密度显著增加，$GBDC_{0.02}$经过 1300℃烧结 6h 与 GDC-1400 的相对密度相当，可以满足电解质的要求，当掺杂含量达到 0.05 时，1200℃和 1100℃烧结的样品即可达到全致密结构。也就是说，通过控制 Bi^{3+}的掺杂含量，可以将致密电解质的烧结温度降低 200～300℃。

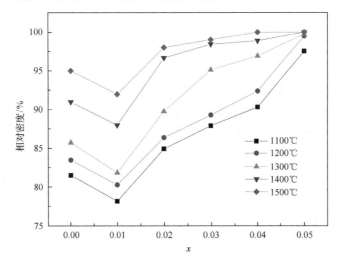

图 2-26　$Ce_{0.9}Gd_{0.1-x}Bi_xO_{1.95}$样品在 1300℃空气中烧结 6h 后的相对密度变化

图 2-27 为 $Ce_{0.9}Gd_{0.1-x}Bi_xO_{1.95}$（$x=0$ 或 $0.01\sim0.05$）煅烧粉体经过粉末压片成型后的线性收缩率随温度的变化关系。从图中可以看出，随着 Bi_2O_3掺杂含量

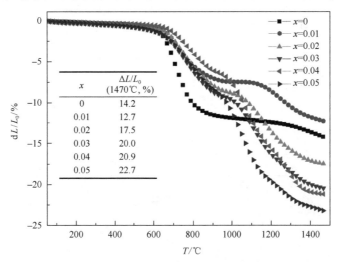

图 2-27　$Ce_{0.9}Gd_{0.1-x}Bi_xO_{1.95}$（$x=0$ 或 $0.01\sim0.05$）的烧结收缩率-温度曲线

的增加，样品的线性收缩率逐渐增加。GDC 在 1470℃时的收缩率为 14.2%，而随着 Bi^{3+}掺杂含量从 0.01 增加到 0.05 时，$GBDC_x$在测试终点 1470℃时的收缩率分别为 12.7%、17.5%、20.0%、20.9%和 22.7%。这里，Bi_2O_3 含量较低时（x=0.01），无法起到促进烧结的作用，只有当 Bi_2O_3 含量大于 0.02，收缩率才有明显的增长。

分析烧结的方程：

$$\ln\left(T\frac{d\rho}{dt}\right)=\left(-\frac{Q_d}{RT}\right)+\ln Af-n\ln G \tag{2-19}$$

当温度或瞬时密度变化较小时，可将公式右侧的 $\ln Af-n\ln G$ 视为恒量，因此作出公式左侧函数与温度倒数的关系曲线，通过直线的斜率便可以求得激活能，这里$-Q_d/R$ 即为 Arrhenius 斜率。

图 2-28 显示了 GDC 和 $GBDC_{0.04}$ 样品的致密活化能计算曲线。计算结果显示，GDC 样品在相对密度（60%，62%，64%，66%，68%）范围内的活化能为 745kJ·mol^{-1}。采用同样的计算方法，$GBDC_{0.04}$ 在致密范围为 70%～74%时的致密活化能为 419kJ·mol^{-1}，如图 2-28（b）所示，远远小于 GDC 的 745kJ·mol^{-1}。相对于 GDC，Bi_2O_3、Gd_2O_3 掺杂 CeO_2（$GBDC_x$）具有更低的烧结活化能，因此能够在较低的烧结温度下获得更高的致密度[51]。

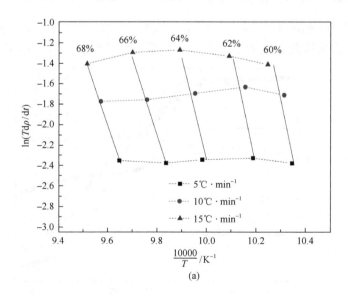

(a)

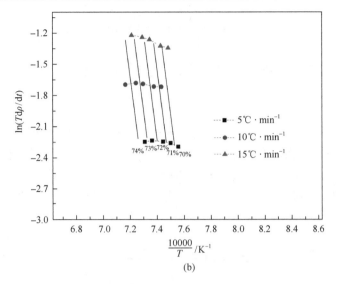

图 2-28　Arrhenius 法计算样品的致密活化能曲线

(a) $Ce_{0.9}Gd_{0.1}O_{1.95}$；　(b) $Ce_{0.9}Gd_{0.06}Bi_{0.04}O_{1.95}$

由于式 (2-19) 表达的是烧结的总过程，为更进一步考察具体烧结过程，任一时刻烧结材料线性收缩的动力学微分方程可表示为[52]

$$\frac{G^{n}}{3\rho\Gamma d\rho} = \frac{\gamma\Omega D_0}{\kappa T}\exp\left(-\frac{Q_d}{RT}\right)dt \qquad (2\text{-}20)$$

式中，G 为颗粒尺寸，nm；n 为对应的扩散机制；D_0 为扩散系数指前因子；κ 为玻尔兹曼常量；Γ 为材料相关几何因子；γ 为表面能；Ω 为原子量；R 为气体常量；Q_d 为致密活化能。

将方程 (2-18) 作简单的变量分离后，得到如下公式：

$$\frac{\kappa}{3\gamma\Omega D_0}\int_{\rho_0}^{\rho}\frac{G^{n}}{\rho\Gamma d\rho} = \int_{0}^{t}\frac{1}{T}\exp\left(-\frac{Q_d}{RT}\right)dt \qquad (2\text{-}21)$$

式 (2-21) 将决定原子扩散的因素和显微组织演变的因变量分离到等式的两边。等式左边是与显微组织演变有关的量，而等式右边是温度和致密活化能，是驱动原子扩散的量，与材料的特性无关，表达的仅仅是外部提供的能量，也可以称为烧结功，只与烧结机制相关。通过上面的变量分离后，显微结构与烧结机制的变化是相对独立的。将公式进一步定义：

$$\phi(\rho) \equiv \frac{\kappa}{3\gamma\Omega D_0}\int_{\rho_0}^{\rho}\frac{G^{n}}{\rho\Gamma d\rho} \qquad (2\text{-}22)$$

$$\varTheta = \int_0^t \frac{1}{T}\exp\left(-\frac{Q_d}{RT}\right)dt \qquad (2\text{-}23)$$

将式(2-23)中左侧定为$\phi(\rho)$，右侧因变量定义为$\varTheta[t,T(t)]$：

$$\phi(\rho)=\varTheta[t,T(t)] \qquad (2\text{-}24)$$

式(2-24)中函数$\phi(\rho)$代表的是在致密化过程中显微组织的演变对烧结动力学的影响，$\phi(\rho)$仅是密度的函数。函数$\varTheta[t,T(t)]$表示温度和活化能对致密化动力学的影响，是时间和温度的函数，在恒速率烧结过程中，$dT/dt=$常数。这里积分值$\varTheta[t,T(t)]$是MSC模型中的关键变量。因此，定义ρ与$\varTheta$的关系为主烧结曲线。这个曲线通常是S形的：

$$\rho = \rho_0 + \frac{1-\rho}{1+\exp\left(-\dfrac{\lg\varTheta - a}{b}\right)} \qquad (2\text{-}25)$$

式中，ρ为瞬时相对密度；ρ_0为初始密度；a和b为回归曲线常数。

要建立主烧结曲线，需要知道密度及$\varTheta$的函数积分。首先任意给定一个活化能数值，建立不同升温速率下的ρ-$\varTheta$关系曲线，对不同速率下的一组主烧结曲线数据进行拟合，得到均方根或平均残差，误差值越小则优越度高或者曲线的收敛性越高，否则重复拟合过程，直到得到的曲线收敛性足够高。

图2-29给出了活化能为$725kJ\cdot mol^{-1}$时对应的三条主烧结曲线，曲线的重合度较高，可以确定GDC材料的致密活化能Q_d为$725kJ\cdot mol^{-1}$。这一数值与采用Arrhenius法计算得到的$745kJ\cdot mol^{-1}$大小相当。

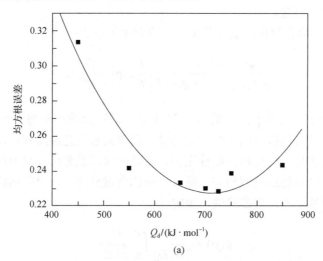

(a)

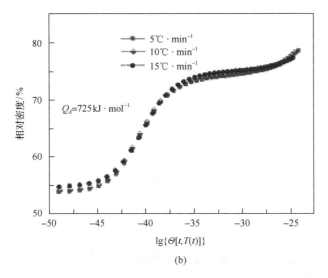

图 2-29　不同 Q_d 值下 MSC 曲线的均方根 (a) 和 $Q_d=725\mathrm{kJ\cdot mol^{-1}}$ 时样品 $\mathrm{Ce_{0.9}Gd_{0.1}O_{1.95}}$ 的
主烧结曲线 (b)

　　采用同样的计算过程对 $\mathrm{Ce_{0.9}Gd_{0.06}Bi_{0.04}O_{1.95}}$ 进行活化能的估算。由于主烧结曲线不同于 $\mathrm{Ce_{0.9}Gd_{0.1}O_{1.95}}$ 材料的 S 形曲线，而是一个双曲函数，曲线有两个明显的平台，烧结并不是由一种传质机制控制，同时烧结活化能也发生了改变。为此将 $\varTheta$ 函数分阶段处理，将式 (2-25) 改为如下的三阶段积分相加的形式：

$$\varTheta = \int_0^{t(\leqslant t_1)} \frac{1}{T} \exp\left(-\frac{Q_{d1}}{RT}\right)\mathrm{d}t + \int_{t_1}^{t(\leqslant t_2)} \frac{1}{T} \exp\left(-\frac{Q_{d2}}{RT}\right)\mathrm{d}t + \int_{t_2}^{t(\leqslant t_3)} \frac{1}{T} \exp\left(-\frac{Q_{d3}}{RT}\right)\mathrm{d}t \quad (2\text{-}26)$$

式 (2-26) 中，t_1、t_2 和 t_3 分别对应第一、第二和第三阶段的时间节点，此时按照相对密度划分为 53%～65%、65%～83% 和 83%～95% 三个阶段。图 2-30 对每一个阶段均作了主烧结曲线拟合，图中插图表示的是拟合误差随给定 Q 值的变化，插图中曲线的最低点对应最佳活化能。结果表明，第一阶段活化能为 $750\mathrm{kJ\cdot mol^{-1}}$，这与 $\mathrm{Ce_{0.9}Gd_{0.1}O_{1.95}}$ 的活化能大小相当。而当密度范围增加至 65%～83% 时活化能 $Q_{d2}=555\mathrm{kJ\cdot mol^{-1}}$，随着烧结的进行，当密度范围为 83%～90% 时，$Q_{d3}=322\mathrm{kJ\cdot mol^{-1}}$。

　　综合以上的分析，在低密度范围 (53%～65%) 区 $\mathrm{Ce_{0.9}Gd_{0.06}Bi_{0.04}O_{1.95}}$ 的活化能与同温度（或密度）下 $\mathrm{Ce_{0.9}Gd_{0.1}O_{1.95}}$ 的活化能是一致的，而随着烧结进入第二和第三阶段，此时 $\mathrm{Ce_{0.9}Gd_{0.06}Bi_{0.04}O_{1.95}}$ 的活化能比同温度下 $\mathrm{Ce_{0.9}Gd_{0.1}O_{1.95}}$ 的致密活化能要低[53]。

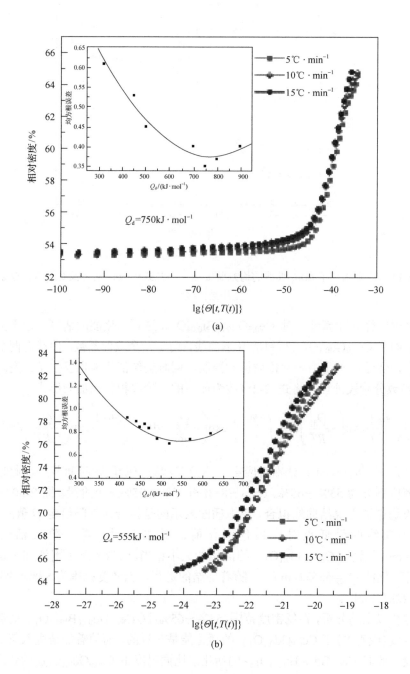

(a)

(b)

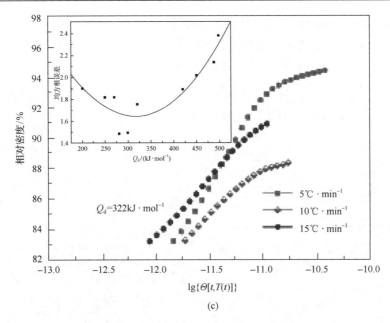

(c)

图 2-30　不同密度范围内的 MSCs 曲线

(a) 53%~65%，Q_{d1}=750kJ·mol^{-1}；(b) 65%~83%，Q_{d2}=555kJ·mol^{-1}；(c) 83%~95%，Q_{d3}=322kJ·mol^{-1}

$Ce_{0.9}Gd_{0.06}Bi_{0.04}O_{1.95}$ 在低密度区具有较高的致密活化能，可以认为此时的烧结过程由晶格扩散控制，随着温度或致密度的提高，较低的活化能导致了材料的二次致密化，传质过程加快，此时可以理解为晶粒生长过程较慢，小的颗粒尺寸增大了晶界比例，而晶界传质所需的活化能较低，故而晶界扩散控制了此阶段的致密化。当烧结进入三次致密化阶段时，由于 Bi_2O_3 的低熔点和 Bi—O 键的低结合能使得固溶体的共晶点下降，致密化机理可以归因于较高的炉温使得晶粒表面出现黏流层，进一步促进了致密化过程从而以最低的活化能引起三次致密化[54]。

晶粒生长指数 m 在一定程度上反映了晶粒生长过程的内在机理，对应不同的生长传质方式，其数值一般为 1~12，而氧化物电解质陶瓷的高温晶粒生长指数在 2~4[55]。CeO_2 电解质的晶粒生长动力学方程为[56]

$$G_t^m - G_0^m = k(t - t_0) \tag{2-27}$$

公式中，G_t 为烧结后 t 时间的晶粒尺寸；G_0 为初始晶粒尺寸；m 为晶粒生长指数；k 为晶粒生长速率常数。在烧结后期(等温烧结过程)，公式中的晶粒生长速率 k 为常数，同时假设晶界迁移产生的驱动力是晶粒之间的曲率差[57]。通常在实验范围内，G_0 远远小于 G，因此式 (2-27) 转化为 Arrhenius 公式[58]：

$$m \ln G_t = \ln k_0 + \ln t - \frac{Q_g}{RT} \tag{2-28}$$

式(2-28)中，$\ln G$ 与 $\ln t$ 呈直线关系，其斜率为 $1/m$。这里，平均颗粒尺寸 G 是对样品的 SEM 图像采用线性截距法进行测量得到的。图 2-31 是 GDC 和 $GBDC_{0.04}$ 两个样品在 1300℃等温烧结不同时间后的 SEM 图像。从图中可以看出，随着保

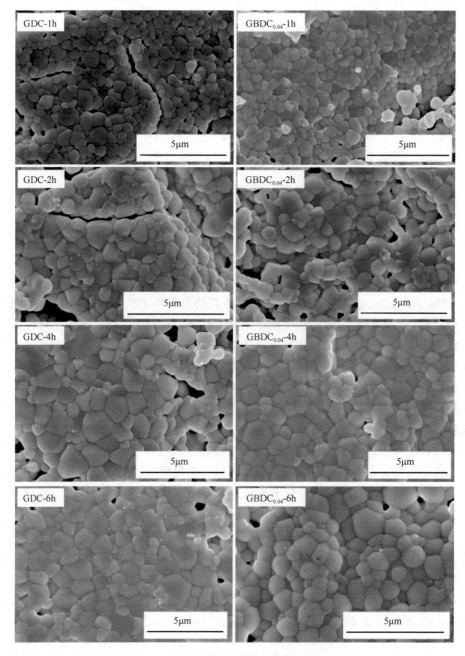

图 2-31　1300℃不同时间的烧结样品 SEM 图

温时间的延长，孔隙度减少并且平均晶粒尺寸增加。图 2-32 显示了 $Ce_{0.9}Gd_{0.1}O_{1.95}$ 和 $Ce_{0.9}Gd_{0.06}Bi_{0.04}O_{1.95}$ 在 1300℃下晶粒生长的 Arrhenius 关系，即 $Ce_{0.9}Gd_{0.1}O_{1.95}$ 的晶粒生长指数为 3，$Ce_{0.9}Gd_{0.06}Bi_{0.04}O_{1.95}$ 的晶粒生长指数为 4，也就是说双掺杂的晶粒生长受到抑制，避免了晶粒的过分长大。

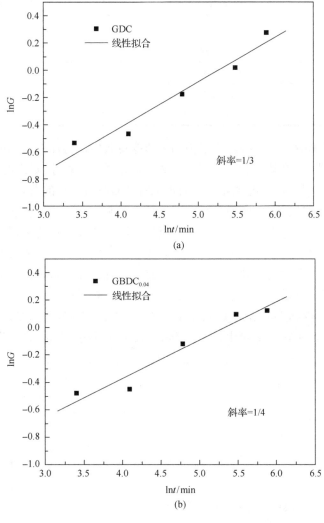

图 2-32　$\ln G$-$\ln t$ 图

(a) $Ce_{0.9}Gd_{0.1}O_{1.95}$；　(b) $Ce_{0.9}Gd_{0.06}Bi_{0.04}O_{1.95}$

表 2-7 列出了研究人员采用同样的晶粒生长模型研究 CeO_2 电解质的晶粒生长机制。

表 2-7　CeO_2 晶粒生长指数 m

文献	材料	指数 m	烧结温度/℃
Li 等[59]	5%~20%Sm 掺杂 CeO_2	2	1100~1400
Chen 等[60]	纯 CeO_2	2	1270~1420
Zhang 等[61]	纯 CeO_2	3	1350~1500
	1%Mn 掺杂 CeO_2 0.5%Fe 掺杂 CeO_2 0.25%Co 掺杂 CeO_2	4	G1350~1500
Coster 等[62]	0.25%TiO_2 掺杂 CeO_2	2	1200
关丽丽[9]	10%Gd 掺杂 CeO_2	3	1300
	4%Bi-6%Gd 掺杂 CeO_2	4	1300

掺杂可以影响晶界结构产生缺陷和溶质拖曳效应，因而材料的晶粒生长过程可能受到抑制[63]。在掺杂含量较低，形成稀固溶体时，由于 Ce^{3+} 的存在 (0.2%~0.8%)，材料的氧空位浓度主要体现为本征特性对晶粒生长的影响，例如，Y、Sc 掺杂时，导致晶界迁移率增加，晶粒生长受到限制。此外，当掺杂含量≥1%时，由外在特性影响晶粒生长，此时材料的氧空位浓度主要表现为溶质偏析效应影响晶界迁移过程中溶质原子的扩散。三价阳离子 M^{3+} 取代 Ce^{4+} 的占位时，拥有一个有效的负电荷，因此它们倾向于富集在晶界处，这样在晶粒内部和晶界之间就形成了浓度梯度，可以产生一个强的拖曳效应加快晶界迁移。

2mol% Li_2O 掺杂的 $Sm_{0.2}Ce_{0.8}O_{1.9}$（SDC）在 800℃烧结时，粒径与时间的变化关系见图 2-33，求得的晶粒生长指数为 4，表明此时晶粒生长受晶界扩散控制。

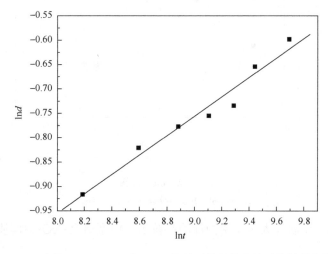

图 2-33　$Sm_{0.2}Ce_{0.8}O_{1.9}$ 中含 2mol% Li_2O 在 800℃烧结时粒径的自然对数随着烧结时间的自然对数的变化

晶粒生长受晶界扩散控制，此时晶粒与界面能关系表示为

$$d^2 - d_0^2 = 2M\gamma(t - t_0) \tag{2-29}$$

式中，d 为时间 t 时的平均粒径；d_0 为 t_0 时的平均粒径；γ 为表面能；M 为界面迁移速率。

假定 γ 值大小不受温度影响，为一常数，含 2mol% Li_2O 的 $Sm_{0.2}Ce_{0.8}O_{1.9}$（SDC2）在室温下用润湿法测定值为 $0.3J \cdot m^{-2}$，$d^2 - d_0^2$ 与 $t - t_0$ 关系见图 2-34。900℃、1000℃、1100℃时的 M 值分别为 $4.2 \times 10^{-17} m^3 \cdot N^{-1} \cdot s^{-1}$、$7.5 \times 10^{-17} m^3 \cdot N^{-1} \cdot s^{-1}$、$1.1 \times 10^{-16} m^3 \cdot N^{-1} \cdot s^{-1}$，而 SDC 在 900℃时仅为 $9.8 \times 10^{-19} m^3 \cdot N^{-1} \cdot s^{-1}$，相同温度下 SDC 中加入 2mol%$Li_2O$ 其界面迁移速率提高了将近两个数量级[64]。

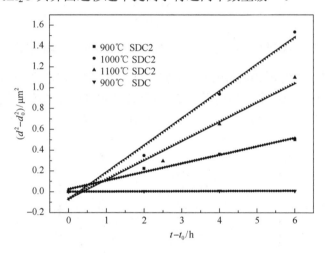

图 2-34　SDC 与 SDC2 的晶粒生长动力学曲线

2.3.2 直流电场辅助烧结制备固体电解质

采用直流电场烧结可在短时间内和较低的温度下获得致密电解质。为了对比闪烧对电解质烧结与电性能的影响，选取 Bi 掺杂含量为 0.02 的样品 $Ce_{0.9}Gd_{0.08}Bi_{0.02}O_{1.95}$ 进行烧结过程及电性能的研究。图 2-35 描述了对样品施加不同电场强度后电流密度随温度的变化关系。电流快速增加的这一特定的温度点被称为闪烧点（T_{onset}）[65]。电场强度分别为 $60V \cdot cm^{-1}$、$80V \cdot cm^{-1}$、$100V \cdot cm^{-1}$ 和 $120V \cdot cm^{-1}$，随着电场强度的增加，闪烧点分别为 848℃、753℃、706℃、659℃。也就是给定的初始场强值越大，闪烧点越低。其中，当电场强度为 $60V \cdot cm^{-1}$ 时，电流密度的变化相对缓慢，故而在严格意义上来说，可以将这一电场强度的烧结称为电场辅助烧结 FAST 或电场辅助-闪烧的中间态[66]。

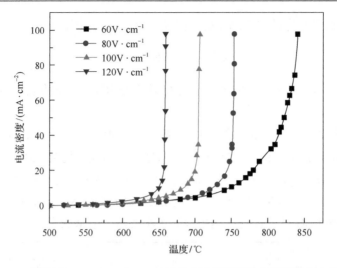

图 2-35　闪烧时 $Ce_{0.9}Gd_{0.08}Bi_{0.02}O_{1.95}$ 样品电流密度随炉体温度的变化关系

对质子导体电解质 $BaZr_{0.1}Ce_{0.7}Y_{0.1}Yb_{0.1}O_{3-\delta}$(BZCYYb)样条施加 $60V\cdot cm^{-1}$、$70V\cdot cm^{-1}$ 和 $80V\cdot cm^{-1}$ 的初始场强，其电流密度与电场强度的关系见图 2-36，闪烧点分别为 828℃、792℃和 770℃，给定的初始场强值越大，闪烧起始的温度越低。

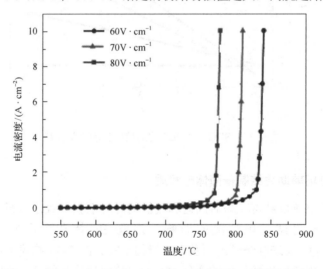

图 2-36　BZCYYb 在闪烧过程中的电流密度随时间变化的曲线

图 2-37 为 $100V\cdot cm^{-1}$ 电场条件下，限定电流密度为 $5A\cdot cm^{-2}$ 时，烧结 1h 后样品的 700℃阻抗谱。采用 ZVIEW 软件进行等效电路拟合，得出离子电导率为 $0.032S\cdot cm^{-1}$，略小于常压烧结的 $0.05S\cdot cm^{-1}$，这可能与闪烧过程中材料局部焦耳热导致不同区域的微观差异有关。

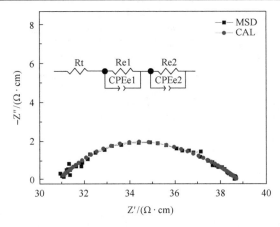

图 2-37　闪烧电解质 $Ce_{0.9}Gd_{0.08}Bi_{0.02}O_{1.95}$ 在 700℃的阻抗谱

Re 表示极化电阻，CPE 表示常相位角元件

图 2-38 是在 $70V\cdot cm^{-1}$ 的初始场强和 $7A\cdot cm^{-2}$ 电流密度下 BZCYYb 烧结 1h 后的 EIS 数据。每一个温度下的谱图都是由两个弧组成，位于中高频的弧与 X 轴有一个截距，其数值代表了总电阻(R_1)，包括晶粒电阻和晶界电阻；在低频区的弧则代表着界面电阻(R_2)，包括在电极与样条表面的离子传导和电子传导的电阻。当测试温度由 400℃增加到 800℃的过程中，低频弧往高频方向移动，表明 R_2 在减小，这是因为随着温度升高，电极过程中的各项反应速率会加快。

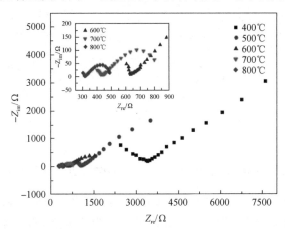

图 2-38　在 $7A\cdot cm^{-2}$ 的电流密度下闪烧烧结后 BZCYYb 的 EIS 谱图

图 2-39 和图 2-40 分别给出了直流两电极法和 EIS 所测得的闪烧烧结后的 BZCYYb 样条的电导率。两种方法测得的电导率有着很好的一致性。闪烧过程中增加电流密度，会显著地增加 BZCYYb 样条的电导率[67]。

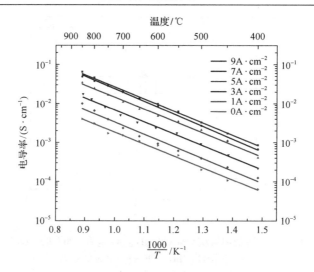

图 2-39 直流两电极法测得的不同电流密度烧结的 BZCYYb 的电导率($70V \cdot cm^{-1}$)

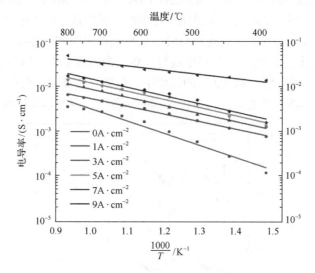

图 2-40 EIS 法测得的不同电流密度烧结的 BZCYYb 的电导率($70V \cdot cm^{-1}$)

$Ce_{0.9}Gd_{0.08}Bi_{0.02}O_{1.95}$ 在不同电场强度下电解质的微观形貌和颗粒尺寸变化如图 2-41 所示。为了对比，图中 $0V \cdot cm^{-1}$ 的样品为常压方法烧结获得的致密结构，烧结温度为 1300℃，烧结时间为 6h，其余样品则是在电场强度为 $60 \sim 120V \cdot cm^{-1}$，截止电流密度为 $5A \cdot cm^{-2}$，并于各自场强对应的闪烧点烧结 1h 后的微观形貌。从图 2-41 中右上角的插图和表 2-8 中可以看出，致密电解质烧结温度随着电场强度的增加逐渐下降，并且尺寸也有明显的减小。对于无电场辅助烧结的样品，颗粒尺寸为 750nm，而通过施加电场后，颗粒尺寸降低到 100nm 左右，并且随着场强的增加，颗粒尺寸逐渐降低，也就是说晶粒生长受到电场作用的抑制。

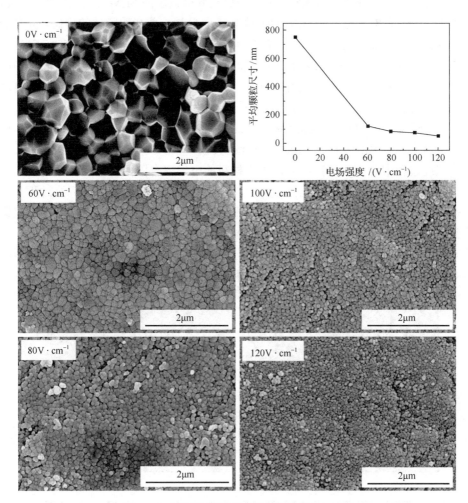

图 2-41　不同电场强度下烧结样品的 SEM 图

表 2-8　不同电场强度下烧结样品的平均颗粒尺寸

$E/(\text{V} \cdot \text{cm}^{-1})$	$T_s/℃$	G/nm
0	1300	750
60	848	122
80	753	86
100	706	71
120	659	55

　　图 2-42 给出了直流闪烧烧结后的 BZCYYb 样条表面 SEM 照片。由图 2-42(a)可以看出,没有施加电流的 BZCYYb 样条表面只是一些初始粉体的堆砌,并且疏松多孔,远远不能达到电解质致密的要求。这是因为 850℃远低于 BZCYYb 的传统烧结致密化温度(1500~1600℃)。当电流密度增加到 3A·cm^{-2} 时,由图 2-42(c)可以看出,BZCYYb 颗粒之间开始连接,并出现了小部分的晶界。当电流密度增加到 5A·cm^{-2} 时,其 SEM 照片显示出一个较为致密的结构,只有少量的气孔存在。当电流密度增加到 7A·cm^{-2} 和 9A·cm^{-2} 时,BZCYYb 已经达到完全致密。电流密度越大,则 BZCYYb 样品的晶粒就越大。

　　闪烧过程中对材料通直流电,由于材料的电导率有限,在电流流经时会出现发热现象,内部温度将显著上升,从而将改变材料的导电率,因此闪烧过程是一种热和电流平衡双向耦合过程,即电流平衡影响到热平衡,而热平衡又反过来影响到电流平衡。使用有限元模拟法计算温度场时,在空间域上,一般假设在一个单元内,节点间的温度呈线性或双线性分布,根据变分公式推导节点温度的一阶常系数线性微分方程组,再在时域上,用有限差分法将它化成节点温度线性

(a)　　　　　　　　　　　　　　(b)

(c)　　　　　　　　　　　　　　(d)

图 2-42　不同电流密度下 BZCYYb 闪烧后的表面 SEM 照片

从(a)到(f)的烧结电流密度依次是 0A·cm^{-1}，1A·cm^{-1}，3A·cm^{-1}，5A·cm^{-1}，7A·cm^{-1}，9A·cm^{-1}

代数方程组的递推公式，然后将各单元矩阵叠加，形成节点温度线性代数方程组，即可得到节点的温度值和温度分布。采用稳态求解器进行模拟，得出如图 2-43 所示的温度分布，对 100V·cm^{-1} 电场作用下样品在距离中心线不同位置的微观形貌进行表征。图 2-43(a)为等温线分布图，(b)图为对应位置的 SEM 图。从图中可以看出，由于中心线位置试验温度较高，故而具有较好的致密化效果，而距离中心线较远的位置则气孔率较大。

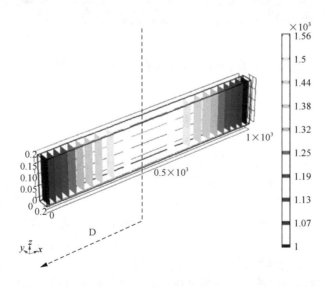

(a)

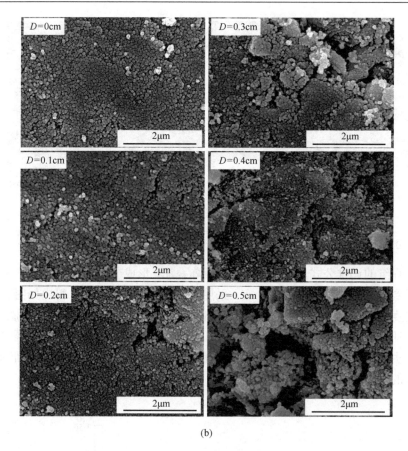

(b)

图 2-43　等温线(a)和距离中心位置的不同区域的样品微观形貌(b)

2.4　展　　望

　　尽管研究人员已经对固体氧化物燃料电解质展开了大量的研究,但是对制备高性能的固体氧化物燃料电池来说,电解质仍然是决定其性能的最关键部件。对于中低温固体氧化物燃料电池,如何提高电解质的电导率和降低欧姆阻抗是其最关键的问题。开发新型的离子导体电解质是将来的研究重点之一,尽管有 $Na_{0.5}Bi_{0.5}TiO_3$ 新型电解质报道[68],但 600℃时电导率仅为 $0.01S \cdot cm^{-1}$,无法达到使用要求,且其还原气氛的稳定性问题仍未见文献报道,与其匹配的电极材料也有待进一步开发。将电解质颗粒尺寸纳米化,是其可能提高导电性的措施之一,如 YSZ 纳米颗粒。虽然闪烧可以大幅度降低其烧结温度,但是如何保证整个样品的电流场的均匀性,进而提高其整体的均一性仍然是个需要解决的问题,或者如何开发新的烧结技术,在电极的烧结温度下实现电解质的纳米化,仍将面临技术的挑战。

参 考 文 献

[1] Tilley R J D. 固体缺陷. 刘培生, 田民波, 朱永法译. 北京: 北京大学出版社, 2013: 228-241.

[2] Huang K, Feng M, Goodenough J B. Synthesis and electrical properties of dense $Ce_{0.9}Gd_{0.1}O_{1.95}$ ceramics. Journal of the American Ceramic Society, 1998, 81（2）: 357-362.

[3] Hsieh T H, Ray D T, Fu Y P. Co-precipitation synthesis and AC conductivity behavior of gadolinium-doped ceria. Ceramics International, 2013, 39（7）: 7967-7973.

[4] Guo X, Ding Y. Grain boundary space charge effect in zirconia. Journal of The Electrochemical Society, 2004, 151（1）: J1-J7.

[5] Gobel M C, Gregori G, Maier J. Numerical calculations of space charge layer effects in nanocrystalline ceria. Part Ⅱ: detailed analysis of the space charge layer properties. Physical Chemistry Chemical Physics, 2014, 16（21）: 10175-10186.

[6] Guo X. Can we achieve significantly higher ionic conductivity in nanostructured zirconia? Scripta Materialia, 2011, 65（2）: 96-101.

[7] Wang B X, Lin Z J. A Schottky barrier based model for the grain size effect on oxygen ion conductivity of acceptor-doped ZrO_2 and CeO_2. International Journal of Hydrogen Energy, 2014, 39（26）: 14334-14341.

[8] Guan L, Le S, Rooney D, et al. Understanding the sintering temperature effect on oxygen ion conductivity in doped ceria electrolytes. Ionics, 2016, 22（9）: 1699-1708.

[9] 关丽丽. $Ce_{0.9}Gd_{0.1-x}Bi_xO_{1.95-\delta}$ 固体电解质烧结过程与离子传导机理的研究. 哈尔滨: 哈尔滨工业大学, 2016: 64-70.

[10] Subhash C, Singhal K K. 高温固体氧化物燃料电池——原理、设计和应用. 韩敏芳, 蒋先锋译. 北京: 科学出版社, 2007: 71-101.

[11] Park J S, Kim Y B, Shim J H, et al. Evidence of proton transport in atomic layer deposited yttria-stabilized zirconia films. Chemistry of Materials, 2010, 22（18）: 5366-5370.

[12] Arachi Y, Sakai H, Yamamoto O, et al. Electrical conductivity of the $ZrO-Ln_2O_3$（Ln=lanthanides）system. Solid State Ionics, 1999, 121: 133-139.

[13] Zacate M O, Minervini L, Bradfield D J, et al. Defect cluster formation in M_2O_3 doped cubic ZrO_2. Solid State Ionics, 2000, 128: 243-254.

[14] Catlow C R A, Chadwick A V, Greares G N, et al. EXAFS study of yttria-stabilized zirconia. Journal of the American Ceramic Society, 1986, 69（3）: 272-277.

[15] Mondal P, Klein A, Jaegermann W, et al. Enhanced specific grain boundary conductivity in nanocrystalline Y_2O_3-stabilized zirconia. Solid State Ionics, 1999, 118: 331-339.

[16] Boulfrad S, Djurado E, Dessemond L. Blocking effect in high purity nanostructured cubic zirconia ceramics. Fuel Cells, 2008, 8（5）: 313-321.

[17] 吕振刚, 郭瑞松, 阮文彪, 等. 氧化锆基固体电解质材料的掺杂研究. 兵器材料科学与工程, 2005, 28: 62-65.

[18] Xie G Y, Li J, Pu J, et al. Linear regression analysis of oxygen ionic conductivity in co-doped electrolyte. Transactions of Nonferrous Metals Society of China, 2006, 16: S861-S864.

[19] Liu Y, Lao L E. Structural and electrical properties of ZnO-doped 8 mol% yttria-stabilized zirconia. Solid State Ionics, 2006, 177: 159-163.

[20] Gao H B, Liu J, Chen H Y, et al. The effect of Fe doping on the properties of SOFC electrolyte YSZ. Solid State Ionics, 2008, 179: 1620-1624.

[21] Kimpton J, Randle T H, Drennan J. Investigation of electrical conductivity as a function of dopant-ion radius in the systems $Zr_{0.75}Ce_{0.08}M_{0.17}O_{1.92}$ (M=Nd, Sm, Gd, Dy, Ho, Y, Er, Yb, Sc). Solid State Ionics, 2002, 149: 89-98.

[22] 夏天, 王敬平. 固体氧化物燃料电池电解质材料. 哈尔滨: 黑龙江大学出版社, 2013: 43-46.

[23] Yahiro H, Ohuchi T, Eguchi K, et al. Electrical-properties and microstructure in the system ceria alkaline-earth oxide. Journal of Materials Science, 1988, 23 (3): 1036-1041.

[24] Kim D J. Lattice parameters, ionic conductivities, and solubility limits in fluorite-structure MO_2 oxide [M = Hf^{4+}, Zr^{4+}, Ce^{4+}, Th^{4+}, U^{4+}] solid solutions. Journal of the American Ceramic Society, 1989, 72: 1415-1421.

[25] Yan M, Mori T, Zou J, et al. Microstructures and mechanical properties of $Ce_{1-x}Ca_xO_{2-y}$ (x=0.05, 0.1, 0.2) with different sintering temperatures. Journal of the European Ceramic Society, 2010, 30 (3): 669-675.

[26] Arabacı A, Öksüzömer M F. Preparation and characterization of 10mol% Gd doped CeO_2 (GDC) electrolyte for SOFC applications. Ceramics International, 2012, 38 (8): 6509-6515.

[27] Ong P S, Tan Y P, Taufiq-Yap Y H, et al. Improved sinterability and conductivity enhancement of 10-mol% calcium-doped ceria using different fuel-aided combustion reactions and its structural characterisation. Materials Science and Engineering: B, 2014, 185: 26-36.

[28] Fu Y P. Ionic conductivity and mechanical properties of Y_2O_3-doped CeO_2 ceramics synthesis by microwave-induced combustion. Ceramics International, 2009, 35 (2): 653-659.

[29] Fu Y P, Chen S H, Huang J J. Preparation and characterization of $Ce_{0.8}M_{0.2}O_{2-\delta}$ (M=Y, Gd, Sm, Nd, La) solid electrolyte materials for solid oxide fuel cells. International Journal of Hydrogen Energy, 2010, 35 (2): 745-752.

[30] Peng R, Xia C, Fu Q, et al. Sintering and electrical properties of $(CeO_2)_{0.8}(Sm_2O_3)_{0.1}$ powders prepared by glycine-nitrate process. Materials Letters, 2002, 56: 1043-1047.

[31] Minervini L, Zacate M O, Grimes R W. Defect cluster formation in M_2O_3-doped CeO_2. Solid State Ionics, 1999, 116: 339-349.

[32] (a) Nakayama M, Martin M. First principles study on defect chemistry and migration of oxide ions in ceria doped with rare-earth cations. Physical Chemistry Chemical Physics, 2009, 11: 3241-3249; (b) 毛宗强, 王诚. 低温固体氧化物燃料电池. 上海: 上海科学技术出版社, 2013: 66-67.

[33] Burbano M, Nadin S, Marrocchelli D, et al. Ceria co-doping: synergistic or average effect? Physical Chemistry Chemical Physics, 2014, 16 (18): 8320-8331.

[34] Singh N, Singh N K, Kumar D, et al. Effect of co-doping of Mg and La on conductivity of ceria. Journal of Alloys and Compounds, 2012, 519: 129-135.

[35] Matsui T, Inaba M, Mineshige A, et al. Electrochemical properties of ceria-based oxides for use in intermediate-temperature SOFCs. Solid State Ionics, 2005, 176 (7-8), 647-654.

[36] Wu Y C, Lin C C. The microstructures and property analysis of aliovalent cations (Sm^{3+}, Mg^{2+}, Ca^{2+}, Sr^{2+}, Ba^{2+}) co-doped ceria-base electrolytes after an aging treatment. International Journal of Hydrogen Energy, 2014, 39(15): 7988-8001.

[37] Sha X Q, Lu Z, Huang X Q, et al. Preparation and properties of rare earth co-doped $Ce_{0.8}Sm_{0.2-x}Y_xO_{1.9}$ electrolyte materials for SOFC. Journal of Alloys and Compounds, 2006, 424 (1-2): 315-321.

[38] Kahlaoui M, Inoubli A, Chefi S, et al. Electrochemical and structural study of $Ce_{0.8}Sm_{0.2-x}La_xO_{1.9}$ electrolyte materials for SOFC. Ceramics International, 2013, 39(6): 6175-6182.

[39] Liu Y Y, Li B, Wei X, et al. Citric-nitrate combustion synthesis and electrical conductivity of the Sm[3+]and Nd[3+]co-doped ceria electrolyte. Journal of the American Ceramic Society, 2008, 91 (12): 3926-3930.

[40] lubek S, Wiemhofer H D. Electronic conductivity of Gd-doped ceria with additional Pr-doping. Solid State Ionics, 1999, 117: 229-243.

[41] Wang F Y, Chen S Y, Cheng S. Gd[3+] and Sm[3+] co-doped ceria based electrolytes for intermediate temperature solid oxide fuel cells. Electrochemistry Communications, 2004,6 (8): 743-746.

[42] Yao H C, Zhang Y X, Liu J J, et al. Synthesis and characterization of Gd[3+] and Nd[3+] co-doped ceria by using citric acid–nitrate combustion method. Materials Research Bulletin, 2011, 46 (1): 75-80.

[43] Park K, Hwang H K. Electrical conductivity of $Ce_{0.8}Gd_{0.2-x}Dy_xO_{2-\delta}$ $(0{\leqslant}x{\leqslant}0.2)$ co-doped with Gd[3+] and Dy[3+] for intermediate-temperature solid oxide fuel cells. Journal of Power Sources, 2011, 196 (11): 4996-4999.

[44] Guan X F, Zhou H P, Wang Y, et al. Preparation and properties of Gd[3+] and Y[3+] co-doped ceria-based electrolytes for intermediate temperature solid oxide fuel cells. Journal of Alloys and Compounds, 2008, 464 (1-2): 310-316.

[45] Ramesh S, Upender G, Raju K C J, et al. Effect of Ca on the properties of Gd-doped ceria for IT-SOFC. Journal of Modern Physics, 2013,04 (6): 859-863.

[46] Sammes N M, Tompsett G A, Näfe N, et al. Bismuth based oxide electrolytes-structure and ionic conductivity. Journal of the European Ceramic Society, 1999, 19: 1801-1826.

[47] Sanna S, Esposito V, Andreasen J W, et al. Enhancement of the chemical stability in confined δ-Bi_2O_3. Nature Materials, 2015, (14): 500-505.

[48] Islam M S, Davies R A. Atomistic study of dopant site-selectivity and defect association in the lanthanum gallate perovskite. Journal of Materials Chemistry, 2004, 14 (1): 86.

[49] Kharton V V. Solid State Electrochemistry II. Weinheim: Wiley-VCH, 2011.

[50] Rahaman M N. Sintering of Ceramics. Boca Raton: CRC Press, 2007.

[51] Guan L, Le S, Zhu X, et al. Densification and grain growth behavior study of trivalent $MO_{1.5}$ (M=Gd, Bi) doped ceria systems. Journal of the European Ceramic Society, 2015, 35 (10): 2815-2821.

[52] Su H, Juhnson D L. Master sintering curve: A practical approach to sintering. Journal of the American Ceramic Society, 1996,79 (12): 3211-3217.

[53] Guan L, Le S, He S, et al. Densification behavior and space charge blocking effect of Bi_2O_3 and Gd_2O_3 Co-doped CeO_2 as electrolyte for solid oxide fuel cells. Electrochimica Acta, 2015, 161: 129-136.

[54] Gil V, Tarta J, Moure C, et al. Sintering, microstructural development, and electrical properties of gadolinia-doped ceria electrolyte with bismuth oxide as a sintering aid. Journal of the European Ceramic Society, 2006, 26: 3161-3171.

[55] Johnson C H, Richter S K, Hamilton C H, et al. Static grain growth in a microduplex Ti-6Al-4V alloy. Acta Materialia, 1998, 47(1): 22-29.

[56] Li J G, Wang Y R, Ikegami T, et al. Densification below 1000℃ and grain growth behaviors of yttria doped ceria ceramics. Solid State Ionics, 2008, 179: 951-954.

[57] Mihalache V, Pasuk I. Grain growth, microstructure and surface modification of textured CeO_2 thin films on Ni substrate. Acta Materialia, 2011, 59 (12): 4875-4885.

[58] Zhang T S, Ma J, Kong L B, et al. Final-stage sintering behavior of Fe-doped CeO_2. Materials Science and Engineering: B, 2003, 103 (2): 177-183.

[59] Li J, Ikegami T, Mori T. Low temperature processing of dense samarium-doped CeO_2 ceramics: sintering and grain growth behaviors. Acta Materialia, 2004, 52 (8): 2221-2228.

[60] Chen I W, Chen P L. Grain growth in CeO_2: Dopant effects, defect mechanism, and solute drag. Journal of the American Ceramic Society, 1996, 79: 1793-1800.

[61] Zhang T S, Hing P, Huang H T, et al. Densification, microstructure and grain growth in the CeO_2-Fe_2O_3 system ($0 \leqslant$ $Fe/Ce \leqslant 20\%$). Journal of the European Ceramic Society, 2001, 21: 2221-2228.

[62] Coster M, Arnould X, Chermant J L, et al. The use of image analysis for sintering investigations: The example of CeO_2 doped with TiO_2. Journal of the European Ceramic Society, 2005, 25 (15): 3427-3435.

[63] Chen P L, Chen I W. Grain boundary mobility in Y_2O_3: Defect mechanism and dopant effects. Journal of the American Ceramic Society, 1996, 79: 1801-1809.

[64] Le S, Zhu S, Zhu X, et al. Densification of $Sm_{0.2}Ce_{0.8}O_{1.9}$ with the addition of lithium oxide as sintering aid. Journal of Power Sources, 2013, 222: 367-372.

[65] Dong Y H, Chen I W, Gaukler L. Predicting the onset of flash sintering. Journal of the American Ceramic Society, 2015, 98 (8): 2333-2335.

[66] Downs J A, Sglavo V M, Raj R. Electric field assisted sintering of cubic zirconia at 390°C. Journal of the American Ceramic Society, 2013, 96 (5): 1342-1344.

[67] Jiang T Z, Liu Y J, Wang Z H, et al. An improved direct current　sintering technique for proton conductor-$BaZr_{0.1}Ce_{0.7}Y_{0.1}Yb_{0.1}O_3$: The effect of direct current on sintering process. Journal of Power Sources, 2014, 248: 70-76.

[68] Li M, Pietrowski M J, De Souza R A, et al. A family of oxide ion conductors based on the ferroelectric perovskite $Na_{0.5}Bi_{0.5}TiO_3$. Nature Materials, 2013, 13 (1): 31-35.

第3章　固体氧化物燃料电池阴极材料

3.1　阴极的基本要求

阴极又称空气电极，它是氧气发生还原反应的场所，SOFC 对阴极的具体要求如下[1]。

(1) 阴极材料必须具有较高的电子电导率（$>100\text{S}\cdot\text{cm}^{-1}$）和一定的离子电导率，对氧的电化学还原反应具有较高的催化活性；

(2) 由于反应过程涉及反应物及产物的传质扩散，阴极必须具有适当的孔隙率；

(3) 在电池的长期运行过程中，阴极材料必须具有较好的化学及物理稳定性；

(4) 阴极材料需与其接触的电解质、连接体及封接材料的热膨胀特性相匹配，否则产生的异相界面间应力会影响电池的稳定和可靠运行。

3.2　阴极的反应原理

3.2.1　基于氧离子电解质的反应原理

在阴极（空气电极）上，发生氧化剂（氧气或空气）的电化学还原反应，即氧分子解离吸附后得到电子被还原成 O^{2-}，随后，O^{2-} 在电势梯度和氧浓度差的作用下进入电解质并通过电解质中的氧空位（$V_{\ddot{O}}$）向阳极迁移。阴极总的反应过程可由式 (3-1) 表示：

$$O_2+4e^- \longrightarrow 2O^{2-} \tag{3-1}$$

SOFCs 阴极氧还原反应（oxygen reduction reaction，ORR）一般发生在电解质、氧气和阴极的三相反应界面（TPB）处，反应过程中伴随着离子、电子和氧气的迁移[2]。传统的 LSM 阴极材料的催化活性和离子电导率均比较低，如图 3-1 (a) 所示，氧还原反应主要发生在 LSM 阴极与 YSZ 电解质间的二维界面。通过在阴极中加入离子导电相 YSZ，可构建 LSM-YSZ 复合阴极，如图 3-1 (b) 所示，此时，氧还原反应不仅发生在阴极与电解质的二维界面，还进一步延伸至整个 LSM-YSZ 复合阴极的体相，增加了三相反应界面的长度[3]。

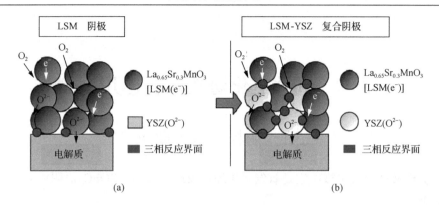

图 3-1　阴极反应示意图

(a) 单相阴极；(b) 复合阴极[3]

3.2.2　基于质子导电电解质的反应原理

在使用具有质子导电特征电解质的情况下，质子从阴极-电解质界面传输到阴极表面，再和氧离子进行反应，产生 H_2O。其反应过程如图 3-2 所示。这种质子导体固体氧化物燃料电池 H-SOFC 阴极材料需要有高的电子电导率和质子电导率，同时具有质子和电子传导性能，并且具有氧催化活性。

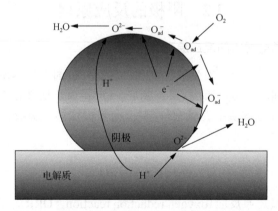

图 3-2　质子电子混合导体单相阴极反应示意图[4]

质子电子混合导体单相材料能够将质子和氧离子发生反应的区域从阴极-电解质界面扩散到阴极表面。但是这种材料的选择性比较窄，符合条件的阴极材料并不多。目前，人们多采用构建复合阴极的方式解决该问题，即在具有催化性能的阴极材料(阴极催化剂)中加入质子导电相。通过两相混合的方式，使得整个阴极兼具质子电导和电子电导。图 3-3 表示了其可能进行的反应步骤，可见，采用复合阴极的方法可以将质子和氧离子的反应区域扩展到整个阴极。另外，由于在催化剂中加入了质子导电相(一般为电解质材料)，整个阴极和电解质的热匹配问题能够得到有效缓解，这是复合阴极的优势之一[5]。

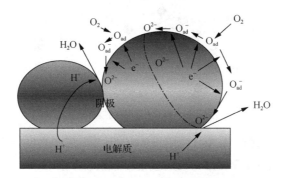

图 3-3　质子电子混合导体复合阴极反应示意图[6]

3.3　阴极材料的种类

SOFCs 阴极材料种类众多，按其结构，主要分为钙钛矿结构、尖晶石结构、绿烧石(pyrochlore)型材料和 ruddlesden-popper 型材料等。

3.3.1　钙钛矿结构

钙钛矿结构可用 ABO_3 分子式表示(图 3-4)，通常，A 位为稀土元素和碱土金属元素，B 位为过渡金属元素。理想的钙钛矿结构为立方晶系，其结构可以看成是由两个简单的立方点阵穿插而成，其中一个被 O^{2-} 占据，另一个被半径较大的 A 占据由 12 个氧离子组成的十面体的中心位置，而半径较小的 B 位于 6 个氧离子组成的八面体中心位置。而大多数钙钛矿型氧化物，由于 A 位离子的存在，BO_6 八面体将会发生一定程度的畸变，形成正交晶系或菱形晶系。

对于这种结构的偏差可用 Goldschmidt 容限因子 t 来计算：

$$t = (r_A + r_O) / [\sqrt{2}(r_B + r_O)] \tag{3-2}$$

当 t 满足 $0.75 < t < 1$ 时，形成的钙钛矿结构可以保持稳定，超出此范围，t 值过大或者过小，都将导致立方结构产生扭曲，发生畸变，导致对称性下降。正是该结构对离子半径高的"容忍性"使得钙钛矿结构的性能可以通过对结构中 A 和 B 离子的掺杂方式来进行调控。

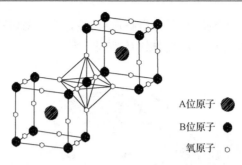

A位原子

B位原子

氧原子

图3-4　钙钛矿结构示意图[7]

目前，通常钙钛矿结构 SOFC 阴极的 A 位多为离子半径较大的 Ln 系稀土元素（如 La、Pr、Sm、Gd 和 Nd 等）或是碱土金属元素（如 Sr），而 B 位多为离子半径较小的过渡金属元素，如 Mn、Fe 和 Co 等。掺杂方式大致分为单掺杂和双掺杂两种方式，可分别描述为 $A_{1-x}Sr_xBO_3$（其中，A=La、Sm、Pr、Gd；B=Mn、Co、Cu）和 $A_{1-x}A'_xB_{1-y}B'_yO_3$（其中，A=La、Ce、Pr、Gd；A'=Ba、Sr、Ca；B、B'=Fe、Co、Ni、Cu、Cr、Al、Ga）。为了保持电中性，在 A、B 位掺入低价元素，导致氧离子空位（点缺陷）的形成，在材料内部产生一定程度的氧离子电导。此外，通过 A 位和 B 位的掺杂还可以提升材料的稳定性，调控材料的输运特性和催化活性。

1. Ln(Sr)MnO₃

锰酸镧（$LaMnO_3$）是目前最为成熟的 SOFC 阴极材料。$LaMnO_3$ 在室温下，属正交晶系，当温度升高时，由于 Mn^{3+} 氧化成 Mn^{4+}，发生正交相向菱形相转化，同时其电导率逐渐升高，1000℃时电导率达到 $10^2 S\cdot cm^{-1}$[7]。$LaMnO_3$ 相变温度与 Mn^{4+} 含量有关，当 Mn^{4+} 含量高或氧含量高（$LaMnO_{3+\sigma}$，$\sigma>0.1$）时，室温下呈现菱形晶相。用低价金属离子取代镧和锰时，也会使 Mn^{4+} 含量发生变化，影响其相变温度，例如，掺杂 Sr 或 Ca 的 $LaMnO_3$ 在室温下也是菱形晶相。$LaMnO_3$ 由于阳离子空位而呈现 p 型半导体。在 SOFC 应用中，通过低价离子在 A 或 B 位置上置换，形成更多阳离子空位，使 $LaMnO_3$ 电导率得以加强。掺杂的离子一般有 Ba、Ca、Cr、Co、Cu、Po、Mg、Ni、K、Na、Rb、Sr、Ti、Y 等，掺杂在改善电导率的同时，还可以改变材料的膨胀系数等。其中，最常用的是 Sr 离子，其次是 Ca 离子。研究发现，当 $0.5<x<0.55$ 时，$La_{1-x}Sr_xMnO_3$ 电导率达到最大值[8]。在氧化气氛中，LSM 具有高的电子导电性和高的催化活性，结构稳定，与 YSZ 电解质的热膨胀系数相匹配。Lee[9] 对 $La_{1-x}Sr_xMnO_{3-\delta}$ 电化学性能进行了系统的研究，揭示了该阴极材料电导性和界面电阻随 Sr 含量的变化规律，当体系中的 Sr 含量为 50mol% 时，这种阴极材料与电解质材料具有良好的相容性，较其他组成的电极材料具有更大的三相反应界面。

但 LSM 具有较低的离子电导率，在高温运行时与 YSZ 电解质发生反应，尤其是在 Sr/La 比例很高的情况下，界面生成绝缘的 $La_2Zr_2O_7$，进而降低电池的性能[10-11]。同时，随着操作温度降低，该材料催化活性迅速降低，在高温 1000℃时，阴极极化电阻小于 $1\Omega \cdot cm^2$；然而当温度降至 500℃时，极化电阻大幅增加[7]。因此，许多研究者都致力于 LSM 材料的改性研究。以 Pr 替代 $La_{1-x}Sr_xMnO_{3-\delta}$ 中的 La，可以降低电池在较低温度工作时的阴极过电势；Kostogloudis 和 Ftikos[12]以 Nd 替代 $La_{1-x}Sr_xMnO_{3-\delta}$ 中的 La，对 $Nd_{1-x}Sr_xMnO_{3-\delta}$ 阴极材料的晶型、热膨胀特性和电导率等性质进行了系统的研究。

2. Ln(Sr)CoO₃

在同样的条件下，$LaCoO_3$ 电导率（500～2000S $\cdot$ cm^{-1}）[13]比 $LaMnO_3$（100～200S $\cdot$ cm^{-1}）大很多。掺杂 Sr 的 $LaCoO_3$ 的离子与电子导电性均高于 $La_{1-x}Sr_xMnO_{3-\delta}$，并且在氧化气氛中形成大量的氧空位，具有较高的氧扩散能力。Carter 等研究发现以 20%的 Co 替代 $La_{1-x}Sr_xMnO_{3-\delta}$ 中的 Mn，可使 O^{2-} 的扩散系数增加一个数量级[14]。但是 Co 元素的出现使得 La 元素更易于从阴极层扩散至电解质层发生固相反应生成高电阻相的 $La_2Zr_2O_7$，导致极化电阻显著增加，所以 LSC 在 YSZ 体系的应用受到了一定程度的限制。Uchida 等[15]以 $La_{0.6}Sr_{0.4}CoO_{3-\delta}$ 为阴极材料，SDC（掺杂 Sm 的 CeO_2）作阻挡层，在 800℃、过电位 0.05V 时，电流密度达到 $0.35A \cdot cm^{-2}$。研究者通过在 $Ln_{1-x}Sr_xCoO_{3-\delta}$（Ln=La、Pr、Nd、Sm、Gd）的 B 位进行掺杂，用 Ni^{2+}、Fe^{3+}、Ti^{4+} 等部分或全部取代 Co^{3+}。

其中，$La_{0.6}Sr_{0.4}Co_{0.2}Fe_{0.8}O_{3-\delta}$ 具有较高的电子和离子电导率及适宜的热膨胀特性。Dusastre 等[16]以 $La_{0.7}Sr_{0.3}Co_{0.2}Fe_{0.8}O_3$（LSCF）作为阴极材料，考察了阴极化学组成对电化学性能的影响，当在阴极中加入 36%的 GDC 后，其面积比电阻下降 3/4。同样，对于 Cu^{2+} 取代 Co^{3+} 的 $La_{0.6}Sr_{0.4}Co_{0.1}Fe_{0.6}Cu_{0.1}O_3$[17]也表现出优异的性能，在 550～650℃的操作温度范围内，$La_{0.6}Sr_{0.4}Co_{0.1}Fe_{0.6}Cu_{0.1}O_3$ 的欧姆电阻和极化电阻都低于 LSCF。

孙克宁团队对该材料的合成及材料输运特性进行了深入的研究，研究中，采用柠檬酸溶胶-凝胶法制备了 LSCF 粉体[18]。研究发现，合成中柠檬酸与金属离子的化学计量比（C/M^{n+}）、前驱体溶液 pH、成胶温度、煅烧温度等对溶胶-凝胶的形成过程及材料的晶体结构和微观形貌有着显著的影响。该研究组采用直流四探针法研究了 LSCF 陶瓷的电子导电性能，如图 3-5 所示。在 100～400℃测试温度范围内，样品的电子电导率均随温度的升高而增大，而在 400℃附近达到最大值后又逐渐减小，LSCF 陶瓷的电子导电性符合小极化子导电机理。同时通过电子阻塞电极法与交流阻抗法分别研究该材料的离子导电性，在较低温度范围，电导率随温度升高缓慢增加；600℃以后，电导率随温度增加迅速增大。在 LSCF 材料中，离子导电是由材料中的氧空位产生的，在高温下，氧空位既可以作为载流子参与离子导电，也可为氧离子的传输提供通道。该研究制备了 $La_{0.58}Sr_{0.6}Co_{0.2}Fe_{0.8}O_{3-\delta}$-$Ce_{0.8}Gd_{0.8}O_{3-\delta}$（L58SCF-GDC）复合阴极[19]。GDC 添加量为 40%时，复合阴极极化电阻最小，在 800℃为 $0.07\Omega \cdot cm^2$，单体电池在 800℃最大功率密度为 $264mW \cdot cm^{-2}$。为进一步提高电池的功率密度，研究组优化了电极结构，制备了双层阴极，800℃功率密度提高到 $359mW \cdot cm^{-2}$。

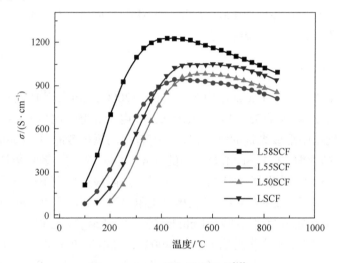

图 3-5　LSCF 的电子电导率[18]

2004 年，Shao 和 Haile[20]首次将 $Ba_{0.5}Sr_{0.5}Co_{0.8}Fe_{0.2}O_3$（BSCF）用作中低温 SOFC 阴极材料，以氢气为燃料、空气为阴极气体，在 SDC 为电解质的阳极支撑型燃料电池的条件下，在 600℃下获得了高达 $1000mW \cdot cm^{-2}$ 的最大功率密度。尽管 BSCF 表现出了优异的电化学性能，但是作为一种含钴阴极材料，其热膨胀系数依然较高，在 50～1000℃温度区间内达到 $20 \times 10^{-6}\ K^{-1}$。较高的热膨胀系数使得 BSCF 作为阴极材料的单体电池在热循环过程中容易导致组件之间互相剥离。

Sr 掺杂的钴酸钐 $Sm_{1-x}Sr_xCoO_{3-\delta}$ 材料是一种具有发展潜力的电子-离子混合导电型的中温高性能的 SOFC 阴极材料。不同 Sr 含量的 $Sm_{1-x}Sr_xCoO_{3-\delta}$ 材料的电导率都高于 $100S \cdot cm^{-1}$。Acua 等分别采用冷冻干燥法和柠檬酸络合法制备了 SSC 粉体，700℃时，柠檬酸络合法制备的 SSC 阴极的极化电阻为 $0.11\Omega \cdot cm^2$，而冷冻干燥法制备的阴极仅为 $0.06\Omega \cdot cm^2$。这是由于颗粒尺寸的减小，增大了阴极的比表面积，从而拓展了氧还原反应的活性区，进而 SSC 阴极显示出更高的电化学性能。

3. $Ln(Sr)FeO_3$

目前，国内外对铁酸镧基 SOFC 阴极材料的研究还较少。Holc 等研究发现，

在 $LaFeO_3$(LSF)中掺杂 Sr 可以提高孔隙率，增大电子电导率，减小晶粒尺寸，$La_{0.8}Sr_{0.2}FeO_{3-\delta}$ 的电子电导率比 $LaFeO_3$ 高 2~3 个数量级[21]。美国太平洋西北国家实验室的研究人员以 $La_{0.8}Sr_{0.2}FeO_{3-\delta}$ 作为 YSZ 基电解质的阴极材料，在 750℃、工作电压为 0.7V 时，电池的功率密度达到 $900mW \cdot cm^{-2}$，电池展现出了较好的长期稳定性；Yamaura 等[22]以 $La_{0.7}Sr_{0.3}FeO_{3-\delta}$ 作为 $SrCe_{0.95}Yb_{0.05}O_{3-\delta}$ 电解质(质子导体)的阴极材料，700℃时阴极极化小于 $La_{0.7}Sr_{0.3}MnO_{3-\delta}$ 和 $La_{0.7}Sr_{0.3}CoO_{3-\delta}$；Simner 等[23-25]研究发现，在 1400℃时，Zr^{4+} 可以扩散到 $La_{1-x}Sr_xFeO_{3-\delta}$ 的钙钛矿晶格中，削弱 LSF 的电子导电性，有必要在电极和电解质之间添加 SDC 阻挡层。此外，他们还研究了 Sr、Cu 双掺杂的铁酸镧基阴极材料 $(La_{0.8}Sr_{0.2})_{0.98}Fe_{0.98}Cu_{0.02}O_{3-\delta}$，将这种材料作为阳极支撑型 YSZ 电解质 SOFC 的阴极，在 750℃、工作电压为 0.7V 时，功率密度可达到 $1.35~1.75W \cdot cm^{-2}$[26]；Coffey 等[27]与 Kuščer 等[28]在研究 $La_{1-x}Sr_xFe_{1-y}Al_yO_{3-\delta}$ 的电化学特性时发现，在 $La_{1-x}Sr_xFeO_{3-\delta}$ 中掺杂 Al 会降低阴极电导率，增大阴极极化；Chiba 等[29]对镍掺杂的 $LaNi_{1-x}Fe_xO_{3-\delta}$ 阴极材料的电导率进行了研究，发现 $LaNi_{0.6}Fe_{0.4}O_{3-\delta}$ 在 800℃时的电导率可达 $580S \cdot cm^{-1}$。

孙克宁团队在国际上率先开展了 Ln(Sr)FeO_3 材料 A 位的掺杂改性研究，制备了 $Pr_{1-x}Sr_xFeO_3$ 阴极材料，发现随着 Sr 含量的增加，$Pr_{1-x}Sr_xFeO_3$ 晶胞体积降低，电导率和热膨胀系数增加。当 $x=0.3~0.5$ 时，$Pr_{1-x}Sr_xFeO_3$ 电导率均大于 $100S \cdot cm^{-1}$，$Pr_{0.8}Sr_{0.2}FeO_3$ 在 800℃时的电导率为 $78S \cdot cm^{-1}$；当 $x=0.1~0.3$ 时，$Pr_{1-x}Sr_xFeO_3$ 的热膨胀系数与 YSZ($10.8 \times 10^{-6} K^{-1}$)电解质之间有很好的匹配性。其中，$Pr_{0.8}Sr_{0.2}FeO_3$ 具有最低的极化电阻，在 800℃时为 $0.2038\Omega \cdot cm^2$，电化学性能优于相同 Sr 掺杂的 $La_{0.8}Sr_{0.2}MnO_3$ 阴极。同时，$Pr_{0.8}Sr_{0.2}FeO_3$ 阴极与 YSZ 电解质在 800℃ 热处理 100h 后没有生成第二相杂质，表明 $Pr_{0.8}Sr_{0.2}FeO_3$ 材料有希望替换 LSM 阴极成为中低温 SOFC 的阴极材料[30]。

3.3.2　尖晶石结构

尖晶石氧化物的结构可用 AB_2O_4 分子式表示(图 3-6)，每个单位晶胞包含 8 个 AB_2O_4，即包含了 8 个小立方体。在每个小立方体中都包含着 4 个氧离子，在这 8 个小立方体中，氧离子的位置都相同，位于立方体对角线中点至顶点的中心，也就是立方体对角线的四分之三处，金属离子填充在紧密堆积的氧离子空隙中。两个共边的小立方体中 4 个氧离子形成四面体空隙，这种空隙较小，称为 A 位。两个共面的小立方体中 6 个氧离子形成八面体空隙，这种空隙较大，称为 B 位。AB_2O_4 型氧化物材料的性能主要是由二价、三价离子的分布造成的。尖晶石结构中由于存在键强度基本相等的强离子键 A—O、B—O，且在各个方向上的导热性、热膨胀性相同，膨胀系数小，所以尖晶石材料具有熔、沸点高、硬度大、化学稳定性强、高温下耐腐蚀性强、热稳定性良好的优点。

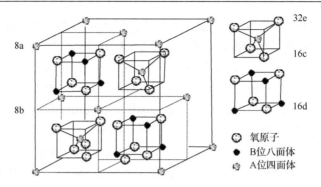

图 3-6　尖晶石结构示意图[31]

Liu 等[31]报道了关于 $Mn_{1.5}Co_{1.5}O_4$ 作为阴极材料的电化学性能的研究，在 800℃时，$Mn_{1.5}Co_{1.5}O_4$ 作为阴极材料的最高功率密度为 $386mW \cdot cm^{-2}$，其性能要优于 Mn_2CoO_4 和 $MnCo_2O_4$。

Co_3O_4 具有良好的电催化活性，属于反尖晶石 Spinel 结构，是 CoO 和 Co_2O_3 的混合物。Zhang 等[32]报道在 SSC 阴极中添加 Co_3O_4，极化电阻明显降低，ORR 催化活性提高。尽管 Co_3O_4 在 600℃时电子电导率仅为 $2S \cdot cm^{-1}$，但其浸渍得到 $Ce_{0.9}Gd_{0.1}O_{1.95}$ 阴极后，极化电阻减小到 $0.27\Omega \cdot cm^2$。

尖晶石材料的 ORR 电催化活性较好，同时，其不含有碱土/稀土元素使得氧化物的结构较稳定，与电解质的化学稳定性和热匹配性也较好，但是，尖晶石材料的氧离子电导率较低，对其进行改性研究也是目前该类材料的研究热点。

最近，孙克宁团队研究报道了一种新的 $CuCo_2O_4$ 尖晶石型阴极材料，研究结果如图 3-7 所示[33]。采用 CA-EDTA 辅助燃烧法制备纳米 $CuCo_2O_4$，通过调控实验条件参数，发现 EDTA 含量的增加有助于自由金属离子发生络合反应，当 CA 与 EDTA 的摩尔比为 1∶1.5 时，得到纯的立方晶系尖晶石 $CuCo_2O_4$，而且得到的材料颗粒均匀，没有团聚，晶粒尺寸小。该课题组研究了 $CuCo_2O_4$ 的电导率和热膨胀系数，结果表明，$CuCo_2O_4$ 具有半导体特性，随着温度升高电导率增加，在 800℃时电导率为 $114S \cdot cm^{-1}$。同时，$CuCo_2O_4$ 在 50~900℃范围内热膨胀系数为 $11.76 \times 10^{-6} K^{-1}$，与 SSZ 电解质的 $11.10 \times 10^{-6} K^{-1}$ 接近，说明 $CuCo_2O_4$ 材料与 SOFC 组件相匹配，可作为 SOFC 阴极长期运行。该课题组还研究了 $CuCo_2O_4$ 材料与 SSZ 电解质化学相容性，结果表明，二者在高温下具有良好的化学相容性。又通过 SEM 研究了 $CuCo_2O_4$ 阴极的微结构，结果表明，$CuCo_2O_4$ 阴极与 SSZ 电解质结合良好，没有发现开裂等现象，颗粒分布均匀。此外，该课题组研究了阴极烧结温度和造孔剂含量对 $CuCo_2O_4$ 电化学性能的影响，通过电化学阻抗谱和极化曲线测试，得到了最佳的条件，烧结温度为 1000℃，淀粉含量为 25%。在 800℃时，极化电阻为 $0.12\Omega \cdot cm^2$，单电池在 800℃、750℃和 700℃时的最大功率密度分别为 $0.97W \cdot cm^{-2}$、$0.80W \cdot cm^{-2}$ 和 $0.62W \cdot cm^{-2}$。

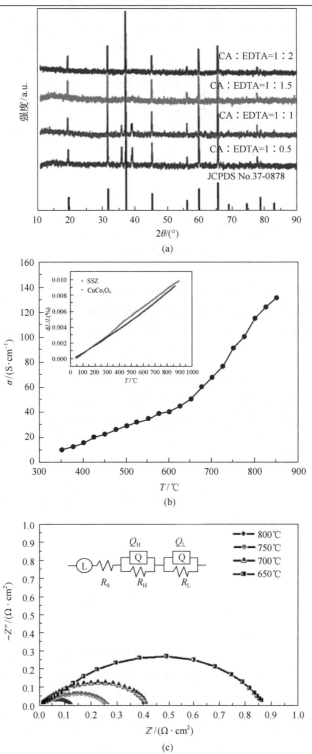

(a)

(b)

(c)

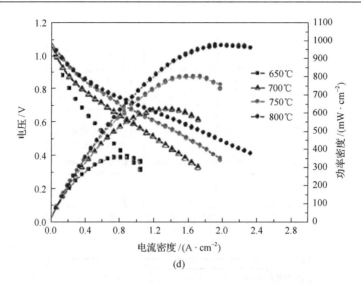

(d)

图 3-7　(a)不同 CA 与 EDTA 的摩尔比制备 $CuCo_2O_4$ 粉体的 XRD 图；(b)空气气氛下 $CuCo_2O_4$ 材料的电导率与温度的关系曲线和 $CuCo_2O_4$ 与 SSZ 样品在 50～900℃温度范围内的热膨胀曲线；(c)不同温度下 $CuCo_2O_4$ 阴极的电化学交流阻抗谱；(d)不同温度下单电池 Ni-SSZ|SSZ| $CuCo_2O_4$ 的 I-V 和 I-P 曲线[33]

　　孙克宁团队通过离子浸渍法将 $CuCo_2O_4$ 前驱体溶液浸渍到多孔 ScSZ 电解质中，增加了 $CuCo_2O_4$ 与电解质之间的三相反应界面长度，如图 3-8 所示，极化电阻降低为 $0.08\Omega \cdot cm^2$，这是该类材料已经报道的最好性能[34]。

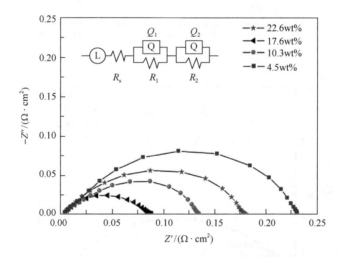

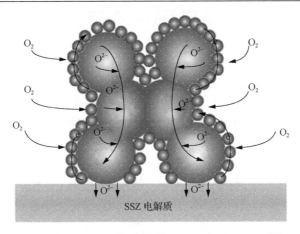

图 3-8 浸渍 $CuCo_2O_4$ 阴极的极化电阻及其结构示意图[34]

R_s 为欧姆电阻；R_1 为高频阻抗；R_2 为低频阻抗；极化电阻为 R_1 与 R_2 数值之和

孙克宁团队近期报道了一种不含有 Co 元素的新型 $Cu_{1.4}Mn_{1.6}O_4$(CMO)尖晶石型阴极材料，研究成果如图 3-9 所示[35]。采用柠檬酸辅助甘氨酸一步燃烧法制备了 CMO 粉体材料，XRD 谱图显示 CMO 呈现出立方尖晶石结构(JCPS: 35-1030)，并且没有检出其他杂相。CMO 表现出了与 ScSZ 电解质(热膨胀系数为 $11.1\times10^{-6}\,K^{-1}$)相近的热膨胀系数 $12.1\times10^{-6}\,K^{-1}$。在 300~800℃范围内 CMO 的电导率随着温度升高而增加，最大电导率为 $78S\cdot cm^{-1}$，表明 CMO 具有小极子跃迁机制的半导体特性。由阿伦尼乌斯公式计算得到在 300~800℃范围内，CMO 的活化能为 0.272eV。课题组进一步测试了 CMO 阴极材料的电化学阻抗谱图，并采用等效电路 $LR_\Omega(QR_{ct})(QR_d)$ 对其进行了拟合。650℃、700℃、750℃和 800℃的面电阻(R_p)分别为 $0.143\Omega\cdot cm^2$、$0.317\Omega\cdot cm^2$、$0.665\Omega\cdot cm^2$ 和 $1.477\Omega\cdot cm^2$。从 R_{ct}、R_d 和 R_p 与温度之间的关系曲线可以看出在整个测试温度范围内，R_{ct} 控制了 ORR 过程(例如，800℃时，R_{ct} 占 R_p 的 68.5%)，这主要是由于其自身具有极低的氧离子电导从而导致三相反应界面仅在阴极/电解质界面处。根据阿伦尼乌斯公式计算可知，R_{ct}、R_d 和 R_p 的活化能分别为 1.201eV、1.507eV 和 1.318eV。该课题组以 CMO 为阴极制备了阳极支撑型 SOFC 单电池，并测试了电池的放电性能，650℃、700℃、750℃和 800℃电池的最大功率密度分别为 $301mW\cdot cm^{-2}$、$512mW\cdot cm^{-2}$、$809mW\cdot cm^{-2}$ 和 $1076mW\cdot cm^{-2}$。从测试后 CMO 阴极与 ScSZ 电解质的界面 SEM 照片及 EDX 照片可以看出，多孔的 CMO 阴极提供了丰富的三相反应界面和气体扩散通道，CMO 阴极与 ScSZ 电解质之间存在明显的界面，表明两相之间具有良好的化学兼容性。

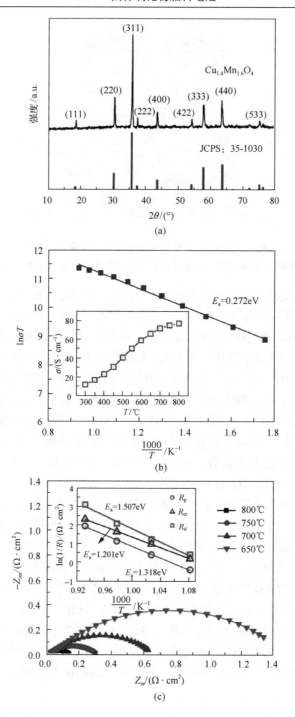

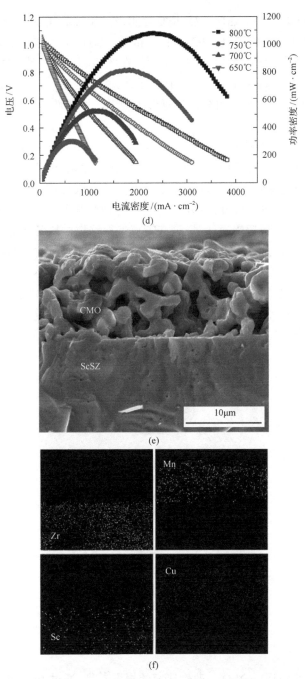

图 3-9　(a) $Cu_{1.4}Mn_{1.6}O_4$ 粉体的 XRD 图；(b) 空气气氛下 $Cu_{1.4}Mn_{1.6}O_4$ 材料的电导率与温度的关系曲线；(c) 不同温度下 $Cu_{1.4}Mn_{1.6}O_4$ 阴极的电化学交流阻抗谱；(d) 不同温度下单电池 Ni-SSZ/SSZ/$Cu_{1.4}Mn_{1.6}O_4$ 的放电曲线；(e) $Cu_{1.4}Mn_{1.6}O_4$ 与 SSZ 界面的 SEM 照片；(f) $Cu_{1.4}Mn_{1.6}O_4$ 与 SSZ 界面的 EDX 照片[35]

Zhang 等报道了 $Cu_{1.25}Mn_{1.75}O_4$ 基复合阴极，50wt%[①] $Cu_{1.25}Mn_{1.75}O_4$-YSZ 复合阴极在 800℃时极化电阻为 $0.13\Omega \cdot cm^2$。Liu 等[36]通过浸渍法制备 MCO-YSZ 复合阴极，在 800℃时极化电阻为 $0.43\Omega \cdot cm^2$，在此基础上再浸渍 SDC，其极化电阻大幅降低，在 800℃时极化电阻为 $0.15\Omega \cdot cm^2$。Zhang 等[37]利用 $Mn_{1.5}Co_{1.5}O_4$ 高的电子导电性，将其浸渍在 LSM-YSZ 复合阴极中，使其性能提升了 2 倍。

3.3.3　Ruddlesden-popper 型材料

这类材料可以用 $A_{n+1}M_nO_{3n+1}$（A=稀土/碱金属元素；M=过渡金属元素）通式来表示，其结构由钙钛矿层和 AO 岩盐层交互层叠无限延伸构成，其中，n 决定钙钛矿层的"厚度"，如图 3-10 所示。这类氧化物有着各种缺位化学，就氧含量而言，包括次化学计量和超化学计量，这些特点使得这类材料备受关注[38-41]。$A_2BO_{4+\delta}$ 氧化物具有离子-电子混合导电性能，主要来源于 AO 岩盐层间的填隙氧离子迁移及 ABO_3 钙钛矿层中的 p 型电子导电。Sayers 等[42]研究了 $La_2NiO_{4+\delta}$ 作为中温 SOFC 阴极与电解质 GDC 和 LSGM 的兼容性，结果发现，在 900℃煅烧时，$La_2NiO_{4+\delta}$ 与 GDC 发生了明显的反应，相反，$La_2NiO_{4+\delta}$ 与 LSGM 不反应，关于这一观点，文献中还存在分歧[43]。

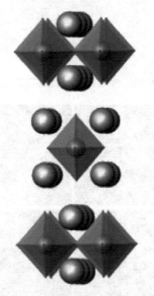

图 3-10　K_2NiF_4 结构示意图[38]

目前有许多关于 $La_2NiO_{4+\delta}$ 改性研究的报道[44-46]。通过 La 位或者 Ni 位的取代优化这个体系受到了更多的关注。就 Ni 位来说，目前已有用 Co[47]、Fe[48-49]及 Cu[50]

---

① wt%表示质量分数。

来取代的报道。Aguadero 等[50]研究了一系列 $La_2Ni_{1-x}Cu_xO_{4+\delta}$，Cu 掺杂的阴极表现出比 $La_2NiO_{4+\delta}$ 更低的 ASR（极化电阻）。Zhao 等[51]研究了 Co 和 Sr 双掺杂阴极 $La_{2-x}Sr_xNi_{0.2}Co_{0.8}O_{4+\delta}$（$x=0$、0.4、0.8、1.2、1.6）的性能，结果发现，$x=0.8$ 时性能最佳。$LaSrFe_{4+\delta}$ 材料作为阴极也被研究，发现该材料与其他 Ni 基材料具有相似的电化学性能。

$La_2NiO_{4+\delta}$ 体系中，Sr 部分取代 La 已经被广泛地研究。与 $La_2NiO_{4+\delta}$ 相比，对于氧自扩散系数（D_O）$La_{1.9}Sr_{0.1}NiO_{4+\delta}$ 具有更高的活化能，对于表面交换系数有着相似的活化能。$La_{1.9}Sr_{0.1}NiO_{4+\delta}$ 具有低的 D_O，是由其含有低的氧空隙率所致[52,53]。

Mauvy 等[54]报道了改变稀土金属离子的掺杂种类的研究，发现 $Pr_2NiO_{4+\delta}$ 具有较低的阴极 ASR。Miyoshi[55]研究了在 $Pr_2NiO_{4+\delta}$ 中 Ni 位掺杂 Cu、Mg 离子，结果表明上述掺杂可以提高氧渗透率。还有 Sun 等[56]报道了 $Nd_2NiO_{4+\delta}$ 作为 SOFC 阴极，研究发现 $Nd_2NiO_{4+\delta}$ 与 GDC 和 YSZ 的兼容性较好。

值得注意的是 ruddlesden-popper 型材料不仅提供氧离子空位，而且把氧离子引入岩盐层空隙中。因此，有必要了解材料的组成对氧离子传导机制的影响。Yashima 等[57]通过高温中子粉末衍射的方法探明了 $(Pr_{0.9}La_{0.1})_2(Ni_{0.74}Cu_{0.21}Ga_{0.05})O_{4+\delta}$ 氧离子扩散途径。研究结果表明在 O2(002) 位的氧原子呈现高的各向异性热运动（$U_{11}=U_{22}>U_{33}$），这些氧离子迁移至最近的空隙 O3 的位置，从而形成 2-D 弯曲的 O2-O3 扩散途径。Burriel 等[58]也报道了氧扩散的各向异性，还测出在外延薄膜里各向异性氧示踪扩散途径和表面交换系数，并且发现沿 c 轴的表面交换系数比沿 ab 平面低 2～3 个数量级。Cleave 等通过原子计算机模拟也推测出各向异性，而且计算出在 ab 平面里空位迁移活化能是 0.35eV，而沿 c 轴的活化能是 0.77eV。另外，他们还计算出在 ab 平面里空位迁移能垒是 0.86eV，同时也进一步支持了氧空位传导机理。为了解释在 400℃下该类材料半导体性到高温金属性传导机制的改变，人们对 $La_2Ni_{0.6}Cu_{0.4}O_{4+\delta}$ 进行了原位高温中子粉末衍射的研究[59]。研究发现，Ni—O 键长在 400℃时突然收缩，导致钙钛矿层沿 c 轴方向收缩。

除了 K_2NiF_4 型材料外，更有序的 ruddlesden-popper（$n>1$）材料作为 SOFC 阴极被研究。Carvalho 等[60]合成了 $La_{n+1}Ni_nO_{3n+1}$（$n=2$、3）材料，这种材料是阴离子缺位的，当 $n=1$ 时，Ni 的氧化态为 2^+；当 $n=2$ 时，Ni 的氧化态为 2.5^+；当 $n=3$ 时，Ni 的氧化态为 2.67^+。这就意味着氧离子缺位占主导，而不是氧空隙。尽管不同的缺位性质，但是这些材料都表现出比 $La_2NiO_{4+\delta}$ 更高的热稳定性、电导率及电极催化性能[61]。

孙克宁团队采用溶胶-凝胶法成功制备了 $La_{n+1}Ni_nO_{3n+1}$（$n=2,3$）阴极材料，用相对低的煅烧温度和较短的煅烧时间成功制备得到单相 orthorhombic 结构的 RP 相阴极材料，克服了传统制备方法中间步骤烦琐、耗时、耗能等缺点。同时，对

两种阴极材料 $La_3Ni_2O_7$ 和 $La_4Ni_3O_{10}$ 的晶体结构、热膨胀系数、电导率及电化学性能进行了系统的研究。研究表明，两种材料与 YSZ 电解质均表现出非常好的化学兼容性和热兼容性。如图 3-11 所示，$La_3Ni_2O_7$ 阴极在 750℃时的极化电阻为 $0.3913\Omega\cdot cm^2$，阳极支撑型单电池，在 750℃时最高功率密度达到 $848mW\cdot cm^{-2}$，单电池的极化电阻分别为 $0.3138\Omega\cdot cm^2$。以 $La_3Ni_2O_7$ 和 $La_4Ni_3O_{10}$ 为阴极的单电池分别在 $0.6A\cdot cm^{-2}$ 恒流状态下工作 30h，性能没有明显的衰减[62-63]。此外，孙克宁团队还开发了一种新型 PVP 辅助水热合成法[64]，制备了纳米级 $La_2NiO_{4+\delta}$ 材料，在加入 PVP 的情况下，水热合成的前驱体经 900℃下煅烧就能得到单相的 K_2NiF_4 结构的 $La_2NiO_{4+\delta}$。纳米 $La_2NiO_{4+\delta}$ 阴极具有高的孔隙率骨架，粒径小和比表面大，这样的微观结构有利于增加反应活性位及提供更多的气体扩散的通道。在 750℃下，该材料展示出优异的电化学性能，极化电阻为 $0.40\Omega\cdot cm^2$，单电池的最大功率密度为 $834mW\cdot cm^{-2}$，$0.89A\cdot cm^{-2}$ 电流密度下恒流 16h，电池性能无衰减。

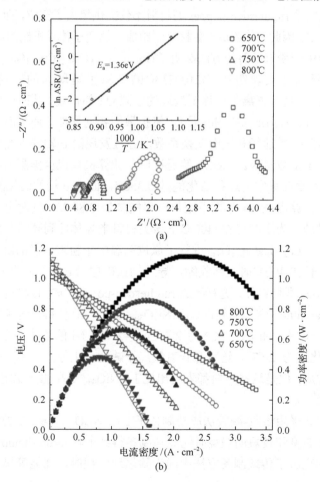

(a)

(b)

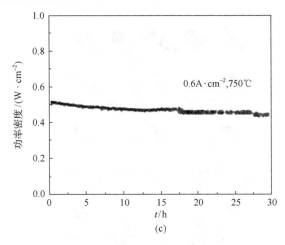

图 3-11　(a)La$_3$Ni$_2$O$_7$阴极在 750℃时的极化电阻；(b)单电池的放电曲线；(c)单电池在
0.6A·cm^{-2}恒流状态下工作 30h 的稳定性[64]

3.3.4　绿烧石型材料

由于具有极其优异的氧还原催化活性，Ru 基电极很有希望成为低温 SOFC 的
新型阴极材料。就此而言，绿烧石型钌酸盐 A$_2$Ru$_2$O$_7$(A=Bi、Pb)被作为阴极材料
研究，研究发现尽管这些材料还存在稳定性问题，但是 ASR 很低。有研究者研究
了 Bi$_{2-x}$M$_x$Ru$_2$O$_{7-\delta}$(M=Sr、Pb)掺杂 Sr 时(x=0.1、0.25)和掺杂 Pb 时(x=0.5)材料的
化学和长期稳定性。另外，有研究表明复合阴极能够提高绿烧石型材料的性能。
Camaratta 等研究了 Bi$_2$Ru$_2$O$_7$ 和 Er$_{0.4}$Bi$_{1.6}$O$_3$ 复合阴极，通过改变各组分的质量分
数和改善微观结构，700℃时得到了最佳的面比电阻，即 0.03Ω·cm^2。然而，昂贵
的材料成本仍然是绿烧石型材料商业化面临的最大问题。

3.3.5　层状钙钛矿型氧化物

双钙钛矿 AA′B$_2$O$_{6-\delta}$，A′通常是 Ba，A 代表镧系金属元素，B 代表第一行过
渡金属元素，结构如图 3-12 所示。目前研究最多的是 LnBaCo$_2$O$_{5+\delta}$，Ln=Pr、Nd、
Sm、Gd[65-66]。双钙钛矿材料结构中，A 和 A′交替排列，该类材料具有很高的电
子和氧离子传导能力，有望成为一种新型的 SOFC 阴极材料[67]。研究发现，该类
阴极材料的性能随着 Ln^{3+}半径不同而呈现出有规律的变化，TEC、电导率、氧离
子迁移率随着 Ln^{3+}半径减小而下降[68]。PrBaCo$_2$O$_{5+\delta}$具有良好的氧传导特性及快速
氧表面交换动力学[69]。然而，尽管在 800℃时 PrBaCo$_2$O$_{5+\delta}$的氧渗透率(8.0×
10^{-8}mol·cm^2·s^{-1})比 GdBaCo$_2$O$_{5+\delta}$(2.6×10^{-8}mol·cm^2·s^{-1})高，但同样活化能也高，
因此当温度低于 675℃时，PrBaCo$_2$O$_{5+\delta}$的氧渗透率比 GdBaCo$_2$O$_{5+\delta}$小[70]。

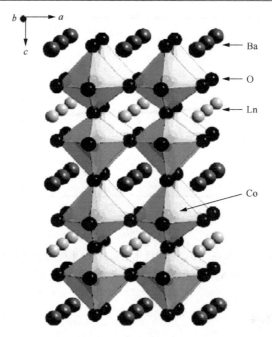

图 3-12　双钙钛矿阴极 LnBaCo$_2$O$_{5+\delta}$ 的晶体结构示意图[67]

Taranón 等[71]研究报道了 GdBaCo$_2$O$_{5+\delta}$ 在 LSGM 和 GDC 电解质上的对称电池性能，发现在 625℃时 ASR 只有 0.25Ω·cm^2。然而，研究还发现温度低于 700℃时，GdBaCo$_2$O$_{5+\delta}$ 与 YSZ 发生剧烈的反应。Pena-Martinez 等[72]制备了 GdBaCo$_2$O$_{5+\delta}$和 Ba$_{0.5}$Sr$_{0.5}$Co$_{0.8}$Fe$_{0.2}$O$_{3-\delta}$ 两种阴极材料，他们还以 La$_{0.9}$A$_{0.1}$Ga$_{0.8}$Mg$_{0.2}$O$_{2.85}$（A=Sr、Ba）电解质研究两种阴极材料的性能，结果发现 A 为 Sr 元素时，在 600~800℃时 Ba$_{0.5}$Sr$_{0.5}$Co$_{0.8}$Fe$_{0.2}$O$_{3-\delta}$ 有更低的 ASR。

PrBaCo$_2$O$_{5+\delta}$ 的 ASR 低至 0.4Ω·cm^2，阳极支撑型电池中以 SDC 薄膜为电解质，PrBaCo$_2$O$_{5+\delta}$ 为阴极，600℃和 450℃时功率密度分别为 620mW·cm^{-2} 和 165mW·cm^{-2}。分别以 SDC 和 LSGM 为电解质，SmBaCo$_2$O$_{5+\delta}$ 为阴极，750℃极化电阻分别是 0.098Ω·cm^2 和 0.054Ω·cm^2，在 800℃时最大的功率密度为 641mW·cm^{-2} 和 777mW·cm^{-2}。Sun 等[73]通过柠檬酸-硝酸盐溶胶-凝胶法合成 SmBaCo$_2$O$_{5+\delta}$ 时，煅烧温度仅为 900℃，通过低温合成，能够很好地控制阴极材料颗粒的尺寸和微观形貌。

除了层状的钴酸盐，研究者还报道了 LnBaCuMO$_{5+\delta}$（M=Fe、Co）作为阴极材料的性能。Zhou 等[74]以 LaBaCuFeO$_{5+\delta}$ 和 LaBaCuCoO$_{5+\delta}$ 作为阴极，当以 SDC 为电解质时，在 700℃时两者的 ASR 分别为 0.21Ω·cm^2 和 0.11Ω·cm^2。然而，这些材料的化学和长期稳定性还需要进一步考察。

孙克宁团队通过溶胶-凝胶燃烧法制备一系列改性 Sr$_2$Fe$_{1.5}$Mo$_{0.5}$O$_{6-\delta}$（SFM）作

为 IT-SOFC 阴极材料，系统考察了 A 位元素掺杂、缺位和 B 位元素部分取代对 SFM 材料结构及电化学性能的影响。

孙克宁团队合成了 A 位 Ba 元素掺杂的 $Sr_{2-x}Ba_xFe_{1.5}Mo_{0.5}O_{6-\delta}$（SBFM, $x=0$、0.2、0.4、0.6、0.8、1）系列阴极材料[75]。Ba 元素掺杂使 SBFM 材料性能有所提高的主要原因是材料晶胞扩张有利于晶格中电子自由活动。Fe^{3+}/Mo^{5+} 和 Fe^{2+}/Mo^{6+} 之间的平衡反应对材料性能影响并不明显。据此推断，当材料中 Fe^{3+}/Mo^{5+} 和 Fe^{2+}/Mo^{6+} 两电子对含量相等时，该材料具有最佳的电化学性能。$Sr_{1.8}Ba_{0.2}Fe_{1.5}Mo_{0.5}O_{6-\delta}$（$SB_{0.2}FM$）的极化电阻最小。在 700℃ 和 750℃ 下，以 $SB_{0.2}FM$ 为阴极的电池，其最大输出功率密度分别为 $0.87W·cm^{-2}$ 和 $1.30W·cm^{-2}$。

孙克宁团队考察了 A 位 Sr 元素缺位对 SFM 性能的影响[76]，合成了 A 缺位 $Sr_{2-x}Fe_{1.5}Mo_{0.5}O_{6-\delta}$（$x=2.000$、1.975、1.950、1.925、1.900）阴极材料。XRD 谱图表明，当 $x=1.950$ 时，晶胞最接近于立方结构（$a \approx b \approx c$），增加了常态下的结构稳定性。A 缺位对于 SFM 阴极材料的电导率和阻抗有很大的影响，随着 Sr 缺位的增加，电导率也有所变化，当 x 从 2.000 逐渐降低到 1.950 时，电导率有所增加；但 x 进一步增大，电导率反而降低，即当 $x=1.950$ 时达到最大值为 $33S·cm^{-1}$。元素价态分析显示，A 位元素缺陷引起了 B 位阳离子价态的变化，从而引起了影响电导率的平衡反应发生移动，进而导致电化学性能的变化，A 缺位还能够造成材料内部氧空位浓度的变化。在 800℃ 下，S_xFM（$x=2.000$、1.975、1.950、1.925、1.900）的极化阻抗值分别为 $0.1809\Omega·cm^2$、$0.1638\Omega·cm^2$、$0.1597\Omega·cm^2$、$0.1750\Omega·cm^2$ 和 $0.2288\Omega·cm^2$，说明 A 缺位降低了材料的极化阻抗，提高了电催化活性。以 Ni-ScSZ 作为阳极，ScSZ 为电解质，S_xFM 为阴极制备单电池进行放电性能测试，800℃ 氢气条件下 $S_{1.950}FM$ 的最大功率密度为 $1083mW·cm^{-2}$，并对电池在 750℃ 下进行了稳定性测试，测试时间内电池具有较好的稳定性。

孙克宁团队合成了 $Sr_2Fe_{1.5-x}Ni_xMo_{0.5}O_{6-\delta}$（$x=0$、0.05、0.1、0.2、0.4）（SFNM）[77]，深入探讨了 B 位掺杂 Ni 和 A 位掺杂 Ba 对 SFM 材料性能的影响。研究发现，B 位 Ni 掺杂有利于形成氧空位，同时影响 Fe^{3+}/Mo^{5+} 和 Fe^{2+}/Mo^{6+} 之间的平衡反应，提高了 SFNM 材料的电化学性能。随着 Ni 掺杂量的增多，材料的晶胞收缩，热膨胀系数（TECs）增大。掺杂的 Ni^{2+} 改变了材料中 Fe^{3+}/Mo^{5+} 和 Fe^{2+}/Mo^{6+} 两电子对之间的平衡反应，使 SFNM 材料的电导率显著提高，当 $x=0.1$ 时，450℃ 下材料的电导率达到 $60S·cm^{-1}$，超过 SFM 材料电导率的两倍。$Sr_2Fe_{1.4}Ni_{0.1}Mo_{0.5}O_{6-\delta}$（$SFN_{0.1}M$）阴极表现出最优的电化学性能和最低的 R_p，其 R_p 仅为 SFM 阴极 R_p 的一半。如图 3-13 所示，在 700℃ 和 750℃ 下以 $SFN_{0.1}M$ 为阴极的单电池的最大放电功率分别达到 $0.92W·cm^{-2}$ 和 $1.27W·cm^{-2}$。

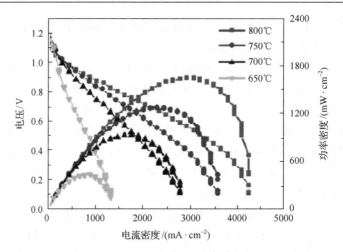

图 3-13　单电池在 650~800℃的 *I-V* 和 *I-P* 曲线[77]

孙克宁团队选用 Sc 元素对双钙钛矿 SFM 材料 B 位的 Fe 元素进行不同比例的掺杂改性，制备 $Sr_2Fe_{1.5-x}Sc_xMo_{0.5}O_{6-\delta}$（SFSc$_x$M, *x*=0、0.05、0.10）阴极材料[78]。研究表明，随 Sc 元素的掺杂比例增加，SFM 材料中 Fe^{2+}/Fe^{3+} 的比例缩小，Mo^{6+}/Mo^{5+} 的比例先增后减，当 *x*=0.05 时，Mo^{6+}/Mo^{5+} 比例最高为 1.2。

SOFC 阴极在高浓度的氧气氛围下工作运行，因此氧气浓度的改变影响着阴极上发生的电化学过程。当在空气中进行阻抗测试时，虽然氧气占空气浓度的百分比为 21%，但在 650~800℃的高温下，氧压必定随温度的升高而降低，为了判定阻抗值 R_p 与氧分压 P_{O_2} 的精确关系，进一步在 800℃及一系列精确控制的氧分压条件下，再次对 SFM 和 SFSc$_{0.05}$M 进行阻抗测试。结果如图 3-14(a) 和 (c) 所示，随着氧分压的不断升高，阻抗值均表现明显降低。通过对阻抗值与氧分压具体数值关系的仔细研究，可分析出电极反应的速率控制步骤。

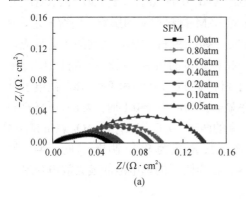

(a)

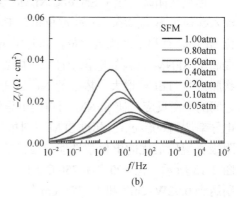

(b)

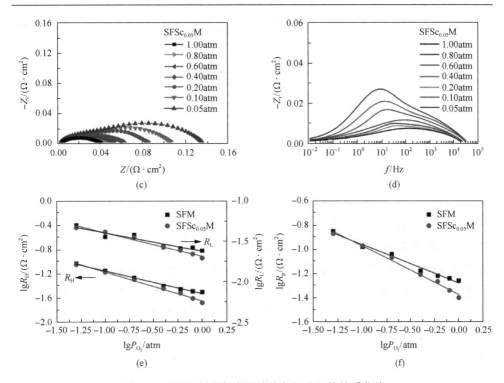

图 3-14　800℃时阴极各阻抗值与氧分压的关系曲线

(a) 不同氧分压下 SFM 的阻抗谱；(b) SFM 极化阻抗值与频率的关系曲线；(c) 不同氧分压下 SFSc$_{0.05}$M 的阻抗谱；(d) SFSc$_{0.05}$M 极化阻抗值与频率的关系曲线；(e) 高频与低频阻抗值与氧分压的对数关系曲线；(f) 总阻抗值与氧分压的对数关系曲线[78]

R_p 与 P_{O_2} 的变化规律遵循以下公式：

$$\frac{1}{2}O_2(g) + 2e^- + V_{\ddot{O}} \longrightarrow O_O^x \tag{3-3}$$

此化学反应可以解释几种基元反应类型[79]，主要包括氧分子在催化剂表面的吸附[式(3-4)]、吸附氧分子的脱附[式(3-5)]、吸附氧原子的离子化[式(3-6)]、氧离子向三相反应界面的迁移[式(3-7)]、TPB 处的氧原子的离子化[式(3-8)]和电子在 TPB 上的迁移[式(3-9)]。

$$O_2(g) \longrightarrow O_{2,ad} \tag{3-4}$$

$$O_{2,ad} \longrightarrow 2O_{ad} \tag{3-5}$$

$$O_{ad} + e^- \longrightarrow O_{ad}^- \tag{3-6}$$

$$O_{ad}^- \longrightarrow O_{TPB}^{2-} \tag{3-7}$$

$$O_{TPB}^- + e^- \longrightarrow O_{TPB}^{2-} \tag{3-8}$$

$$O_{TPB}^{2-} + V_{\ddot{O}} \longrightarrow O_O^x \tag{3-9}$$

因此，极化阻抗值 R_p 与氧分压 P_{O_2} 遵循一定的指数关系[80]：

$$R_p \propto P_{O_2}^n$$

式中，n 值的大小可以反映电极上所发生反应的类型[81-82]。式(3-4)～式(3-9)的六种反应类型分别对应 n 值为–1、–0.5、–0.375、–0.25、–0.125 和 0。如图 3.14(e) 所示，首先对 SFM 和 SFSc$_{0.05}$M 两种材料 800℃的 lgR_H 和 lg P_{O_2} 的关系图线进行线性拟合得到两个相对应的 n 值分别为–0.228 和–0.292，两个数值均接近–0.25，与之对应的速控步过程为式(3-7)氧离子向三相反应界面的迁移，此过程为控制 R_H 反应速率的核心。然后对 SFM 和 SFSc$_{0.05}$M 两种材料 800℃的 lgR_L 和 lg P_{O_2} 的关系图线进行线性拟合，再次得到两个相对应的 n 值分别为–0.374 和–0.476，分别与 n 值–0.375 和–0.5 相接近。因此可归纳如下，对 SFM 而言，与之对应的速控步骤为式(3-6)吸附氧原子的离子化，对 SFSc$_{0.05}$M 而言，与之对应的速控步骤为式(3-5)吸附氧分子的脱附。

如图 3.14(f)所示，对 SFM 和 SFSc$_{0.05}$M 的 lgR_P 和 lg P_{O_2} 关系曲线进行线性拟合，分别得到的斜率为–0.31 和–0.40，均与 n= –0.375 最为接近，表明在阴极 SFM 和 SFSc$_{0.05}$M 上发生的氧还原反应的速率控制步骤核心为式(3-6)吸附氧原子的离子化过程。

以 SFSc$_x$M 材料作阴极，组装了 NiO-YSZ|YSZ|SDC|SFSc$_x$M 结构的阳极支撑单电池，在 800℃下单电池在 H$_2$ 中的开路电压达到 1V 以上，最大功率密度为 1.23W·cm^{-2}，比采用 SFM 阴极的电池(0.93W·cm^{-2})高出很多。在 750℃、100h 下的恒流测试证明了 SFSc$_{0.05}$M 能在 SOFCs 工作温度下保持性能稳定，是一种在 SOFCs 阴极方向极具应用价值的材料。

选择与 Mo 离子半径相近的 Nb 元素部分取代 Mo 元素，对 Sr$_2$Fe$_{1.5}$Mo$_{0.5}$O$_{6-\delta}$ 材料进行掺杂来改善其阴极性能[83]，制备了一系列的 Sr$_2$Fe$_{1.5}$Mo$_{0.5-x}$Nb$_x$O$_{6-\delta}$ (SFMNb, x=0.05、0.10、0.15、0.20)材料。由于 Mo 离子主要价态为+5/+6 价，而 Nb 离子为+4/+5 价，因此当 Nb 部分取代 Mo 后，根据电中性原则，晶体中氧空位浓度会增加，进而提高其电催化活性。XRD 谱表明，所有掺杂的 SFMNb 材料表现出完整的钙钛矿结构。由于 Nb/Mo 离子半径差异，SFMNb$_x$ 出现晶格膨胀现象。同时，SFMNb 电导率也随着 Nb 掺杂而提高，在 550℃下，SFMNb$_{0.10}$ 的电导率可达 30S·cm^{-1}。SFMNb$_{0.10}$ 也表现出了最小的极化阻抗值,在 800℃时仅为 0.068Ω·cm^2,是未掺杂 SFM 材料阻抗值的一半(0.14Ω·cm^2)。以 SFMNb$_{0.10}$ 为阴极材料组装阳极支撑电池进行放电性能测试,在 800℃时最大功率密度可达 1102mW·cm^{-2},进一步对电池进行 15h 的短期稳定性测试,发现在 750℃恒流条件下,电池性能基本无衰减。

3.3.6　质子导体电解质阴极

质子导体 SOFC 采用的阴极材料为金属或混合电子/氧离子导体时,阴极反应只能在阴极/电解质界面进行。虽然,铂等贵金属具有良好的催化活性,然而,昂贵的价格限制了大规模实际应用[84]。

Yanaura[85]等的研究中采用 La$_{0.7}$Sr$_{0.3}$MO$_3$(M=Mn、Fe、Co)作为质子导体阴极材料,发现在 SrCe$_{0.95}$Yb$_{0.05}$O$_3$ 电解质上,La$_{0.7}$Sr$_{0.3}$FeO$_3$ 的过电势最小。但从氧离子电导率判断,La$_{0.7}$Sr$_{0.3}$MnO$_3$、La$_{0.7}$Sr$_{0.3}$FeO$_3$、La$_{0.7}$Sr$_{0.3}$CoO$_3$ 的氧离子电导率依次增大。氧离子电导率的增大能够增加质子与氧离子的接触概率,从而加快反应的进行,电极过电势也逐渐减小。然而,La$_{0.7}$Sr$_{0.3}$CoO$_3$ 的热膨胀系数远高于电解质材料,约为 23×10^{-6} K^{-1},易造成电极剥落。在 O-SOFC 中,人们通过浸渍调控微结构来改善钴基阴极的热匹配问题[86],并取得不错的结果,这些改性策略都是值得 H-SOFC 借鉴的地方。

质子导体 SOFC 采用的最理想的阴极材料是同时具有电子和质子导电性,从而将 TPB 反应区从阴极/电解质界面延伸到整个阴极部分。有两种方法可以同时实现高的电子和质子导电性,一种是通过掺杂改性,另一种是采用质子导体与电子导体或质子导体与电子/氧离子导体的复合材料。对于质子导体/电子导体复合阴极,H$^+$离子可以从电解质传输到阴极,并能迅速达到整个阴极,与周围的氧离子发生反应。对于质子导体与电子/氧离子导体复合阴极,反应过程基本相同,TPB 反应区会从阴极/电解质界面延伸到整个阴极部分。Yang 等[87]报道了具有质子、氧离子、电子传导能力的 Sm$_{0.5}$Sr$_{0.5}$CoO$_3$-Ba(Zr$_{0.1}$Ce$_{0.7}$Y$_{0.2}$)O$_{3-d}$(SSC-BZCY)复合阴极材料,单电池 700℃放电功率密度达到 725mW·cm^{-2}。

中国科学技术大学的 Ling 等[88]通过将 La$_{0.4}$Sr$_{0.6}$Co$_{0.2}$Fe$_{0.8}$O$_{3-\delta}$ 质子导体与 BaZr$_{0.7}$Pr$_{0.1}$Y$_{0.2}$O$_{3-\delta}$ 或 Ce$_{0.8}$Sm$_{0.2}$O$_{1.9}$ 氧离子导体混合制备了复合型混合离子导体阴极材料,扩大了三相反应界面,电极低温性能得到提高。此外,中国科学技术大学的 Gong 等[89]制备了用于质子导体固体氧化物燃料电池的铁基钙钛矿 Pr$_{0.6}$Sr$_{0.4}$Cu$_{0.2}$Fe$_{0.8}$O$_{3-\delta}$-Ce$_{0.8}$Sm$_{0.2}$O$_{2-\delta}$ 复合阴极,该类材料具有高电化学性能、高催化活性及较低的热膨胀系数。通过与 SDC 的复合,提高了 Pr$_{0.6}$Sr$_{0.4}$Cu$_{0.2}$Fe$_{0.8}$O$_{3-\delta}$-阴极的氧离子电导率,同时还改善了阴极与电解质的界面结合,650℃下放电功率密度达到 456mW·cm^{-2}。他们还使用高质子电导率的 BaZr$_{0.1}$Ce$_{0.7}$Y$_{0.2}$O$_{3-\delta}$ 电解质替换

$BaZr_{0.3}Ce_{0.5}Y_{0.2}O_{3-d}$ 来提高电池的性能,在 650℃下放电功率密度达到 556 mW·cm^{-2}。

然而,在质子导体 SOFC 实际工作条件下,由于在阴极生成水蒸气,电子-空穴导电性会有所下降。并且由于在湿的水蒸气条件下,缺乏足够的电子电导率,这种阴极材料的面积比电阻非常大。科罗拉多矿业大学的 Duan 等[90]制备了 $BaCo_{0.4}Fe_{0.4}Zr_{0.1}Y_{0.1}O_{3-\delta}$ 钙钛矿阴极,传统的 $BaZr_xY_{1-x}O_{3-\delta}$ 氧化物有较高的氧离子、质子电导率,但是电子电导率不高,通过 B 位过渡金属掺杂,其电子渗流阈值得到提高。三相导体阴极减小了三相反应界面的限制,使得整个阴极都具有电化学活性,构建的质子导体燃料电池可以在低于 400℃下运行,500℃放电功率密度达到 455mW·cm^{-2},甚至在 350℃下依然有足够的功率输出,经过 1000h 以上的长期放电测试,电池性能未发生显著衰减。

南京工业大学邵宗平等通过建立中低温固体氧化物燃料电池多物理场模型,运用渗流理论分析了 LSCF-SDC-BZCY 三相复合阴极材料的导电机理,从而为研究微观结构参数对于质子导体固体氧化物燃料电池的影响提供了一个可行的方法,该理论还适用于其他的 e^-/O_2,e^-/H^+ 或 $e^-/O_2/H^+$ 混合导体阴极体系,计算结果为实际应用提供了数据支撑[91]。

3.4　阴极的结构

SOFCs 阴极按其结构特点,主要分为单相阴极、复合阴极和纳米阴极三种电极结构。

3.4.1　单相阴极

单相阴极包含电子导体阴极和混合离子导体阴极。

1. 电子导体阴极

对于纯电子导体构成的阴极材料,氧分子首先扩散到阴极表面发生吸附解离,解离态的氧扩散到三相反应界面,在阴极提供的电子和电解质提供的氧空位共同作用下发生还原反应并进入电解质晶格。值得注意的是,由于电子导体只能传导电子而无离子电导,所以对于该类型阴极氧的还原活性位被限制在电极/电解质界面处。具有高电子电导的贵金属材料(如 Pt、Ag 等)首先被用作阴极材料,其在高温下表现出非常好的氧催化还原性能,但是该材料价格昂贵并存在高温下易挥发、与电解质材料热膨胀系数不匹配等问题,因此并不适合大规模的商业化应用。随后,人们更多地将目光转向了具有高电子导电性的钙钛矿型金属氧化物材料,尤其是 Sr 掺杂的 $LaMnO_3$(LSM)材料。这主要是因为 LSM 除了在工作条件下具有非常高的电子电导和氧催化还原活性外,还具有良好的热稳定性,同时与电解质材料之间具有优异的化学匹配性和热膨胀匹配性等，然而其氧还原催化活性随着电池工作温度的降低而发生显著衰减，当工作温度从 1000℃降低到 500℃时，阴极的极化阻抗值将会从 $1\Omega\cdot cm^2$ 增大到 $2000\Omega\cdot cm^2$，如此大的阴极极化阻抗值显然难以满足 SOFC 对于阴极材料氧催化还原性能的要求，因此需要开展基于 LSM 材料的改性工作或寻找更为优异的阴极材料体系。

2. 混合离子导体阴极

由混合离子导体(MIEC)材料组成的 SOFC 阴极不同于纯电子导体阴极，氧的还原过程一般认为存在两个反应路径：表面扩散通道(氧气在阴极表面和阴极孔洞内扩散，氧气分子在阴极表面吸附、解离或部分还原，解离态或被部分还原的氧通过阴极表面扩散到 TPB 处，氧在 TPB 处被还原并进入电解质晶格)和体扩散通道(氧气在阴极表面和阴极孔洞内扩散，氧气分子在阴极表面吸附、解离或部分还原，解离态或被部分还原的氧扩散到氧还原活性位，在活性位氧被还原为 O^{2-} 并进入阴极晶格，在化学势的作用下 O^{2-} 向阴极电解质界面扩散，O^{2-} 到达阴极电解质界面，并通过该界面进入电解质)。对于实际的混合离子导体阴极，这两个扩散通道是同时存在的并与阴极材料的氧表面交换系数、体扩散系数及阴极的微观形貌(孔隙率、扭曲因子、比表面积)等因素有着密切的关系。

3.4.2　复合阴极

为了提高 SOFC 阴极的综合性能，人们常常将电解质材料引入阴极材料中，形成复合阴极。其中主要包括电解质材料与电子导体阴极材料的复合阴极和与 MIEC 材料的复合阴极。离子导体相的引入可以有效增加反应活性面积和氧还原活性位数量，显著改善阴极对氧的催化还原性能。电解质材料的引入除了能够改善氧的催化还原性能外，还改善了阴极与电解质之间的热膨胀匹配性。Murry 等采用机械球磨混合法制备了不同成分比例的 LSM-GDC 复合阴极，发现随着 GDC 掺入量的增加，LSM-GDC 复合阴极的电化学性能得到显著改善，当 GDC 的掺入量为 50wt%时，700℃的极化阻抗值为 $0.75\Omega\cdot cm^2$，仅为相同条件下 LSM 阴极极化阻抗的 28%；Dusastre 和 Kilner 研究了 GDC 的掺入量对 LSCF-GDC 复合阴极性能的影响，发现当掺入 GDC 电解质的体积为总体积的 36%时，其氧催化还原活性显著提高，阴极极化阻抗值仅为纯 LSCF 阴极的 1/4；Esquirol 等采用机械混合的方法制备了含有 70wt% LSCF 和 30wt% GDC 的复合阴极，并用同位素交换深度剖析技术表征了其氧传输行为，发现 GDC 相的引入可以显著增加复合阴极中氧的体扩散系数，但氧表面交换系数几乎没有明显的改变。

3.4.3　纳米阴极

对于 SOFC 阴极，发生氧还原反应的电化学活性区域位于阴极、电解质和空气的三相反应界面，只有在三相反应界面区域才能满足电化学反应对电子、离子与反应物传递的必要条件。当采用离子电导率较低的材料作为阴极时，氧只有在到达阴极与电解质的界面才能发生还原反应进入电解质进行离子传导，电极反应只能在电极与电解质的二维界面上发生，而阴极材料具有一定的离子导电能力后，电化学反应的活性区域将从阴极与电解质的二维界面扩展至整个阴极，因此，高催化活性的阴极应同时具有电子和离子混合导电性。为了获得具有混合导电性的阴极，一种方法是直接采用具有混合导电性的阴极材料，如 $Ba_{1-x}Sr_xCo_{1-y}Fe_{0.2}O_3$、$La_{1-x}Sr_xCo_{1-y}Fe_{0.2}O_{3-\delta}$、$GdBaCo_2O_{5+\delta}$ 等；另一种方法是将阴极材料和具有离子导电性的电解质材料均匀混合，使阴极材料成为具有电子电导和离子电导的复合材料。

人们通常采用丝网印刷、旋涂、浸渍-涂覆、流延等方法制备阴极，通过调节造孔剂的种类和添加量，以及阴极的烧结制度来控制阴极中孔径和孔隙率大小。但是，为了使阴极与电解质之间具有良好的结合力，阴极的烧结温度通常需要达到 1000～1200℃，如此高的烧结温度使得阴极颗粒迅速长大，通常会达到微米级。随着颗粒尺寸的长大，阴极的比表面积急剧减小，导致其与空气接触面积减小，三相反应界面区域减小，阴极的反应活性迅速下降，极化过电位迅速增加。

由于纳米材料具有颗粒尺寸小、比表面积大、催化活性高等突出优点，近年来纳米阴极逐渐成为中温 SOFC 领域的研究热点。随着颗粒粒度的减小，材料的比表面积将大大增加，例如，当粒度达到 5nm 时，表面原子数将占据 50%左右。由于表面原子配位不饱和度高于体相原子，因此，表面原子数的增加，将使表面产生很多配位不饱和活性中心、表面结构缺陷等，导致其化学性质突变，使得纳米材料与常规材料的性质表现出巨大的差异。纳米材料具有很多常规微米材料不具备的特殊性质，在 SOFC 领域，我们可以利用其表面效应制备具有高催化活性的电极。当阴极材料的粒度达到纳米级别时，有利于增强 O_2 的吸附特性及 O_2 还原反应的催化活性。并且，纳米材料的比表面积高，可以获得更大的三相反应界面区域及更多的 O_2 还原反应活性位，能够显著降低阴极反应的极化过电势。

然而，阴极的烧结温度过高会导致纳米颗粒迅速长大并发生团聚，使纳米阴极结构被破坏，因此，采用通常的制备方法很难得到纳米尺度的 SOFC 阴极。

目前，研究者主要采用浸渍法制备微米-纳米复合阴极，这种方法首先制备出在高温下能够稳定存在的微米级骨架，然后通过浸渍、低温煅烧在微米骨架上得到纳米颗粒。此外，孙克宁团队还发展了一种模板法制备具有纳米结构的 SOFC 阴极的策略，通过选择合适的模板剂，能够有效地抑制纳米电极在制备过程中颗粒的长大。

1. 一维纳米结构阴极

一维纳米材料具有更为优越的物理和电学性能，在近年来越来越多地被用于 SOFC 阴极方面。在诸多的制备方法中，静电纺丝技术可以被广泛地用于制备诸多一维材料，更为重要的是可以通过调控纺丝前驱体溶液、纺丝环境及其他纺丝参数大规模制备得到各种一维纳米结构，如实心纳米纤维、中空纳米管、串珠链状纳米纤维、疏松多孔纳米纤维、流苏状纳米纤维、图案状纳米纤维，以及由这些纳米纤维组成构筑单元的三维结构。在 SOFC 研究领域，一维纳米材料也得到了初步的研究，并显示了很好的潜在应用前景。Sacanell 等[92-93]制备了 $La_{0.6}Sr_{0.4}CoO_3$ 纳米管阴极，700℃的极化电阻降低到 $0.21\Omega\cdot cm^2$。Pinedo 等[94]制备了 $Pr_{0.6}Sr_{0.4}Fe_{0.8}Co_{0.2}O_3$ 纳米管并测试其作为 SOFC 阴极的电化学性能，850℃时极化电阻为 $0.12\Omega\cdot cm^2$。孙克宁团队在国际上率先报道了具有优异性能的纳米管和纳米棒结构的 $La_{0.8}Sr_{0.2}MnO_{3-\delta}/Zr_{0.92}Y_{0.08}O_2$ 复合阴极[95]。

为了对一维结构进行调控，人们进行了一些探索。其中大多数工作均采用纳米纤维作为骨架，再采用浸渍等表面修饰技术引入另一相，最终制备成具有一维结构的复合阴极。

Meng 等[96]制备了一维结构的 YSZ 纳米纤维，并将其作为阴极骨架浸渍 LSM 纳米颗粒。这种一维结构相比颗粒阴极被用于阴极骨架时具有如下优势：①纳米纤维通常不需额外处理即可提供较高的孔隙率，而零维颗粒通常需要添加石墨或聚合物纳米微球等作为造孔剂；②在纳米纤维骨架中只需浸渍一次即可得到高的浸渍量，而传统的颗粒阴极却需要多次浸渍才能达到类似的效果；③容易在 YSZ 纳米纤维上形成 LSM 纳米颗粒的连通网络，从而形成纳米多孔 LSM 壳包覆 YSZ 纳米纤维核壳结构；④电解质和电极的热膨胀系数匹配更好及阴极材料的选择更加灵活；⑤阴极极化得以进一步减小。Zhi 等[97]将静电纺丝技术引入纤维骨架的制备中，制备出纳米级 YSZ 骨架，通过一次浸渍就可以制备性能优异的 $La_{0.8}Sr_{0.2}MnO_3$(LSM)-YSZ 纳米复合阴极，如图 3-15 所示。

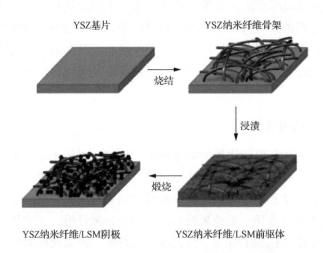

YSZ基片　　　　　　　　　YSZ纳米纤维骨架

烧结

浸渍

煅烧

YSZ纳米纤维/LSM阴极　　　　　　YSZ纳米纤维/LSM前驱体

图 3-15　LSM/YSZ 纳米纤维复合阴极的制备过程示意图[99]

　　Zhi 等[98]又采用三维的 LSCF 纳米纤维网络作为阴极，组装成电池后在 750℃、1.9A·cm^{-2} 的条件下获得了 0.90W·cm^{-2} 的最大功率密度；而用 20wt%的 GDC 浸渍 LSCF 纳米纤维后，在 750℃、1.9A·cm^{-2} 的条件下，最大功率密度达到了 1.07W·cm^{-2}（图 3-16）。这种由纳米纤维组成的三维网络结构显示出如下优点：①高孔隙率；②高渗透性；③电荷传输的连续通道；④工作温度下良好的热稳定性。

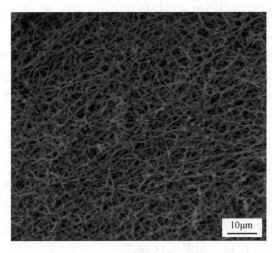

10μm

(a)

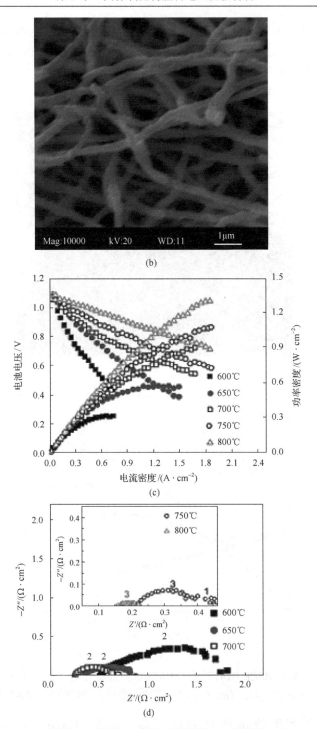

图 3-16 （a）、（b）LSCF-20% GDC 阴极在低倍和高倍下的 SEM 照片；（c）、（d）LSCF-20% GDC 复合阴极所组装全电池在不同温度下的 *V-I* 曲线和 EIS 阻抗谱[98]

Lee 等[99]优化了骨架结构，制备了 $Ba_{0.5}Sr_{0.5}Co_{0.8}Fe_{0.2}O_{3-\delta}$(BSCF)纤维核，在该骨架的外部浸渍包覆 $Gd_{0.1}Ce_{0.9}O_{1.95}$(GDC)，以核壳纤维结构的 BSCF-GDC 为阴极，单电池在 550℃、H_2 为燃料时的功率密度高达 $2W\cdot cm^{-2}$，并在 $1A\cdot cm^{-2}$ 电流密度下稳定运行 300h(图 3-17)。

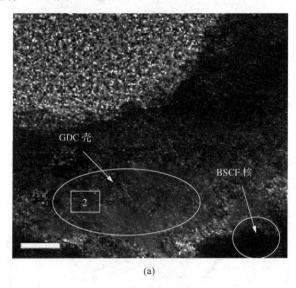

(a)

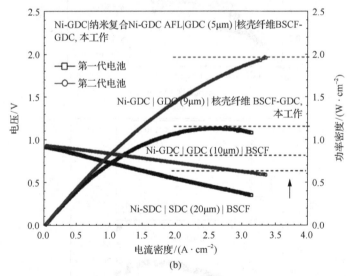

(b)

图 3-17　部分 BSCF-GDC 纤维的 HRTEM 照片(a)和基于核壳纤维结构(b)
$Ba_{0.5}Sr_{0.5}Co_{0.8}Fe_{0.2}O_{3-\delta}$-$Gd_{0.1}Ce_{0.9}O_{1.95}$ 复合阴极的全电池的 V-I 和 I-P 曲线[99]

Lee 等[100]利用静电纺丝方法制备 $La_{0.6}Sr_{0.4}Co_{0.2}Fe_{0.8}O_{3-\delta}$-$Gd_{0.1}Ce_{0.9}O_{1.95}$ (LSCF-GDC)纳米纤维复合阴极，这种三维网络状的阴极结构具有更高的孔隙率、

连续的电荷传输路径和更大的三相反应界面，在 650℃时极化阻抗和最大功率密度分别达到了 $0.08\Omega\cdot cm^2$ 和 $0.85W\cdot cm^{-2}$，如图 3-18 所示。

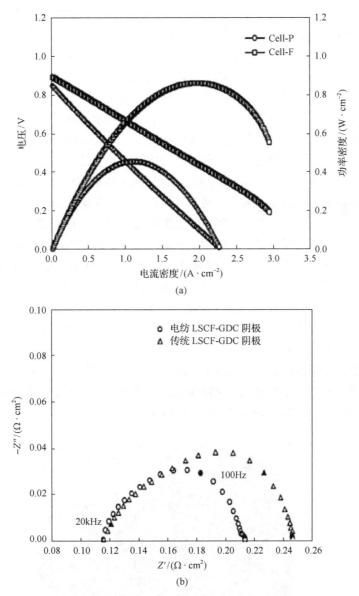

(a)

(b)

图 3-18　电纺 LSCF-GDC 阴极和传统机械混合 LSCF-GDC 阴极组装电池的放电性能(a)和阻抗
谱测试(b)[100]

Zhao 等[101]采用静电纺丝技术制备了一维纳米结构的 YSZ 和 GDC 材料，并将其烧制成一维纳米结构的 YSZ 和 GDC 骨架，分别浸渍 LSM 和 LSCF 前驱液，获得高性能的 LSM/YSZ 和 LSCF/GDC 复合阴极。Fan 采用静电纺丝技术制备了 $Sm_{0.5}Sr_{0.5}CoO_{3-\delta}$ 和 $Sr_{0.7}Y_{0.3}CoO_{2.66-\delta}$ 阴极纳米纤维，并将其烧制成了一维纳米结构的阴极骨架，浸渍 $Gd_{0.2}Ce_{0.8}O_{1.9}$ 相后，分别获得了高性能的一维纳米结构的 $Sm_{0.5}Sr_{0.5}CoO_{3-\delta}/Gd_{0.2}Ce_{0.8}O_{1.9}$[102]和 $Sr_{0.7}Y_{0.3}CoO_{2.66-\delta}/Gd_{0.2}Ce_{0.8}O_{1.9}$[103]复合阴极。

孙克宁团队也在静电纺丝法制备一维纳米纤维结构复合阴极方面进行了有益的探索和研究工作。Jin 等[104]采用一步静电纺丝法成功地制备了 PSFO-40CPO 纳米纤维复合阴极，如图 3-19 所示。首先，制备纺丝液。将 6wt%的聚丙烯腈(PAN)粉末加入 N, N-二甲基甲酰胺(DMF)溶剂中，在 60℃水浴加热，搅拌至溶解。然后，在溶液中加入化学计量比的 $Pr(NO_3)_3 \cdot 5H_2O$、$Fe(NO_3)_3 \cdot 9H_2O$、$Sr(NO_3)_2$、$Ce(NO_3)_3 \cdot 6H_2O$ 金属硝酸盐(金属硝酸盐与溶液的质量比为 6∶4)，在 80℃水浴加热，搅拌至溶解，得到纺丝液。最后，采用医用注射器吸取 10mL 纺丝液，将其置于注射泵上，电纺丝喷头为不锈钢材质，直径为 0.7mm，金属收集器为铝箔。设置静电纺丝参数，操作电压为 20kV，工作距离为 20cm，进样速率为 $200\mu L \cdot h^{-1}$。设备持续运行直至纺丝液用完，室温下干燥 24h，得到 PAN/PSFO-40CPO 前驱体纳米纤维。经 900℃下煅烧 2h，形成 PSFO-40CPO 纳米纤维复合阴极。PSFO-40CPO 纳米纤维复合阴极由直径为 50～100nm 的均一的纳米纤维组成。纳米纤维随机排列，相互连接，纤维之间存在很多均匀分布的相互连通的气孔，形成高孔隙率的三维网络结构阴极。这种阴极结构更有利于气体扩散，在阴极的电化学反应过程中能够提供更多的电化学反应位点，延长三相反应界面长度。而 PSFO-40CPO 粉体结构阴极的颗粒为 200～300nm，孔隙率低。PSFO-40CPO 纳米纤维结构阴极的电化学性能优于 PSFO-40CPO 粉体结构阴极，在 800℃下 R_p 分别为 $0.072\Omega \cdot cm^2$ 和 $0.10\Omega \cdot cm^2$，R_p 降低了 28%。

(a)

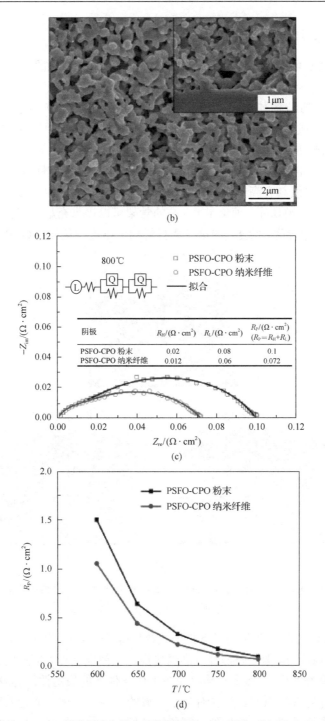

图 3-19　(a)、(b) PSFO-CPO 纳米纤维和粉末结构阴极的 SEM 照片；(c) 在 800℃时 PSFO-CPO 纳米纤维和粉末结构阴极的阻抗谱；(d) 600～800℃ PSFO-CPO 纳米纤维和粉末结构阴极的 R_p 值[104]

2. 浸渍三维结构阴极

通过浸渍法可以提高阴极的三相反应界面的长度、增加阴极比表面积、增加催化反应活性区等。

浸渍阴极的结构如图 3-20(a)所示,这种由电解质和电子-离子混合导体(MIEC)共同组成的复合阴极呈现出了较高的电导率,相比单纯的 MIEC 所组成的 SOFC 性能大幅提高,尤其体现在低离子电导率的材料上,如 LSM。通过浸渍可以有机地结合不同材料的优点,有针对性地提高阴极材料的性能。例如,以 MIEC 材料为骨架,浸渍具有高催化活性的材料,从而制备出性能优异的复合阴极,其示意图如图 3-20(b)所示。理论上,多孔的骨架可以提供充足的气体传输通道和较高的电子-离子电导率,而浸渍的第二相材料相可以提供优异的 ORR 催化活性[105]。

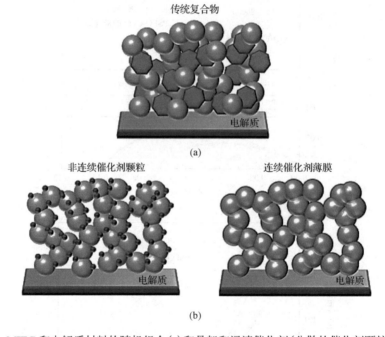

图 3-20 MIEC 和电解质材料的随机组合(a)和骨架和浸渍催化剂(分散的催化剂颗粒或连续的催化剂薄膜)所组成的复合阴极示意图(b)[105]

通常,浸渍过程主要包括以下三个主要步骤(图 3-21)[106]:①多孔电极骨架的制备[图 3-21(a)]。骨架一般需经过高温焙烧,以使电极与电解质结合牢固,并确保电极具有良好的电子-离子电导率和在工作条件下的稳定性。②表面活化层(催化剂)的浸渍[图 3-21(b)]。将含有化学计量的金属盐前体、适宜的表面活性剂和络合剂的液态溶液或凝胶滴加到已制备的骨架中。③热处理。热处理后可得到两种典型的形貌,包括图 3-21(c)所示的离散微粒和图 3-21(d)所示的连续薄膜。

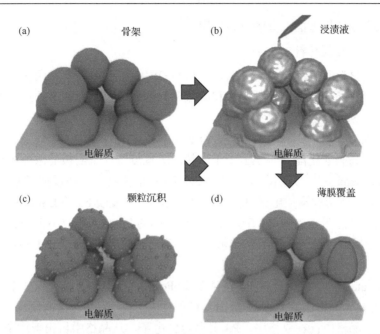

图 3-21　典型的浸渍过程的示意图[(a)烧结后的电极骨架；(b)浸渍液滴加到电极骨架的过程]
和浸渍电极在热处理后的两种典型形貌[(c)离散微粒；(d)连续薄膜][106]

　　通过浸渍法可以在比骨架烧结所需温度更低的条件下制备阴极。同时，也可以通过对浸渍液的调节控制阴极的形貌结构。研究者发现在浸渍过程中浸渍液的黏度很大程度上影响着最终所得复合阴极的形貌。通常，高黏度浸渍液趋向于形成离散相，并且在焙烧过程中由于黏度提高而离散程度增强；而低黏度浸渍液趋向于形成均匀薄膜，并且可以使浸渍相和骨架之间的结合更牢固。

　　在制备过程中，浸渍相材料可能与骨架材料发生相互作用而形成复合物，这种相互作用在某些情况下会对电极在工作条件下的稳定性带来消极的影响(反应中生成了两种低电导率和低催化活性的相)。但是，表面浸渍相的扩散也可能给电极的催化活性和长期稳定性带来积极的影响(如 Mn 原子从 LSM 阴极表面扩散到 YSZ 的表面)。总而言之，浸渍相和骨架材料之间的相互作用是很复杂的，需要结合具体的体系具体分析。

　　骨架的尺寸、形貌、孔隙率和曲率因子对浸渍效果的影响是不容忽视的。通过基底的预烧结、多孔性的提高、骨架结构的设计(通过 HF 的刻蚀)等方法可以有效地提高浸渍液的扩渗能力和调控阴极的三相反应界面大小。

　　近年来，为优化阴极微观结构，浸渍法被广泛地应用于制备 SOFC 复合阴极。研究者对阴极的浸渍进行了广泛和深入的研究，包括浸渍液的流动性、对多孔骨架的润湿程度、浸渍过程控制、多孔骨架的形态分布和催化膜模型计算等。本节将从浸渍材料的选择方面入手，阐述浸渍法在提高阴极电化学性能尤其是电催化活性和长期稳定性方面发挥的重要作用。

1) 浸渍贵金属材料

贵金属材料具有优异的电子电导率和 ORR 催化活性。在多孔阴极中浸渍贵金属材料可以大幅减少贵金属的用量和降低阴极的极化，从而在节约成本的同时获得高性能的 SOFC 阴极。

Sholklapper 等[107]将硝酸银溶液浸渍到 SSZ 多孔骨架中，经煅烧、还原后得到了具有较高氧催化能力的 Ag 纳米颗粒，大幅度降低了阴极的浓差极化和活化极化阻抗。Liang 等[108]分别在 YSZ 和 YSZ+LSM 的多孔骨架中浸渍了 LSM 和 Pd。结果显示，虽然两种浸渍电极具有相似微观结构，但浸渍 Pd 的 LSM+YSZ 多孔阴极的电催化性能明显提升，附着于阴极骨架表面的 Pd 纳米颗粒不仅增加了三相反应界面，也提高了氧气的解离和扩散速率，获得了性能优异的 Pd+LSM-YSZ 复合阴极。

Nishihata 等[109]将贵金属 Pd 浸渍到 $LaFe_xCo_{1-x}O_3$(LFC) 多孔骨架中。研究发现 Pd 在钙钛矿晶格上有"嵌入-析出"过程：Pd 在氧气环境下会与阴极骨架反应，进入钙钛矿晶格中；在晶格中，Pd 又会得到电子，从晶格中析出形成 Pd 纳米颗粒。这种"嵌入-析出"过程抑制了晶粒的长大和团聚，不仅提高了 Pd 在工作温度下的稳定性，还保证了 Pd 纳米颗粒的高分散性，从而确保其催化活性，制备的 Pd-LF 复合阴极具有良好的热稳定性和优异的催化活性。Uchida 等[110-111]将 Pt 浸渍到 LSC 阴极，显著提高了 ORR 活性。而 Simner 等[112]将 Pt 浸渍到 LSF-YSZ 阴极却未能提高其电化学性能。另外，Chen 等[113]发现 Pd 的浸渍对 LSCF 阴极会产生积极的影响。Babaei 等[114]研究发现贵金属浸渍对阴极性能的影响有一个临界值，这可能是造成上述不同结果的原因。

2) 浸渍离子电导材料

离子电导材料一般具有较高的离子电导率，同时其氧气传输能力和热稳定性也较为可观，浸渍到阴极多孔骨架中能有效地提高阴极的氧催化速率和热稳定性。Sm 掺杂的二氧化铈(SDC)是常用的离子电导材料。Wu 等将不同浓度的 SDC 溶液(钐、铈的硝酸盐溶液)浸渍到 LSCF 阴极多孔骨架中，经过焙烧温度 900℃得到 10～100nm 的 SDC 纳米小颗粒均匀地附着在 200～500nm 的 LSCF 颗粒所形成的阴极多孔骨架上，如图 3-22(a)～(e)所示[115]。在工作温度 650～800℃下，浸渍了 SDC 的 LSCF 阴极比未浸渍的 LSCF 阴极极化阻抗要低，通过显微结构的观察，前者阴极骨架表面有明显的 SDC 颗粒附着。在工作温度为 760℃和 650℃时，浸渍了 10μL 0.25mol·L^{-1} SDC 溶液的 LSCF 阴极 R_p 分别为 0.074Ω·cm^2 和 0.44Ω·cm^2，然而未浸渍的 LSCF 阴极的 R_p 却几乎是前者的两倍(0.15Ω·cm^2 和 1.09Ω·cm^2)。

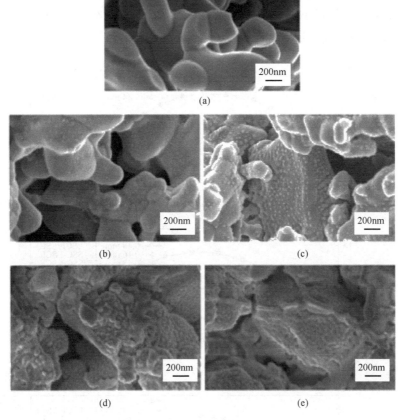

图 3-22　LSCF 阴极断面的 SEM 照片

(a) 空白 LSCF；(b) 0.05mol · L^{-1} SDC 浸渍；(c) 0.10mol · L^{-1} SDC 浸渍；(d) 0.25mol · L^{-1} SDC 浸渍；
(e) 0.35mol · L^{-1} SDC 浸渍[115]

3）浸渍混合电导材料

　　浸渍的混合电导材料（MIEC）主要为钙钛矿型、双钙钛矿型结构，一般具有电子和离子混合电导能力及一定的氧催化能力等，该材料种类繁多，性能上差异较大。以最典型的 LSM 和 LSCF 为例，在高于 800℃的温度下 LSM 有较好的电催化能力，然而 LSCF 阴极在此温度下易产生 Sr 迁移、界面富集现象，导致阴极的氧催化活性及长期稳定性的下降；当温度低于 800℃时 LSM 表现出较低的离子电导，阴极电化学性能较低，然而 LSCF 的催化活性和长期稳定性却稍有提高。聂丽芳[116]通过在 LSCF 的阴极骨架中浸渍 LSM 提高了 LSCF 的长期稳定性，并且在中低温环境下 LSM 表现出较好的氧催化活性和电子电导能力。

作为一种典型的 MIEC，$Sm_{0.5}Sr_{0.5}CoO_3$（SSC）在中温下具有很高的电催化活性，Luo 等[117]通过一步浸渍将 SSC 沉积到多孔 LSCF 骨架中，EIS 测试结果表明阴极极化电阻显著减小，在 550℃和 750℃时，面电阻分别为 $0.036\Omega\cdot cm^2$ 和 $0.688\Omega\cdot cm^2$，如图 3-23 所示。

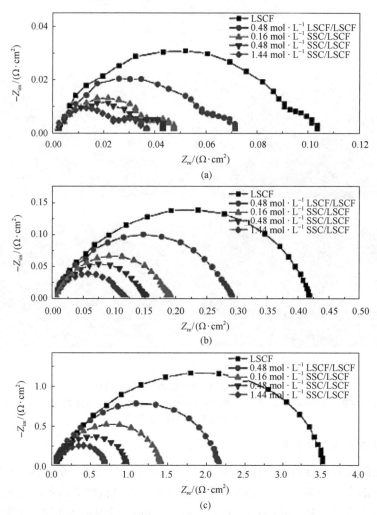

图 3-23　不同温度下不同浓度 SSC 浸渍 LSCF 阴极的阻抗谱
(a) 750℃；(b) 650℃；(c) 550℃[117]

Lee 等[118-119]系统地研究了 $La_{0.6}Sr_{0.4}CoO_3$ 和 $Pr_{0.6}Sr_{0.4}CoO_3$ 的稳定纳米离子的浸渍过程，发现：①仅浸渍 6wt%的 LSC 时，电池的阻抗减小了 25%，最大功率密度则增大了 30%；②浸渍阴极所组成的电池的电化学性能在 1500h 的长期稳定性实验中基本与普通电池持平或稍有降低；③浸渍相发挥了电催化剂的作用。

Chao 等[120]利用蒸发诱导自组装(EISA)的方法制备了介孔的 LSM 和 LSC 并得到了 $50m^2 \cdot g^{-1}$ 的比表面积，比传统的 Pechini 法增加了一倍。经测试，这种介孔材料在空气中 750℃保温 100h 后比表面积不变，而未经处理粉末的比表面积却减小了 6%。阻抗测试显示，介孔 LSM 组装的对称电池极化电阻减小了 65%，而以 SDC/LSCF 为阴极的阳极支撑 MSRI 电池极化电阻减小了 30%以上。Xu 等[121]将活性较高的 $La_{0.6}Sr_{0.4}CoO_{3-\delta}$(LSC) 和 $SrCo_{0.8}Fe_{0.2}O_{3-\delta}$(SCF) 电催化剂浸渍到 $LaMnO_3$ 基阴极支撑的电池上。Chiba 等[122]将 LSC、$LaCoO_{3-\delta}$(LC) 和 LNF 浸渍到 LSM 中研究其性能的变化，发现 LSC 浸渍的电池在高温下表现不好。

　　孙克宁团队使用 LSM/YSZ 混合溶胶对单分散聚苯乙烯(PS)模板进行浸渍，制备了结构完整的三维有序大孔(3-DOM)结构 LSM/YSZ 薄膜，并结合快速烧结工艺，最终得到 3-DOM 结构的 LSM/YSZ 复合阴极，如图 3-24 所示。与常规结构的 LSM/YSZ 复合阴极相比，中温下阴极的极化电阻大大降低[123-124]。

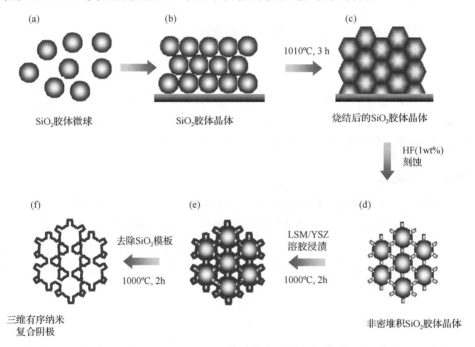

图 3-24　利用 PS 模板制备 LSM/YSZ 复合阴极结构示意图[123]

4) ALD 浸渍

　　原子层沉积法(ALD)是 20 世纪 90 年代兴起的一种方法，这种方法可以将物质以单原子形式一层一层地沉积在基底表面。ALD 技术首先应用在 SOFC 制备电解质薄膜方面，大大降低了电解质烧结温度，不仅能够较大程度地降低电池的工作温度，而且电池性能还能得到更好的发挥[124]。近几年，ALD 技术才应用在 SOFC

阴极材料的制备领域[125]。Holme 等[126]将 LSM 的金属有机物前驱体通过 ALD 技术沉积到 YSZ 骨架上，在较低的温度下煅烧得到单相的 LSM。他们将制备得到的 LSM 阴极应用于以 Pt 为阳极，YSZ 为电解质的 SOFC 上，450℃时，最大功率密度为 $0.2\mu W \cdot cm^{-2}$。Gong 等[127]通过 ALD 技术在 $La_{0.6}Sr_{0.4}CoO_{3-\delta}$(LSCo) 阴极表面涂覆一层 ZrO_2，使其在 700℃下运行 4000h，仍然保持高的氧还原反应催化活性。LSCo 外表修饰了一层 ZrO_2 纳米颗粒，一方面有利于 O_2 以 O^{2-} 形式和电子的传导，另一方面限制了 LSCo 颗粒长大，从而降低了阴极的极化阻抗。最近，Zhu 等[128]利用一个简单的脱溶路线，将 $Sr_{0.95}Ag_{0.05}Nb_{0.1}Co_{0.9}O_{3-\delta}$(SANC)在表面原位析出 Ag 纳米颗粒，使其在低温条件下表现出优异的 ORR 电催化活性。SANC 阴极改性之后，极化电阻在 500℃时达到 $0.214\Omega \cdot cm^2$，并且在 $625mA \cdot cm^{-2}$ 下保持 140h 的良好稳定性。由于 Ag 纳米颗粒原位析出到 SANC 阴极表面，大幅度地提升了它的 ORR 活性和稳定性。

3.5　阴极材料的制备方法

3.5.1　固相法

固相法是合成阴极材料常用的方法[129-130]，将化学计量比的氧化物球磨混合，经过高温烧结即可获得电解质粉体。此方法操作简单，反应物化学计量比容易控制，但仍存在某些问题，如球磨过程中易引入杂质、粒径相对较大及反应时间长等。

3.5.2　共沉淀法

共沉淀法是合成陶瓷材料最常用、最有效的方法之一。该方法操作简便易行，产品纯度高、成本低。缺点是共沉淀法的前驱体一般为氢氧化物或盐，需经历一个高温固相反应阶段才能得到目标产物，而高温会导致产物团聚颗粒变大，从而引起比表面积的降低[131]。LSM 阴极材料常用共沉淀法制备，沉淀剂通常选择氨水、碳酸铵、氢氧化钠等[132-133]。

3.5.3　溶胶-凝胶法

溶胶-凝胶法是一种新兴的"湿化学"合成法，是一种由金属有机化合物、金属无机化合物或者上述两者混合物经过水解缩聚过程、逐渐凝胶化及相应的后处理，而获得氧化物或者其他化合物的新工艺。溶胶-凝胶法的优点是制备过程温度低、增进多元组分体系的化学均匀性、过程易控制、材料掺杂的范围宽、化学计量比准确且易于改性及产物纯度高等。缺点是反应影响因素多、制备时间较长及烧结性差等。溶胶-凝胶法已广泛应用于 SOFC 制备组件材料中。Chervin 等[134]以环氧丙烷作为水解剂，采用溶胶-凝胶法合成了颗粒均一的 $La_{0.85}Sr_{0.15}MnO_3$ 纳米材料。通过分析测量，合成的 $La_{0.85}Sr_{0.15}MnO_3$ 阴极材料比表面积为 $216m^2 \cdot g^{-1}$，其电导率与商用的接近。Moharil 等[135]采用硝酸处理的 EDTA-柠檬酸络合溶胶-凝胶法（NECC）制备了纳米棒状结构的 $Ba_{0.5}Sr_{0.5}Co_{0.6}Fe_{0.4}O_{3-\delta}$（BSCF5564）阴极，图 3-25 显示了 BSCF5564 阴极的微观结构。

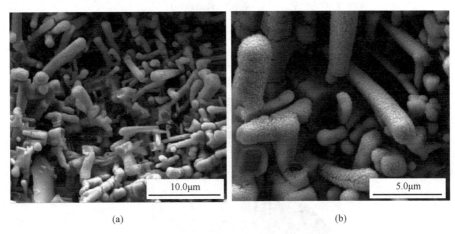

(a)　　　　　　　　　　　　　　　　(b)

图 3-25　NECC 法合成的 BSCF5564 阴极的微观形貌

(a) 10μm；(b) 5μm[139]

3.5.4　水热法

水热法是指在温度为 $100\sim1000$℃、压力为 $1MPa\sim1GPa$ 条件下通过水溶液中物质进行化学反应的合成方法。水热法制备的材料的特点是合成产物纯度高、分散性好、形貌好且可控制、生产成本低。缺点是由于反应是在密闭的容器中进行，产物的形成过程和中间现象不易直接观察。Weng 等[136-137]采用水热合成法制得纳米棒状的 $Ni(OH)_2$ 和六边形的 $La(OH)_3$ 的前驱体，煅烧后得到纳米级的 $La_2NiO_{4+\delta}$。Ren 等[138]在 LSM-YSZ 复合阴极中浸渍 Pr 掺杂的二氧化铈（PCO），经过水热法和煅烧，得到 PCO 纳米棒填充的 LSM/YSZ（$La_{0.8}Sr_{0.2}MnO_3/Zr_{0.84}Y_{0.16}O_2$）复合阴极，如图 3-26 所示。

3.5.5　模板法

模板法是一种常用的制备纳米材料的方法，源于化学仿生学的方法，即以有机分子或其自组装的体系为模板剂，通过毛细管力、离子键、氢键和范德瓦尔斯力等作用力，在溶剂存在的条件下使模板剂对游离状态下的无机或有机前驱体进行引导，从而生成具有纳米有序结构的粒子或薄膜。模板法可以分为硬模板法和软模板法。硬模板法常用的模板有碳纳米管、碳纳米纤维、聚苯乙烯（PS）、聚碳酸酯(PC)和聚甲基丙烯酸甲酯(PMMA)等；软模板法是通过表面活性剂自组装，主要有十六烷基三甲基溴化铵(CTAB)、聚环氧乙烷-聚环氧丙烷-聚环氧乙烷三嵌段共聚物(F127)等。

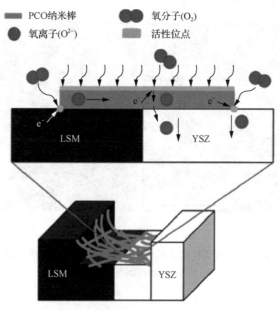

图 3-26　PCO 纳米棒复合的 LSM-YSZ 电极 ORR 过程机理示意图[138]

2011 年，孙克宁团队通过模板法构筑了几种具有不同微观结构的微纳米电极，即具有三维有序多孔结构、一维纳米管及纳米棒结构和蜂窝型多孔结构的 LSM/YSZ 复合阴极[139]。

采用无皂乳液聚合法合成直径 600nm 的单分散 PS 微球，通过垂直沉积法组装 PS 胶体晶体模板，使用 LSM/YSZ 混合溶胶对 PS 模板进行浸渍，制备结构完整的三维有序大孔(3-DOM)结构 LSM/YSZ 薄膜，结合快速烧结工艺，最终得到 3-DOM 结构的 LSM/YSZ 复合阴极(图 3-27)。快速烧结工艺通过提高升降温速率和缩短保温时间，使阴极与电解质获得良好结合力的同时，纳米结构得以保持。考察快速烧结温度和保温时间对 3-DOM 结构的影响，进而研究 3-DOM 结构的演变对阴极极化的影响。3-DOM 结构的 LSM/YSZ 经 1000℃快速烧结 15min 后，在 650℃ 和 700℃ 条件下，LSM/YSZ 复合阴极的极化电阻分别为 $0.71\Omega \cdot cm^2$ 和 $0.57\Omega \cdot cm^2$，与常规结构的 LSM/YSZ 复合阴极相比，中温下阴极的极化电阻大大降低。

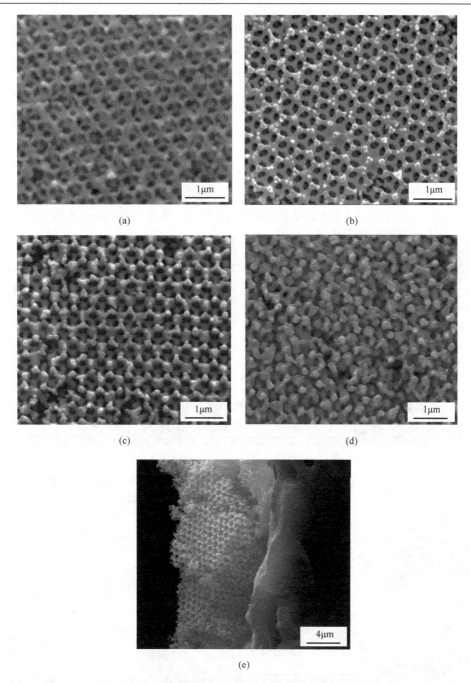

图 3-27　3-DOM 的 LSM/YSZ 薄膜在 1000℃快速烧结不同时间后的表面及断面 SEM 照片

(a) 10min；　(b) 15min；　(c) 20min；　(d) 30min；　(e) 20min[139]

孙克宁团队还采用 Stöber 法合成直径 330nm 的单分散 SiO_2 微球，垂直沉积组装 SiO_2 胶体晶体模板，通过 1010℃高温煅烧、1wt%氢氟酸刻蚀制备非密堆积的 SiO_2 胶体晶体，再通过浸渍法得到三维有序结构的 LSM/YSZ 复合阴极。通过 SiO_2 胶体晶体模板法制备的三维有序复合阴极热稳定性高，经 1000℃煅烧 2h 仍能保持 35nm 的空心球网络结构。纳米级的 LSM 和 YSZ 颗粒、连续的网络结构使三维有序 LSM/YSZ 复合阴极具有快的离子、电子传导速率，使其电化学行为更加类似于混合离子电子导体，而与传统结构的 LSM/YSZ 阴极不同。通过孔润湿法，采用不同孔径的聚碳酸酯模板，合成不同直径的 LSM/YSZ 复合纳米管[140]。通过快速烧结法，制备具有纳米管及纳米棒状结构的 LSM/YSZ 复合阴极，图 3-28 为所得到的纳米管状 LSM/YSZ 阴极的 SEM 照片。通过 $200℃·min^{-1}$ 的升降温速

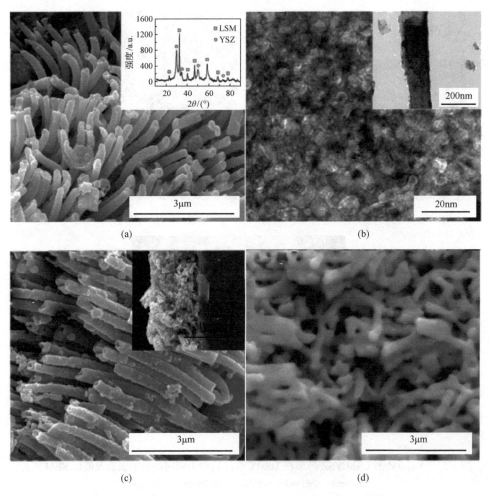

图 3-28　纳米管状 LSM/YSZ 复合阴极的 SEM 照片[140]

率所得到的纳米管状 LSM/YSZ 复合阴极，不论是欧姆电阻还是极化电阻都远小于纳米棒状阴极。对于三种不同直径的纳米管复合阴极，采用孔径 400nm 的模板得到的阴极具有最小的极化电阻，在 700℃、750℃、800℃和 850℃时，分别为 $0.56\Omega\cdot cm^2$、$0.41\Omega\cdot cm^2$、$0.28\Omega\cdot cm^2$ 和 $0.18\Omega\cdot cm^2$，远小于具有常规结构的 LSM/YSZ 复合阴极。

此外，孙克宁团队还采用水滴模板法制备蜂窝型多孔 LSM/YSZ 复合阴极，如图 3-29 所示，这种阴极结构表面具有有序的微米级大孔，能够有利于气相的快速传输。通过 SEM 考察环境温度、相对湿度、浆料厚度、共聚物浓度和粉体浓度对阴极孔径大小及孔隙分布的影响。采用水滴模板法制备的蜂窝型多孔阴极的大孔孔径应适中，过大或过小的孔径都不利于降低阴极的极化电阻。在环境温度为 35℃，相对湿度为 70%～75%的条件下，得到的 LSM/YSZ 复合阴极极化电阻最小。通过 EIS 解析，采用水滴模板法制备的蜂窝型多孔结构，温度在 650℃和 700℃时，对于降低由扩散过程控制的低频区阻抗是十分有效的。

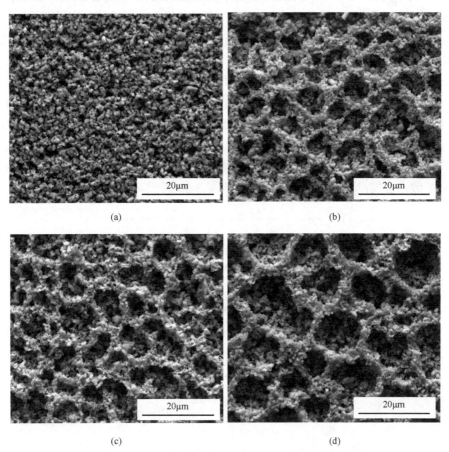

图 3-29　不同环境温度下制备的 LSM/YSZ 复合阴极的 SEM 照片
(a) 30℃；(b) 35℃；(c) 40℃；(d) 50℃

3.5.6　一锅法

一锅法与其他方法相比，可以使两相混合得更加均匀，从而获得更多的催化反应位点，延长三相反应界面长度[141]。复合阴极中的离子导电相和钙钛矿型材料中的电子导电相之间应该具有良好的化学兼容性。离子导电相一般为掺杂的 ZrO_2、掺杂的 CeO_2 和掺杂的 $SrCeO_3$。然而，掺杂的 ZrO_2 容易与钙钛矿型氧化物发生化学反应，生成锆酸盐，从而阻止离子和电子的传输。因此，与 ZrO_2 相比，掺杂的 $CeO_2[Ce_{1-x}Ln_xO_{2-\delta}$(Ln：稀土金属元素，$0.05 \leqslant x \leqslant 0.2$)] 作为复合阴极中的离子导电相是一个更好的选择。Sr^{2+} 的容差因子为 0.87，在 $SrCeO_3$ 中的化学势高于 $Ln_{1-y}Sr_yFeO_{3-\delta}$($0.2 \leqslant y \leqslant 0.8$)，但两者的化学兼容性不好，所以 $SrCeO_3$ 不能用于双相复合材料。

孙克宁团队采用"一锅法"制备了 $Pr_{0.6}Sr_{0.4}FeO_{3-\delta}$-$Ce_{0.9}Pr_{0.1}O_{2-\delta}$ 复合阴极（PSFO-xCPO）[142]。PSFO-xCPO 中，CPO 含量的增加，促进了氧离子在阴极的传导，提高了复合阴极的电化学性能。PSFO-40CPO 的体积比接近理论值 68∶32，CPO 颗粒之间相互连通，能够有效地改善氧气的吸附和氧离子的传导。当 CPO 过量时，PSFO 的连通性降低，导致电子传导通道受阻，电化学反应活性位点减少。PSFO-40CPO 的单电池展现了最佳的放电性能，在 800℃时，最大功率密度为 $1.30W \cdot cm^{-2}$。GDC 阻挡层有效地降低了 PSFO-xCPO 阴极与 SSZ 电解质的热膨胀系数不匹配性，阻挡了 PSFO-xCPO 阴极与 SSZ 电解质的化学反应。100h 稳定性实验后，在 SSZ 电解质/GDC 阻挡层/PSFO-40CPO 阴极界面没有明显的化学元素扩散，性能没有发生明显的衰减，如图 3-30 所示。

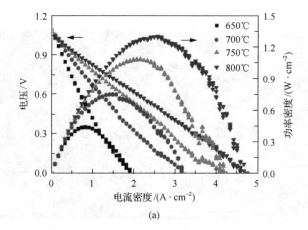

(a)

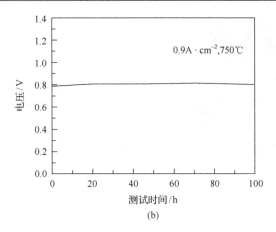

(b)

图 3-30　单电池在 650～800℃的 *I-V* 和 *I-P* 曲线 (a) 和单电池的稳定性实验 (b) [158]

孙克宁团队还采用"一锅法"合成制备了 $Sr_2Fe_{1.5}Mo_{0.5}O_{6-\delta}$-$Sm_{0.2}Ce_{0.8}O_{1.9}$ (SFM-SDC)复合阴极材料,考察了 SDC 含量为 30%、40%、50%和 60%对材料性能的影响[143]。图 3-31(a) 显示了 SFM-40SDC 粉体的扫描透射电镜(STEM)照片。可以看到复合粉体中的 SFM 和 SDC 颗粒被清楚地区分开,颜色较暗、颗粒较大的是 SFM 颗粒,其颗粒尺寸为 100～200nm,颜色较亮、颗粒较小的是 SDC 颗粒,其尺寸为 20～100nm。两种纳米级颗粒,尺寸大小不同而且均匀分布的情况,可以有效地抑制煅烧过程中颗粒的长大,利于复合材料中多孔网状形貌的保持。

复合阴极材料具有更好电化学性能的另一个重要原因就是有效地增加了阴极中三相界面的长度,使其不再局限于阴极与电解质的两相界面处,而是扩展到整个复合阴极内部。在 800℃时,SFM-40SDC 表现出最小的阴极极化电阻 $(0.202\Omega\cdot cm^2)$。通常情况下,阴极 ORR 在高频的电化学过程中与三相反应界面有关。当复合阴极中 SDC 含量为 40%时,SFM-40SDC 阴极的 R_H=$0.0213\Omega\cdot cm^2$,明显低于其他 SDC 含量的 SFM-SDC 阴极的 R_H 值,这表明复合阴极中含量为 40%的 SDC 显著改善了阴极的电荷转移动力学。SFM-40SDC 阴极的 R_H 值最小,可能归功于复合阴极中 SFM 和 SDC 质量比为 60:40 时,阴极的三相反应界面的长度最长,为 ORR 提供了更多的催化反应活性位,可以大大提高 ORR 的速率。

组装阳极支撑型的 NiO-YSZ/YSZ/SFM-40SDC 单电池并测试放电性能。从图 3-31 中可以看出,在单电池工作温度 650～800℃范围内,电池的开路电压在 1.05～1.18V 之间,表明电池的电解质 YSZ 足够致密及单电池足够密封。以氢气为燃料,空气为氧化剂时,SFM-40SDC 复合材料作为阴极的 NiO-YSZ 阳极支撑型电池在 650℃、700℃、750℃和 800℃时最大功率密度分别达到 $0.32W\cdot cm^{-2}$、$0.80W\cdot cm^{-2}$、$1.21W\cdot cm^{-2}$ 和 $1.74W\cdot cm^{-2}$。

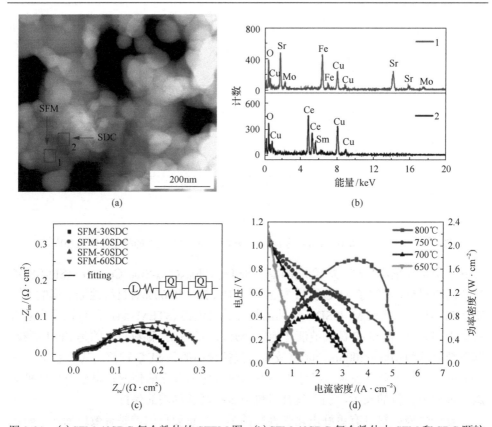

图 3-31　(a) SFM-40SDC 复合粉体的 STEM 图；(b) SFM-40SDC 复合粉体中 SFM 和 SDC 颗粒的 EDX 图；(c) SFM-SDC 复合阴极在 YSZ 电解质和 800℃时的 EIS 谱；(d) 650～800℃温度范围内 NiO-YSZ/YSZ/SFM-40SDC 单电池的 I-V 和 I-P 曲线[159]

在此基础上，通过向 $Sr_2Fe_{1.5}Mo_{0.5}O_{6-\delta}$ 材料 B 位 Mo 元素进行 Nb 元素部分掺杂取代，采用"一锅法"制备了 $Sr_2Fe_{1.5}Mo_{0.4}Nb_{0.1}O_{6-\delta}$-$Sm_{0.2}Ce_{0.8}O_{1.9}$（SFMNb-SDC）复合阴极[144]。发现随着 SDC 含量的增加，SFMNb-SDC 的热膨胀系数和电导率逐渐降低；当 SDC 质量含量为 40%时，复合阴极具有最优的三相反应界面，在 800℃和 750℃下的极化电阻分别为 0.047Ω·cm^2 和 0.081Ω·cm^2。组装阳极支撑型 SFMNb-SDC40|SDC|SSZ|NiO-SSZ 单电池进行放电测试，在 750℃和 800℃时最大功率密度分别为 0.72W·cm^{-2} 和 1.22W·cm^{-2}。

3.6　阴极铬毒化

随着固体燃料电池的操作温度变成中温（600～800℃），作为连接体材料，高温耐氧化合金取代传统的陶瓷材料成为可能。考虑到作为连接体的性能要求，这种应用的合金材料通常都含有 Cr 等元素作为抗氧化合金组分,它们在合金表面会形成 Cr_2O_3 保护层,这种保护层能降低合金的氧化速率。然而,在 SOFC 的操作温度下,含 Cr 的合金连接体表面将形成 Cr_2O_3 氧化层,而生成的 $Cr_2O_3(s)$ 在阴极端的氧气氛中会和 O_2 发生反应,生成含 Cr 的气态物质,这些含 Cr 的挥发物质在气流的影响下会迁移至电极表面,并向电极材料内扩散至电解质一侧,最终沉积在电极或电极/电解质界面,对电池性能造成影响,如图 3-32 所示[145]。钴基尖晶石结构阴极材料具有合适的热膨胀系数、热化学性能稳定且不和 SOFC 其他材料反应,另外它对氧还原反应具有很好的催化作用,适合于 IT-SOFC 阴极材料的应用。然而,关于该类材料抗铬毒化稳定性方面的研究工作较少,缺乏材料在稳定性方面的相关数据。

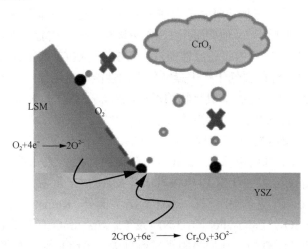

图 3-32　阴极 Cr 毒化示意图[145]

与传统的陶瓷材料相比,合金材料作为 SOFC 的连接体材料具有电导率高、导热性能好、加工工艺简单、易于成形且成本低的突出优点[146],但在 SOFC 工作环境下,合金表面极易发生氧化和腐蚀,造成电池内阻增大,因而,具有良好的抗高温氧化性的含 Cr 合金成为人们关注的焦点。然而,含 Cr 合金在 SOFC 阴极工作气氛下挥发的气态 Cr^{6+} 会造成电池性能的急剧下降,给中温 IT-SOFC 研究和开发带来新的难题。

这些含 Cr 的挥发物会在钙钛矿结构的阴极处与阴极材料发生反应,导致电极极化增大,并使阴极材料分解,从而导致 SOFC 性能急剧衰减。并且随着阴极侧水蒸气压强的增大,Cr 元素的挥发也愈加显著。由于燃料中不可避免会将一定量的水蒸气带入电池系统,另外根据 SOFC 的电池反应特性,H_2O 也不可避免地存在于 SOFC 中,造成 Cr 挥发对电池性能产生严重破坏。这种由于 Cr 元素的存在而使电池性能被破坏的现象称为 Cr 毒化[147]。

热力学计算结果表明，在室温下(25℃)，空气湿度为 60%时，Cr_2O_3 在 SOFC 阴极工作气氛中会形成 Cr^{6+} 的氢氧化物和氧化物，而 $CrO_2(OH)_2$ 和 CrO_3 阴极的还原反应为自发过程，气态 Cr^{6+} 的化合物从连接体表面挥发并扩散到阴极和阴极/电解质界面，Cr_2O_3 相在电极/电解质界面区的沉积，抑制了阴极的氧还原反应过程，造成阴极的极化损失增加。在干燥空气中，CrO_3 是 Cr 的主要蒸气相，而 $CrO_2(OH)_2$ 是湿空气中 Cr 的主要蒸气相。当空气湿度达到 60%时，Cr 的蒸气压会增大 10 倍，而在湿空气中，Cr 的挥发对温度的依赖性显著降低，温度从 1223K 降至 1023K，干空气中 Cr 的蒸气压降低 106 倍，而湿空气中仅降低 4 倍。通过 ^{53}Cr 跟踪实验得出的 Cr_2O_3 相平衡蒸气压的计算进一步证实了 $CrO_2(OH)_2$ 分压对温度的依赖性远小于 CrO_3。所以，降低电池的工作温度和反应气的湿度可以显著地降低合金中 Cr 的挥发速率[148]。蒋三平等研究了在使用 Fe-Cr 连接体的体系中，空气湿度对阴极 Cr 毒化程度的影响[149]。他们采用 LSM 阴极材料进行实验发现，在无 Cr 毒化气氛下，空气湿度对阴极的氧还原性能没有影响，而在 Cr 毒化气氛下，阴极在含 3%水蒸气的空气中性能要低于在干燥空气中的性能，氧还原过电势达到 544mV，这是由于湿润空气中气态铬氢氧化物的形成，造成了显著的 Cr 毒化和还原沉积反应，这也说明了阴极侧的空气湿度要控制得尽量低。

电极材料的输运性质和结构是决定 Cr_2O_3 的沉积量和沉积位置的重要因素。在 800℃含 Cr 气氛中保温 150h，Pt 阴极内部很少或几乎没有 Cr_2O_3 相沉积；$La_{0.6}Sr_{0.4}Fe_{0.6}Co_{0.4}O_{3-\delta}$(LSCF) 电极内部有大量的 Cr 沉积；而 LSM 电极内部 Cr 的沉积量很少，Cr 更多地沉积在 LSM/YSZ 界面处。Komatsu 等[150]对比研究了 $La_{0.6}Sr_{0.4}Fe_{0.8}Co_{0.2}O_3$、$LaNi_{0.6}Fe_{0.4}O_3$(LNF) 及 $La_{0.8}Sr_{0.2}MnO_3$(LSM) 在 Cr 毒化条件下的稳定性和电化学性能，他们将阴极材料直接与 Cr_2O_3 混合煅烧，然后测试阴极材料的电化学性能。通过物相分析可知 LSCF、LSM 均与 Cr_2O_3 反应产生大量杂相，LNF 则只有微量的反应。

早期对 Cr 在 LSM 阴极/电解质界面区迁移机理的研究认为，电池性能衰减是由阴极极化增大造成的，随着电池放电时间的延长，极化过电势增大。电池放电过程中，Cr 向阴极/电解质界面区迁移，极化过电势增大的幅值与 Cr 在界面区的密度成正比。放电电流的大小对 Cr 在阴极的分布没有影响，Cr 向电极/电解质界面区的迁移是由阴极 ORR 造成的，Cr 在电极内部的平均密度几乎正比于计算的 CrO_3 蒸气压，提高工作温度和氧分压，Cr 在电极/电解质界面区的沉积量增大。在阴极极化条件下，含 Cr 化合物不仅分布在 LSM-YSZ-Air 组成的 TPB 区，而且延伸到 YSZ 表面距离 LSM 边缘约 500μm 的范围内，这是由于 Cr_2O_3 相的出现，使电化学反应活性位从 LSM-YSZ-Air 构成的 TPB 处拓展到 YSZ 表面，并形成由反应活性位 Cr_2O_3-YSZ-Air 组成的 TPB 区。阴极结构中 Cr 对阴极的毒化程度影响也很大，由多孔的 LSM 组成的阴极活性衰减最快，致密的 LSM 电极在 YSZ 表面上没有检测到 Cr 相，而在 LSM 膜的边缘，Cr 的浓度很高，但阴极性能并未衰减，电化学极化理论很难对这一现象给出合理的解释。

孙克宁团队的付长璟[151]系统地研究了 SUS430 合金作为 SOFC 连接体材料的基础性能，以 $La_{0.8}Sr_{0.2}MnO_{3-\delta}$(LSM20)阴极为例，深入地研究了 SUS430 合金中 Cr 对阴极的毒化作用机理，明确了 Cr 对阴极毒化程度的决定因素，如图 3-33 所示。结果表明，在 SOFC 工作条件下，Cr 对 LSM20 阴极的毒化作用主要是抑制电极表面氧还原反应过程，在阴极极化初期，气态铬的氧化物抑制了氧在 LSM20 电极表面的解离吸附和气体扩散过程；随着极化时间的延长，固态铬的氧化物，如 $Cr_2O_3/(Cr,Mn)_3O_4$ 相的逐渐生成，增大了氧离子迁移和扩散阻抗。Cr 对阴极的毒化程度受阴极的工作气氛、电极结构和材料的影响，可以通过降低阴极工作气氛中的氧气和水蒸气分压，选择具有更多氧空位的阴极材料及合理地优化阴极结构从而改善和抑制 Cr 毒化。SUS430 合金与 Ni/YSZ 阳极具有良好的化学相容性。Fu 等还提出了以改进的等离子喷涂方法制备的 $La_{0.8}Sr_{0.2}FeO_{3-\delta}$(LSF20)作为合金连接体阴极侧保护层，性能测试结果表明，LSF20 涂层在抗高温氧化、抑制合金中 Cr 的挥发和扩散等方面都明显优于 LSM20 涂层，其在 800℃空气中氧化 1000h，面电阻仅为 $1m\Omega\cdot cm^2$，比国际上报道的合金连接体阴极侧保护涂层面电阻的最低值($2m\Omega\cdot cm^2$)低 1 倍。

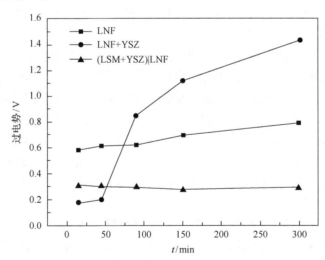

图 3-33 不同结构的阴极在 800℃氧气中的过电势随极化时间的变化

Kornely 等[152]分别在惰性气氛流场和含 Cr 连接体毒化气氛流场下，测试了阳极支撑型单电池的抗 Cr 毒化性能，单电池采用 $La_{0.65}Sr_{0.3}MnO_3/8YSZ$ 和 LSM 双层阴极，Cr 毒化气氛下，在初始 32h 恒定电压测试中电池性能衰减严重，极化阻抗增加 $64m\Omega\cdot cm^2$，恒流短期测试中性能继续衰减。通过计算分析弛豫时间分布，电极电化学反应至少包括 4 个过程，电池性能的衰减特别是极化阻抗的变化分布在 10Hz 到 1kHz 范围内，开路电压状态下 Cr 的还原并不会发生，但是 Cr 毒化依然存在，可见三相反应界面的 Cr 还原并非是造成电池性能衰减的唯一因素。

Jiang 等[153]系统地研究了 Cr 在 LSM 电极的沉积机理，认为 Cr 在 LSM 电极的沉积不是电化学反应过程而是化学反应过程。Cr 沉积的驱动力是在阴极极化或高温条件下产生的 Mn^{2+}，它作为成核剂从 Cr-Mn-O 凝聚核中形成 Cr_2O_3 相，Cr 的沉积量是由 Mn^{2+} 和气态 Cr 的通量和浓度决定的，在阴极极化条件下，Mn^{2+} 和氧空位的形成不是局限于电极/电解质界面区，而是分布在整个电极内部，只是电极反应过程中带来的氧浓差使得气态 Cr 向 TPB 区的扩散量增大而更多地沉积在电极/电解质界面区。在 LSM 复合电极内部，电极表面 ORR 过程中 Mn^{2+} 的产生速率明显降低，Cr 沉积物的成核速率和晶粒的生长速率也随之降低，电极性能衰减速率减缓。

在 SOFC 工作条件下，不含 Mn 的 $La_{0.8}Sr_{0.2}FeO_{3-\delta}$(LSF) 和 LSCF 电极中也发生了 Cr 的沉积，但沉积的本质与 LSM 阴极不同，Cr_2O_3 相沉积物的分布更均匀，并且很少分布在 TPB 区，在电极与连接体接触的界面也有 Cr_2O_3 的沉积。这些阴极材料与 LSM 阴极的一个主要区别是 LSF 和 LSCF 的氧离子导电性远大于 LSM 阴极，ORR 过程相同，但氧空位出现在阴极，而不是在固体电解质内，Cr_2O_3 相在远离电解质的阴极区沉积，沉积物的广泛分布使得 LSF 和 LSCF 电极过电势的增加量比 LSM 阴极低得多。

Cr 在 LSF 中扩散到电极内部，取代钙钛矿结构(ABO_3)中 B 位上的 Fe，固溶在 LSF 内造成电池性能衰减，LSCF 电极在极化过程中产生的 SrO 与合金表面的氧化物相 Cr_2O_3 发生固相反应形成了 $SrCrO_4$ 相，由于阴极极化对 SrO 有清洁和去除的作用，LSCF 电极电化学性能稳定。Cr 相在无 Sr 的阴极 $LaNi_{0.6}Fe_{0.4}O_3$(LNF) 和 $La_{0.6}Ba_{0.4}Co_{0.2}Fe_{0.8}O_{3-\delta}$(LBCF) 等内部的沉积量少于 LSF 和 LSCF，LNF 和 LSCF 电极中 Cr 以 Cr_2O_3 相在电极内部均匀分布，与电极之间无化学反应发生，电池性能稳定，因此，LNF 和 LSCF 具有更好的抗 Cr 毒化性能，是以合金作为连接体的中温型 SOFC 较为理想的阴极材料。

孙克宁团队研究了阴极组分及钙钛矿阴极材料 A 位缺陷对于其抗 Cr 毒化性能的影响，例如，$La_{0.75}Sr_{0.2}BO_{3-\delta}$(B=Mn，Fe)中 La 位 5mol%缺陷时，在含合金连接体环境下测试，如图 3-34 所示，800℃下展现出较高的抗 Cr 毒化性能、氧还原活性[154]。通过对不同 A 位缺陷的 LSM 及 LSF 阴极材料在含 Cr 连接体环境下的极化阻抗谱分析，以及长期稳定性测试，揭示了 Cr 对 A 位缺陷的 LSF 阴极材料的毒化主要是影响氧还原过程的电荷转移过程，并确定了抗铬毒化性能最佳的缺位比例。

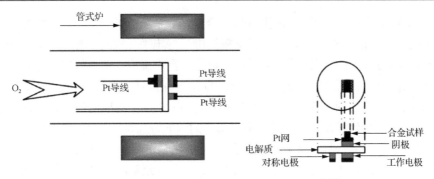

图 3-34　阴极在合金连接体上的结构示意图[169]

Kim 等[155]研究了 $Ba_{1-x}Sr_xCo_{0.8}Fe_{0.2}O_{3-\delta}$ 的铬毒化影响，相比较于在无铬毒化条件下的电化学性能，对阴极进行 Cr 毒化后，电极的过电位和极化阻抗都大幅增加，并随着 Sr 组分比例的增加，Cr 毒化作用逐渐加剧。

Zhen 等[156]研究了 $La(Ni,Fe)O_3$ 阴极材料的抗 Cr 毒化性能，并与传统 LSM 阴极进行对比。在 Fe-Cr 合金连接体 Cr 毒化气氛下，LNF 阴极材料的电化学性能稳定，衰减明显小于 LSM 材料，扫描电镜分析观察到 LNF 材料上有微量的 Cr 沉积，而在 LSM 与 YSZ 界面处有大量的 Cr 沉积。

蒲健等研究了 $Sm_{0.5}Sr_{0.5}MnO_3$ 阴极材料的 Cr 毒化影响(测试装置如图 3-35 所示)[157]。他们以含 Cr 合金 Crofer22APU 为 Cr 毒化气氛源，测试了阴极材料的极化阻抗、欧姆阻抗、氧还原反应活化能并进行了扫描电镜分析，对比传统的 LSM 阴极材料，由于掺杂离子与主离子的尺寸差异，Sr 更容易从晶格中析出，该阴极材料 Cr 毒化沉积反应产物为 $SrCrO_4$，这为今后对该材料的抗 Cr 毒化研究打下了基础。

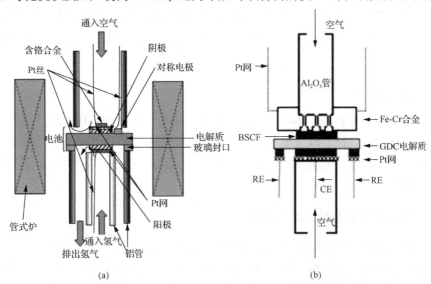

图 3-35　测试单电池(a)和对称电池(b)抗 Cr 毒化电化学性能装置[170]

目前对 Cr 毒化阴极过程还没有形成全面的、系统性的认识，这主要是由于影响 Cr 沉积过程的因素太多，如电极材料的电子导电率、氧离子导电率、阴极的组成、结构和 ORR 催化活性等，并受电极极化、操作温度、工作气氛的影响。采用更加有效的测试研究手段，对材料的 Cr 毒化机理进行深入研究，也是深化对 Cr 毒化机理认识的途径。阴极内部的凝聚核是气态 Cr^{6+} 在电极内部沉积的前提条件和决定因素；电化学反应直接或间接地影响了 Cr 的沉积，而电化学反应过程中，电极或电解质的混合导电性则进一步扩大了电化学沉积面积，推进了 Cr 在非活化位的沉积。所以，采用在合金表面添加抗氧化合金元素，或制备抗氧化涂层的方法可以降低合金中 Cr 的挥发量，抑制 Cr 对阴极的毒化；通过合理地选择电极和电解质材料，可以控制 Cr 的沉积位置，尽量减小沉积物对 SOFC 性能的影响。

综上可见，虽然国内外的研究者都根据不同的实验结果提出了不同的 Cr 毒化机制，但是目前并没有得到广泛的验证和认可，因此，研究 Cr 毒化的机理对 SOFC 抗 Cr 毒化阴极材料的开发具有十分重要的意义，为阴极材料的成分控制和结构优化提供理论依据。

3.7　阴极老化衰减

SOFC 阴极的老化会造成电池性能的恶化。界面处化学不匹配和热膨胀系数不匹配造成的内应力、晶粒长大、材料本身性能变化、材料间副反应及包括温度、电流密度在内的测试条件都会对电极造成影响。

目前，SOFC 商业化所面临的最大挑战主要是其高成本及稳定性。成本的降低可以通过开发低成本的制造原料和设计低成本的制造工艺来实现，而性能稳定性的提高则必须依靠人们对电极性能衰减机制的认识及提出行之有效的改进策略。

3.7.1　阴极衰减机理

SOFC 阴极的衰减主要是指阴极性能的劣化和内部微结构稳定性的降低。总的来说，SOFC 阴极衰减主要因素包括阴极材料的分解、微观结构变化和阴极与其他相邻组件之间发生副反应。目前，关于 SOFC 阴极衰减的研究主要集中在以下几个方面。

1. 阴极微观结构对衰减的影响

目前，最常用的高温 SOFC 阴极材料是 $LaMnO_3$，La 被 Sr 部分取代，可以形成 $La_{1-x}Sr_xMnO_3$。由于 Sc、Y、Ca、Sr、Ba、稀土元素都可以作为 A 位元素的取代原子，Mn、Co、Fe、Ni、Al、Cr、Ga、Cu 等可以作为 B 位元素的取代原子，则不同的取代原子对阴极衰减性的影响也有很大不同。美国太平洋西北国家实验室的研究人员发现，在 $La_{0.6}Sr_{0.4}Co_{0.2}Fe_{0.8}O_3$ 阴极材料中，Sr 在阴极与电解质的界面处及阴极与接触材料的界面处聚集并且发生反应，这是引起阴极性能衰减的重要因素。一般情况下，如果取代原子的离子半径和化合价与原始原子差别较大，在取代以后会发生晶体结构的变化。例如，未掺杂的 $LaMnO_3$ 在室温下是正交结构，在 600℃时晶体结构会发生转变，成为菱方结构。在 Sr^{2+} 或者 Ca^{2+} 取代 A 位的 La^{3+} 时，随着掺杂量的变化，$La_{1-x}Sr_xMnO_{3-\delta}$ 将会发生菱方结构、正方结构和立方结构之间的转化。晶体结构发生变化的原因是在 Sr^{2+} 或者 Ca^{2+} 取代 A 位的 La^{3+} 以后，由于电中性的要求，$LaMnO_3$ 中的 Mn^{3+} 转变为 Mn^{4+}，掺杂量越大，Mn^{4+} 浓度越大，Mn^{4+} 浓度的变化引起了晶体结构的变化，因此在不同的掺杂量时 $La_{1-x}Sr_xMnO_{3-\delta}$ 显示出不同的晶体点阵结构。Zheng 和 Pederson[158]研究了 Sr^{2+} 掺杂量对 $La_{1-x}Sr_xMnO_3$ 相变行为的影响，从相变的角度解释了掺杂过程中晶体结构及其对称性发生变化的机理。A 位原子的化学计量数也对钙钛矿结构阴极烧结性能有重要影响。A 位原子的化学计量数会影响阴极与电解质之间的反应，从而影响阴极的稳定性。Tietz 等[159]研究结果表明，阴极内 A、B 位原子的化学计量数是决定阴极性能的一个重要因素。Mori 等[160]对 LSM 阴极中 A 位原子及 B 位原子的化学计量数对 $La_2Zr_2O_7$ 形成的影响进行了研究，结果显示，A 位原子缺失或者 B 位原子过饱和都会阻止 $La_2Zr_2O_7$ 的形成。Roosmalen 等[161]对 A/B 原子比对 $La_{1-x}Sr_xMnO_3$ 烧结性能的影响进行了详细研究，并得出结论，A 位的缺失能提高阴极材料的烧结稳定性，随着 A/B 原子比的增大，材料的烧结稳定性不断下降。

2. 热循环对阴极性能衰减的影响

SOFC 通常在 600℃以上的高温条件下工作，温度对阴极性能的衰减有重要影响。SOFC 在高温状态下完成一定次数的热循环以后，阴极的内阻会增大，引起性能的衰减，这很大程度上来源于阴极与电解质或者接触材料的界面极化电阻的升高。Komatsu 等[162]研究了 $LaNi_{0.6}Fe_{0.4}O_3$ 在经过热循环以后的衰减规律。结果表明，热循环本身造成的阴极衰减是很小的，如果阴极与电解质等其他部件的热膨胀系数差别较大，热循环会造成阴极与电解质界面的剥裂，引起性能的严重衰减。

3. 阴极与电解质相互作用对性能衰减的影响

长期操作过程中，在阴极-电解质界面，可观察到第二杂质相的存在。这些第二相的导电性通常较差，从而影响阴极的稳定性。通常 LSM 与 YSZ 在 1200℃以上共烧时，较易发生副反应并生成杂相。Mitterdorfer 等[163]对高温工作环境中 $La_2Zr_2O_7$ 的生成机理进行了详细研究。对于以 LSCF 为阴极，YSZ 为电解质的 SOFC，阴极与电解质反应会生成导电性较差的 $SrZrO_3$。为了降低阴极与电解质的反应对稳定性的不利影响,通常可以采用在阴极与电解质之间添加阻挡层的方法来阻止界面有害反应的发生,目前使用较普遍的阻挡层材料是 GDC 和 SDC。

4. 外部化学物质引起的电池性能衰减

SOFC 制造成电池堆以后,在工作过程中金属连接体会与阴极发生作用,影响阴极的稳定性,造成这种结果的主要原因是在金属连接体中存在 Cr 元素。即使只是制成单电池片进行性能测试,而不涉及金属连接体,由于测试环境中的各种金属部件的存在及通入的空气中含有杂质的原因,仍然不可避免地存在一定数量的 Cr。Cr 在高温下以气体形式存在,与阴极发生化学反应,生成的固态 Cr 化合物在阴极表面沉积,导致电池性能严重衰减,这种现象通常称为阴极 Cr 毒化。3.6 节已经详细讨论了 Cr 的毒化,这里不再赘述。

SOFC 在工作状态下使用的玻璃密封材料中含有的 B 元素也会对阴极造成毒化,引起性能衰减。Takeshi 等[164]的研究表明,玻璃密封材料中的 Si 和 B 是造成 $LaNi_{0.6}Fe_{0.4}O_3$ 阴极衰减的主要原因。Zhou 等[165]的研究表明,B 会引起 LSM-YSZ 复合阴极的性能衰减,但是却对 LSCF 阴极的性能影响很小。Chen 等分别就 B 对 LSM[166]及 LSCF[167]阴极性能的影响进行了研究,结果表明,在高温工作环境中,B 对上述两种阴极都有明显的毒化作用,并最终导致阴极性能衰减。

5. 热膨胀系数不匹配的影响

阴极材料需要有合适的热膨胀系数(TEC)与电解质材料相匹配,热膨胀系数的不匹配很容易造成阴极的脱落和电池破裂,从而影响电池的长期运行稳定性。传统阴极材料 $La_{1-x}Sr_xMnO_3$(LSM)具有较好的高温稳定性,并与高温型电解质材料 YSZ(Y_2O_3 稳定的 ZrO_2)有较好的热匹配性。以 $La_{1-x}Sr_xFe_yCo_{1-y}O_{3-\delta}$(LSFC)为代表的钙钛矿结构复合氧化物一直是中温 SOFC 阴极的主要候选材料。LSFC 体系兼有优良的电子导电性能和离子导电性能,不仅远远高于相同温度下 LSM 的氧离子电导率,而且也比同一温度下 YSZ 的氧离子电导率高出近一个数量级。同时,在中温范围内,LSFC 体系与 $Ce_{0.8}Gd_{0.2}O_{1.95}$(DCO)、$La_{0.9}Sr_{0.1}Ga_{0.8}Mg_{0.2}O_3$(LSGM)等新型 SOFC 电解质材料有着较好的化学相容性。但是,LSFC 体系存在热膨胀系数过高[$(15.0\sim26.0)\times10^{-6}K^{-1}$]的致命缺点,难以与 DCO、LSGM 等中温电解质材料(TEC:$12\times10^{-6}K^{-1}$)相匹配。阴极材料与电解质材料在 TEC 上的差异远远超过 15%~20%的允许值范围。针对这一问题,研究者试图通过改变 A 位碱土金属离子的种类和相对含量、B 位 Co/Fe 比例等途径,实现 LSFC 体系与 DCO 等电解质材料的 TEC 匹配,但所取得的成效尚非常有限。近年来人们发现,采用半径较小的镧系稀土离子(如 Pr、Sm、Nd、Gd 等)来代替 La 有可能降低 LSFC 体系的 TEC,并且能够减少阴极材料与 DCO 等电解质材料在 SOFC 运行温度下的化学反应。TEC 随着 A 位稀土离子半径的减小而趋于降低,其中 $Pr_{0.6}Sr_{0.4}Fe_{0.8}Co_{0.2}O_{3-x}$ 和 $Nd_{0.6}Sr_{0.4}Fe_{0.8}Co_{0.2}O_{3-x}$ 的 TEC 分别为 $14.2 \times 10^{-6}K^{-1}$(100~750℃)和 $13.2 \times 10^{-6}K^{-1}$(100~700℃),能够比较好地与中温 SOFC 的电解材料 DCO 相匹配。但对于高 Co/Fe 比例的 $Ln_{0.6}Sr_{0.4}Fe_{0.2}Co_{0.8}O_{3-x}$(Ln=La、Pr、Nd、Sm)体系,TEC 随 A 位稀土离子半径的减小而增加,在中温 SOFC 的运行温度范围内,其平均 TEC 为 $(16.0 \sim 19.0) \times 10^{-6}K^{-1}$。国内外还在探索和研究新的阴极材料体系,如 K_2NiF_4 结构的 $A_2BO_{4+\delta}$ 型(A=La、Pr、Nd 等;B=Ni、Cu 等)层状类钙钛矿结构复合氧化物电子-离子混合导体等。A_2BO_s 型阴极材料具有合适的热膨胀系数[$(10.5 \sim 14.2) \times 10^{-6}K^{-1}$],能较好地与 DCO、LSGM 等中温 SOFC 的电解质材料相匹配,在 600~800℃的中温范围内具有比 LSFC 体系更优良的氧表面交换性能和氧离子迁移能力,成为中温 SOFC 非常有发展潜力的新型阴极材料之一。

3.7.2　阴极性能衰减影响因素

工作温度是影响阴极性能衰减的一个重要因素。Mai 等[168]通过 *I-V* 曲线研究了 LSCF 阴极的衰减率,结果证明工作温度对阴极衰减有显著影响。例如,800℃时电池的衰减率是 700℃时的 2 倍。在温度较高的条件下,电池的催化活性和导电性都很好。但是高温也会引起阴极与电解质或者其他部件的反应,同时还有可能引起如颗粒长大之类的微结构变化。上述两种因素都会导致阴极性能发生衰减。Brugnoni 等[169]研究了在不同的温度下 LSM 与 YSZ 的反应,发现在较高的温度下 $La_2Zr_2O_7$ 容易形成,并导致阴极导电性的大幅度降低。Yokokawa 等[170]从热力学和动力学角度对阴极的衰减进行了研究。他们发现,Sr 的扩散和 SrO 的活性是影响阴极和电解质反应的关键因素,温度越高,SrO 的活性越强,导致越多的 $SrZrO_3$ 生成。电流极化对于阴极衰减的影响规律较为复杂,对于不同的阴极材料,电流极化的影响机理有所不同。

Ju 等[171]的研究结果表明,在电流密度较低的情况下,由极化而引起的 LSCF 阴极过电势随着电流密度的增大而提高。但是与之相反的是,在电流密度较高的情况下,阴极过电势随着电流密度的增加而降低。Jiang 等[172]对 LSM 阴极在 1000℃空气中施加与不施加电流情况下的性能进行了研究。他们通过分析电流极化前后阴极微观结构的变化,发现在极化作用下,LSM 阴极的烧结性能变差。另外,研究发现高电流作用导致的阴极与电解质的剥离能引起欧姆阻抗和极化阻抗的显著增大,加速阴极性能衰减。氧分压对阴极衰减的影响也得到了广泛研究。Mai 等[173]的研究中对比了 LSCF 阴极分别在氧气质量浓度为 21%和 5%的环境中阴极电位的衰减规律,结果显示,氧气浓度的升高会导致更高的阴极衰减率。Tsai 等[174]分别研究了空气和氧气作为氧化气体的条件下 LSM 阴极的烧结性能,*I-V* 曲线显示,在氧气气氛中烧结比在空气气氛中烧结导致更高的电位损失。Mitterdorfer

等[175]通过氧还原动力学分析 $La_2Zr_2O_7$ 的形成机理，发现氧分压能显著影响 LSM 与 YSZ 之间的界面反应，其根本原因是氧分压的大小影响 SOFC 内部电荷的传输过程。

3.7.3　阴极稳定性提高措施

SOFC 阴极在高温工作环境中的衰减导致的性能劣化已经成为制约 SOFC 大规模商业化应用的重要瓶颈之一。提高阴极稳定性主要从以下几个方面着手：

(1)防止阴极与电解质发生固态反应，生成有害的高电阻相。高温条件下的固态反应多发生在 LSM 或者 LSCF 阴极与 YSZ 电解质之间。一般情况下，在阴极与电解质之间引入 GDC 或者 SDC 等 CeO_2 基阻挡层，可以防止阴极与电解质之间的固态反应发生。另外，采用 GDC 或者 SDC 作为电解质，与 LSCF、LSCo、$La_{1-x}Sr_xCo_{1-y}Ni_yO_{3-\delta}$(LSCN) 等阴极配合使用，也可以有效避免阴极与电解质之间发生固态反应。

(2)晶格中的某些元素向阴极表面富集而导致阴极的导电性和电化学催化活性降低。例如，LSCF 阴极中的 Sr 在高温工作时由内部向表面迁移形成 SrO，是导致性能衰减的重要原因。Lynch 等[176]采用在 LSCF 表面涂覆一层 LSM 来抑制 LSCF 中 Sr 向表面的富集，使阴极的稳定性得到了显著提高。

(3)对于纳米结构 SOFC 阴极，经过长时间高温工作后，颗粒长大会减小阴极的表面活性，降低催化活性，使性能劣化。为了抑制颗粒长大，通常是引入稳定性较高的物质，改变阴极内部结构，使颗粒之间的相互聚集受到阻碍，以保持阴极结构的稳定性。

(4)提高阴极与电解质的结合强度，避免阴极剥落。通常要选择热膨胀系数相匹配的阴极和电解质材料，避免因为热循环而引起阴极的剥离。另外，可以通过增大粗糙度，优化烧结工艺等方式，使阴极与电解质结合牢固，避免在工作过程中阴极剥离甚至完全脱落。

随着 SOFC 的商业化进程，对阴极材料性能稳定性的要求越来越高。关于阴极性能衰减机理，研究人员做出了很多有意义的探索，并且取得了重要成果。但是关于阴极性能衰减的基本规律的认识仍然不成熟，还存在一定的争议。因此需要广大研究人员共同努力，克服困难，以期最终能得到结构稳定性和化学稳定性良好、衰减率低的阴极材料，满足 SOFC 长期稳定工作的需要。

参 考 文 献

[1] 代宁宁. 新型 $Sr_2Fe_{1.5}Mo_{0.5}O_{6-\delta}$ 基固体氧化物燃料电池阴极材料的研究. 北京: 北京理工大学, 2014: 11-22.

[2] Sar J, Schefold J, Brisse A, et al. Durability test on coral $Ce_{0.9}Gd_{0.1}O_{2-\delta}$- $La_{0.6}Sr_{0.4}Fe_{0.8}O_{3-\delta}$ with $La_{0.6}Sr_{0.4}Co_{0.2}Fe_{0.8}O_{3-\delta}$ current collector working in SOFC and SOEC modes. Electrochimica Acta, 2016, 201: 57-69.

[3] Menzler N H, Tietz F, Uhlenbruck S, et al. Materials and manufacturing technologies for solid oxide fuel cells. Journal of Materials Science, 2010, 45(12): 3109-3135.

[4] Kreuer K D. Proton-conducting oxides. Annual Review of Materials Research, 2003, 33(1): 333-359.

[5] Stambouli A B, Traversa E. Solid oxide fuel cells (SOFCs): a review of an environmentally clean and efficient source of energy. Renewable and Sustainable Energy Reviews, 2002, 6(5): 433-455.

[6] Fabbri E, Bi L, Pergolesi D, et al. Towards the next generation of solid oxide fuel cells operating below 600℃ with chemically stable proton-conducting electrolytes. Advanced Materials, 2012, 24(2): 195-208.

[7] Doshi R, Richards V L, Carter J D, et al. Development of solid oxide fuel cells that operate at 500℃. Journal of the Electrochemical Society, 1999, 146(4): 1273-1278.

[8] Mizusaki J, Yonemura Y, Kamata H, et al. Electronic conductivity, seebeck coefficient, defect and electronic structure of nonstoichiometric $La_{1-x}Sr_xMnO_3$. Solid State Ionics, 2000, 132(3): 167-180.

[9] Lee H K. Electrochemical characteristics of $La_{1-x}Sr_xMnO_3$ for solid oxide fuel cell. Materials Chemistry and Physics, 2003, 77(3): 639-646.

[10] Brant M C, Dessemond L. Electrical degradation of LSM-YSZ interfaces. Solid State Ionics, 2000, 138(1-2):1-17.

[11] Brant M C, Matencio T, Dessemond L, et al. Electrical and microstructural aging of porous lanthanum strontium manganite/yttria-doped cubic zirconia electrodes. Chemistry of Materials, 2001, 13(11): 3954-3961.

[12] Kostogloudis G C, Ftikos C. Characterization of $Nd_{1-x}Sr_xMnO_{3\pm\delta}$ SOFC cathode materials. Journal of the European Ceramic Society, 1999, 19(4): 497-505.

[13] Petrov A N, Kononchuk O F, Andreev A V, et al. Crystal structure, electrical and magnetic properties of $La_{1-x}Sr_xCoO_{3-y}$. Solid State Ionics, 1995, 80(3-4): 189-199.

[14] De Souza R A, Kilner J A. Oxygen transport in La1-xSrxMn1-yCoyO3±δ perovskites: Part I. Oxygen tracer diffusion. Solid State Ionics, 1998, 106(3-4): 175-187.

[15] Uchida H, Arisaka S, Watanabe M. High performance electrodes for medium-temperature solid oxide fuel cells: activation of La(Sr)CoO₃ cathode with highly dispersed Pt metal electrocatalysts. Solid State Ionics, 2000, 135(1): 347-351.

[16] Dusastre V, Kilner J A. Optimisation of composite cathodes for intermediate temperature SOFC applications. Solid State Ionics, 1999, 126(1): 163-174.

[17] Wang S F, Yeh C T, Wang Y R, et al. Effects of (LaSr)(CoFeCu)$O_{3-\delta}$ cathodes on the characteristics of intermediate temperature solid oxide fuel cells. Journal of Power Sources, 2012, 201: 18-25.

[18] Fu Q, Sun K N, Zhang N Q, et al. Optimization on fabrication and performance of A-site-deficient $La_{0.58}Sr_{0.4}Co_{0.2}Fe_{0.8}O_{3-\delta}$ cathode for SOFC. Journal of Solid State Electrochemistry, 2009, 13(3): 455-467.

[19] Fu Q, Sun K N, Zhang N Q, et al. Characterization of electrical properties of GDC doped A-site deficient LSCF based composite cathode using impedance spectroscopy. Journal of Power Sources, 2007, 168(2): 338-345.

[20] Shao Z, Haile S M. A high-performance cathode for the next generation of solid-oxide fuel cells. Nature, 2004, 431: 170-173.

[21] Kuščer D, Holc J, Hrovat M, et al. Correlation between the defect structure, conductivity and chemical stability of La1-ySryFe1-xAlxO3-δ cathodes for SOFC. Journal of the European Ceramic Society, 2001, 21(10-11): 1817-1820.

[22] Yamaura H, Ikuta T, Yahiro H, et al. Cathodic polarization of strontium-doped lanthanum ferrite in proton-conducting solid oxide fuel cell. Solid State Ionics, 2005, 176(3): 269-274.

[23] Simner S P, Bonnett J F, Canfield N L, et al. Development of lanthanum ferrite SOFC cathodes. Journal of Power Sources, 2003, 113(1): 1-10.

[24] Simner S P, Shelton J P, Anderson M D, et al. Interaction between La(Sr)FeO$_3$ SOFC cathode and YSZ electrolyte. Solid State Ionics, 2003, 161(1): 11-18.

[25] Simner S P, Anderson M D, Stevenson J W. La(Sr)FeO$_3$ SOFC cathodes with marginal copper doping. Journal of the American Ceramic Society, 2004, 87(8): 1471-1476.

[26] Simner S, Anderson M, Bonnett J, et al. Enhanced low temperature sintering of (Sr, Cu)-doped lanthanum ferrite SOFC cathodes. Solid State Ionics, 2004, 175(1): 79-81.

[27] Coffey G W, Hardy J, Pedersen L R, et al. Electrochemical properties of lanthanum strontium aluminum ferrites for the oxygen reduction reaction. Solid State Ionics, 2003, 158(1): 1-9.

[28] Kuščer D, Holc J, Hrovat M, et al. Correlation between the defect structure, conductivity and chemical stability of La$_{1-y}$Sr$_{1-x}$Fe$_{1-x}$Al$_x$O$_{3-\delta}$ cathodes for SOFC. Journal of the European Ceramic Society, 2001, 21(10): 1817-1820.

[29] Chiba R, Yoshimura F, Sakurai Y. An investigation of LaNi$_{1-x}$Fe$_x$O$_3$ as a cathode material for solid oxide fuel cells. Solid State Ionics, 1999, 124(3): 281-288.

[30] Piao J H, Sun K N, Zhang N Q. Preparation and characterization of Pr$_{1-x}$Sr$_x$FeO$_3$ cathode material for intermediate temperature solid oxide fuel cells. Journal of Power Sources, 2007, 172(2): 633-640.

[31] Liu H, Zhu X, Cheng M, et al. Electrochemical performances of spinel oxides as cathodes for intermediate temperature solid oxide fuel cells. International Journal of Hydrogen Energy, 2013, 38(2): 1052-1057.

[32] Zhang H, Liu H, Cong Y, et al. Investigation of Sm$_{0.5}$Sr$_{0.5}$CoO$_{3-\delta}$/Co$_3$O$_4$ composite cathode for intermediate-temperature solid oxide fuel cells. Journal of Power Sources, 2008, 185(1): 129-135.

[33] Shao L, Wang Q, Fan L, et al. Copper cobalt spinel as a high performance cathode for intermediate temperature solid oxide fuel cells. Chemical Communications, 2016, 52(55): 8615-8618.

[34] Shao L, Wang P, Zhang Q, et al. Nanostructured CuCo$_2$O$_4$, cathode for intermediate temperature solid oxide fuel cells via an impregnation technique. Journal of Power Sources, 2017, 343:268-274.

[35] Zhen S Y, Sun W, Li P Q, et al. High performance cobalt-free Cu$_{1.4}$Mn$_{1.6}$O$_4$ spinel oxide as an intermediate temperature solid oxide fuel cell cathode. Journal of Power Sources, 2016, 315: 140-144.

[36] Liu X, Han D, Wu H, et al. Mn$_{1.5}$Co$_{1.5}$O$_{4-\delta}$ infiltrated yttria stabilized zirconia composite cathodes for intermediate-temperature solid oxide fuel cells. International Journal of Hydrogen Energy, 2013, 38(36): 16563-16568.

[37] Zhang X, Liu L, Zhao Z, et al. High performance solid oxide fuel cells with Co$_{1.5}$Mn$_{1.5}$O$_4$ infiltrated (La, Sr)MnO$_3$-yttria stabilized zirconia cathodes. International Journal of Hydrogen Energy, 2015, 40(8): 3332-3337.

[38] Skinner S J, Kilner J A. Oxygen diffusion and surface exchange in La$_{2-x}$Sr$_x$NiO$_4$. Solid State Ionics, 2000, 135(1-4): 709-712.

[39] Vashook V V, Tolochko S P, Yushkevich L, et al. Oxygen nonstoichiometry and electrical conductivity of the solid solutions La$_{2-x}$Sr$_x$NiO$_y$ ($0 \leqslant x \leqslant 0.5$). Solid State Ionics, 1998, 110(3-4): 245-253.

[40] Amow G, Skinner S J. Recent developments in ruddlesden-popper nickelate systems for solid oxide fuel cell cathodes. Journal of Solid State Electrochemistry, 2006, 10(8): 538-546.

[41] Boehm E, Bassat J M, Steil M C, et al. Oxygen transport properties of La$_2$Ni$_{1-x}$Cu$_x$O$_4$ mixed conducting oxides. Solid State Sciences, 2003, 5(7): 973-981.

[42] Sayers R, Liu J, Rustumji B, et al. Novel K$_2$NiF$_4$-type materials for solid oxide fuel cells: compatibility with electrolytes in the intermediate temperature range. Fuel Cells, 2008, 8(5): 338-343.

[43] Solak N, Zinkevich M, Aldinger F. Compatibility of La$_2$NiO$_4$ cathodes with LaGaO$_3$ electrolytes: a computational approach. Solid State Ionics, 2006, 177(19-25): 2139-2142.

[44] Zhao H, Mauvy F, Lalanne C, et al. New cathode materials for ITSOFC: phase stability, oxygen exchange and cathode properties of La$_{2-x}$NiO$_4$. Solid State Ionics, 2008, 179(35-36): 2000-2005.

[45] Burriel M, Santiso J, Rossell M D, et al. Enhancing total conductivity of La$_2$NiO$_4$ epitaxial thin films by reducing thickness. Journal of Physical Chemistry C, 2008, 112(29): 10982-10987.

[46] Briois P, Perry F, Billard A. Structural and electrical characterisation of lanthanum nickelate reactively sputter-deposited thin films. Thin Solid Films, 2008, 516(10): 3282-3286.

[47] Skinner S J, Amow G. Structural observations on La$_2$(Ni,CO)O$_4$ phases determined from in situ neutron powder diffraction. Journal of Solid State Chemistry, 2007, 180(7): 1977-1983.

[48] Wang Y S, Nie H W, Wang S R, et al. A$_{2-a}$A'$_a$BO$_4$-type oxides as cathode materials for IT-SOFCs (A=Pr, Sm; A'=Sr;B=Fe, Co). Materials Letters, 2006, 60(9-10): 1174-1178.

[49] Jin C, Liu J, Zhang Y H, et al. Characterization and electrochemical performances of Ba$_{2-x}$Sr$_x$FeO$_4$ as a novel cathode material for intermediate-temperature solid oxide fuel cells. Journal of Power Sources, 2008, 182(2): 482-488.

[50] Aguadero A, Alonso J A, Escudero M J, et al. Evaluation of the La$_2$Ni$_{1-x}$Cu$_x$O$_4$ system as SOFC cathode material with 8YSZ and LSGM as electrolytes. Solid State Ionics, 2008, 179(11-12): 393-400.

[51] Zhao F, Wang X F, Wang Z Y, et al. K$_2$NiF$_4$ type La$_{2-x}$Sr$_x$Co$_{0.8}$Ni$_{0.2}$O$_4$ as the cathodes for solid oxide fuel cells. Solid State Ionics, 2008, 179(27-32): 1450-1453.

[52] Li Z A, Haugsrud R, Smith J B, et al. Steady-state permeation of oxygen through La$_{1.9}$Sr$_{0.1}$NiO$_4$. Journal of the Electrochemical Society, 2009, 156(9): B1039-B1044.

[53] Smith J B, Norby T. On the steady-state oxygen permeation through La$_2$NiO$_4$ membranes. Journal of the Electrochemical Society, 2006, 153(2): A233-A238.

[54] Mauvy F, Lalanne C, Bassat J M, et al. Electrode properties of Ln$_2$NiO$_4$ (Ln = La, Nd, Pr) - AC impedance and DC polarization studies. Journal of the Electrochemical Society, 2006, 153(8): A1547-A1553.

[55] Miyoshi S, Furuno T, Sangoanruang O, et al. Mixed conductivity and oxygen permeability of doped Pr$_2$NiO$_4$-based oxides. Journal of the Electrochemical Society, 2007, 154(1): B57-B62.

[56] Sun L P, Li Q, Zhao H, et al. Preparation and electrochemical properties of Sr-doped Nd$_2$NiO$_4$ cathode materials for intermediate-temperature solid oxide fuel cells. Journal of Power Sources, 2008, 183(1): 43-48.

[57] Yashima M, Enoki M, Wakita T, et al. Structural disorder and diffusional pathway of oxide ions in a doped Pr$_2$NiO$_4$-based mixed conductor. Journal of the American Chemical Society, 2008, 130(9): 2762.

[58] Burriel M, Garcia G, Santiso J, et al. Anisotropic oxygen diffusion properties in epitaxial thin films of La$_2$NiO$_4$. Journal of Materials Chemistry, 2008, 18(4): 416-422.

[59] Aguadero A, Alonso J A, Fernandez-Diaz M T, et al. In situ high temperature neutron powder diffraction study of La$_2$Ni$_{0.6}$Cu$_{0.4}$O$_4$ in air: correlation with the electrical behaviour. Journal of Power Sources, 2007, 169(1): 17-24.

[60] Carvalho M D, Costa F M A, Pereira I D S, et al. New preparation method of La$_{n+1}$Ni$_n$O$_{3n+1}$ (n = 2, 3). Journal of Materials Chemistry, 1997, 7(10): 2107-2111.

[61] Burriel M, Garcia G, Rossell M D, et al. Enhanced high-temperature electronic transport properties in nanostructured epitaxial thin films of the La$_{n+1}$Ni$_n$O$_{3n+1}$ Ruddlesden-Popper series (n=1, 2, 3, infinity). Chemistry of Materials, 2007, 19(16): 4056-4062.

[62] Lou Z L, Peng J, Dai N N, et al. High performance La$_3$Ni$_2$O$_7$ cathode prepared by a facile sol-gel method for intermediate temperature solid oxide fuel cells. Electrochemistry Communications, 2012, 22: 97-100.

[63] Lou Z L, Dai N N, Wang Z H, et al. Preparation and electrochemical characterization of Ruddlesden-Popper oxide La$_4$Ni$_3$O$_{10}$ cathode for IT-SOFCs by sol-gel method. Electrochemistry Communications, 2013, 17(10): 2703-2709.

[64] Lou Z L, Hao X M, Peng J, et al. Preparation of La$_2$NiO$_{4+\delta}$ powders as a cathode material for SOFC via a PVP-assisted hydrothermal route. Journal of Solid State Electrochemistry, 2015, 19(4): 957-965.

[65] Bannikov D O, Cherepanov V A. Thermodynamic properties of complex oxides in the La-Ni-O system. Journal of Solid State Chemistry, 2006, 179(8): 2721-2727.

[66] Weng X L, Boldrin P, Abrahams I, et al. Direct syntheses of La$_{n+1}$Ni$_n$O$_{3n+1}$ phases (n = 1, 2, 3 and infinity) from nanosized co-crystallites. Journal of Solid State Chemistry, 2008, 181(5): 1123-1132.

[67] Kim J H, Manthiram A. Layered NdBaCo$_{2-x}$Ni$_x$O$_5$ perovskite oxides as cathodes for intermediate temperature solid oxide fuel cells. Electrochimica Acta, 2009, 54(28): 7551-7557.

[68] Ding H, Xue X. PrBa$_{0.5}$Sr$_{0.5}$Co$_2$O$_5$ layered perovskite cathode for intermediate temperature solid oxide fuel cells. Electrochimica Acta, 2010, 55(11): 3812-3816.

[69] Ding H, Xue X, Liu X, et al. High performance layered SmBa$_{0.5}$Sr$_{0.5}$Co$_2$O$_5$ cathode for intermediate-temperature solid oxide fuel cells. Journal of Power Sources, 2009, 194(2): 815-817.

[70] Zhang X, Jin M. Layered GdBa$_{0.5}$Sr$_{0.5}$Co$_2$O$_5$ as a cathode for intermediate-temperature solid oxide fuel cells. Journal of Power Sources, 2010, 195(4): 1076-1078.

[71] Tarancón A, Marrero-López D, Peña-Martínez J, et al. Effect of phase transition on high-temperature electrical properties of GdBaCo$_2$O$_5$ layered perovskite. Solid State Ionics, 2008, 179(17-18): 611-618.

[72] Pena-Martinez J, Tarancon A, Marrero-Lopez D, et al. Evaluation of GdBaCo$_2$O$_5$ as cathode material for doped lanthanum gallate electrolyte IT-SOFCs. Fuel Cells, 2008, 8(5): 351-359.

[73] Sun W P, Bi L, Yan L T, et al. Synthesis of SmBaCo$_2$O$_6$ powder by the combustion process using Co$_3$O$_4$ as precurso. Journal of Alloys and Compounds, 2009, 481(1-2): L40-L42.

[74] Zhou Q, He T, He Q, et al. Electrochemical performances of LaBaCuFeO$_5$ and LaBaCuCoO$_5$ as potential cathode materials for intermediate-temperature solid oxide fuel cells. Electrochemistry Communications, 2009, 11(1): 80-83.

[75] Dai N N, Feng J, Wang Z H, et al. Synthesis and characterization of B-site Ni-doped perovskites Sr$_2$Fe$_{1.5-x}$Ni$_x$Mo$_{0.5}$O$_{6-\delta}$ (x = 0, 0.05, 0.1, 0.2, 0.4) as cathodes for SOFCs. Journal of Materials Chemistry A, 2013, 1: 14147-14153.

[76] Yang G Q, Feng J, Sun W, et al. The characteristic of strontium-site deficient perovskites Sr$_x$Fe$_{1.5}$Mo$_{0.5}$O$_{6-\delta}$ (x=1.9-2.0) as intermediate-temperature solid oxide fuel cell cathodes. Journal of Power Sources, 2014, 268: 771-777.

[77] Dai N N, Wang Z H, Jiang T Z, et al. A new family of barium-doped Sr$_2$Fe$_{1.5}$Mo$_{0.5}$O$_{6-\delta}$ perovskites for application in intermediate temperature solid oxide fuel cells. Journal of Power Sources, 2014, 268: 176-182.

[78] Sun W, Li P Q, Xu C M, et al. Investigation of Sc doped Sr$_2$Fe$_{1.5}$Mo$_{0.5}$O$_6$ as a cathode material for intermediate temperature solid oxide fuel cells. Journal of Power Sources, 2017, 343: 237-245.

[79] Gao Z, Liu X M, Bergman B, et al. Investigation of oxygen reduction reaction kinetics on Sm$_{0.5}$Sr$_{0.5}$CoO$_{3-\delta}$ cathode supported on Ce$_{0.85}$Sm$_{0.075}$Nd$_{0.075}$O$_{2-\delta}$ electrolyte. Journal of Power Sources, 2011(196): 195-203.

[80] Escudero M J, Aguadero A, Alonso J A, et al. A kinetic study of oxygen reduction reaction on La$_2$NiO$_4$ cathodes by means of impedance spectroscopy. Journal of Electroanalytical Chemistry, .2007, 611(1-2): 107-116.

[81] Tu H Y, Takeda Y, Imanishi N, et al. Ln$_{1-x}$Sr$_x$CoO$_3$ (Ln= Sm, Dy) for the electrode of solid oxide fuel cells. Solid State Ionics, 1997(100): 283-288.

[82] Sicbeit E, Hammouche A, Kleitz M. Impedance spectroscopy analysis of La$_{1-x}$Sr$_x$MnO$_{3-\delta}$ Yttria-stabilized zirconia electrode kinetics. Electrochemical Acta, 1995(40): 1741-1753.

[83] Hou M Y, Sun W, Li P F, et al. Investigation into the effect of molybdenum-site substitution on the performance of $Sr_2Fe_{1.5}Mo_{0.5}O_{6-\delta}$ for intermediate temperature solid oxide fuel cells. Journal of Power Sources, 2014, 272: 759-765.

[84] Peng R, Wu T, Liu W, et al. Cathode processes and materials for solid oxide fuel cells with proton conductors as electrolytes. Journal of Materials Chemistry, 2010, 20(30): 6218-6225.

[85] Yamaura H, Ikuta T, Yahiro H, et al. Cathodic polarization of strontium-doped lanthanum ferrite in proton-conducting solid oxide fuel cell. Solid State Ionics, 2005, 176(3): 269-274.

[86] Chen J, Liang F, Liu L, et al. Nano-structured (La, Sr) (Co, Fe) O_3+YSZ composite cathodes for intermediate temperature solid oxide fuel cells. Journal of Power Sources, 2008, 183(2): 586-589.

[87] Yang L, Zuo C, Wang S, et al. A novel composite cathode for low-temperature SOFCs based on oxide proton conductors. Advanced Materials, 2008, 20(17): 3280-3283.

[88] Ling Y H, Wang F, Zhao L, et al. Comparative study of electrochemical properties of different composite cathode materials associated to stable proton conducting $BaZr_{0.7}Pr_{0.1}Y_{0.2}O_{3-\delta}$ electrolyte. Electrochemica Acta, 2014, 146: 1-7.

[89] Gong Z, Hou J, Wang Z, et al. A new cobalt-free composite cathode $Pr_{0.6}Sr_{0.4}Cu_{0.2}Fe_{0.8}O_{3-\delta}$-$Ce_{0.8}Sm_{0.2}O_{2-\delta}$ for proton-conducting solid oxide fuel cells. Electrochimica Acta, 2015, 178: 60-64.

[90] Duan C C, Tong J H, Shang M, et al. Readily processed protonic ceramic fuel cells with high performance at low temperatures. Science, 2015, 349(6254): 1321-1326.

[91] Chen D, Zhang Q, Lu L, et al. Multi scale and physics models for intermediate and low temperatures H^+-solid oxide fuel cells with $H^+/e^-/O^{2-}$ mixed conducting properties: part A, generalized percolation theory for LSCF-SDC-BZCY 3-component cathodes. Journal of Power Sources, 2016, 303: 305-316.

[92] Sacanell J, Bellino M G, Lamas D G, et al. Synthesis and characterization $La_{0.6}Sr_{0.4}CoO_3$ and $La_{0.6}Sr_{0.4}Co_{0.2}Fe_{0.8}O_3$ nanotubes for cathode of solid-oxide fuel cells. Physica B: Condensed Matter, 2007, 398(2): 341-343.

[93] Sacanell J, Leyva A G, Bellino M G, et al. Nanotubes of rare earth cobalt oxides for cathodes of intermediate-temperature solid oxide fuel cells. Journal of Power Sources, 2010, 195(7): 1786-1792.

[94] Pinedo R, de Larramendi I R, de Aberasturi D J, et al. Synthesis of highly ordered three-dimensional nanostructures and the influence of the temperature on their application as solid oxide fuel cells cathodes. Journal of Power Sources, 2011, 196(9): 4174-4180.

[95] Zhang N, Li J, He Z, et al. Preparation and characterization of nano-tube and nano-rod structured $La_{0.8}Sr_{0.2}MnO_{3-\delta}/Zr_{0.92}Y_{0.08}O_2$ composite cathodes for solid oxide fuel cells. Electrochemistry Communications, 2011, 13(6): 570-573.

[96] Meng X, Tan X, Meng B, et al. Preparation and characterization of yttria-stabilized zirconia nanotubes. Materials Chemistry and Physics, 2008, 111(2): 275-278.

[97] Zhi M, Mariani N, Gemmen R, et al. Nanofiber scaffold for cathode of solid oxide fuel cell. Energy & Environmental Science, 2011, 4(2): 417-420.

[98] Zhi M, Lee S, Miller N, et al. An intermediate-temperature solid oxide fuel cell with electrospun nanofiber cathode. Energy & Environmental Science, 2012, 5(5): 7066-7071.

[99] Lee J G, Park J H, Shul Y G. Tailoring gadolinium-doped ceria-based solid oxide fuel cells to achieve $2W \cdot cm^{-2}$ at 550℃. Nature Communications, 2014, 5(5):4045-4045.

[100] Lee J G, Lee C M, Park M G, et al. Performance evaluation of anode-supported $Gd_{0.1}Ce_{0.9}O_{1.95}$ cell with electrospun $La_{0.6}Sr_{0.4}Co_{0.2}Fe_{0.8}O_{3-\delta}$-$Gd_{0.1}Ce_{0.9}O_{1.95}$ cathode. Electrochimica Acta, 2013, 108(10):356-360.

[101] Zhao E, Jia Z, Zhao L, et al. One dimensional $La_{0.8}Sr_{0.2}Co_{0.2}Fe_{0.8}O_{3-\delta}/Ce_{0.8}Gd_{0.2}O_{1.9}$ nanocomposite cathodes for intermediate temperature solid oxide fuel cells. Journal of Power Sources, 2012, 219(12):133-139.

[102] Fan L Q, Xiong Y P, Liu L B, et al. Preparation and performance study of one-dimensional nanofier-based $Sm_{0.5}Sr_{0.5}CoO_{3-\delta}/Gd_{0.2}Ce_{0.8}O_{1.9}$ composite cathodes for intermediate temperature solid oxide fuel cell. International Journal of Electrochemical Science, 2013, 8（6）: 8603-8613.

[103] Fan L Q, Liu L B, Wang Y W, et al. One-diensional $Sr_{0.7}Y_{0.3}CoO2.66-\delta$ as cathode material for IT-SOFCs. International Journal of Hydrogen Energy, 2014, 39: 14428-14433.

[104] Jin C, Mao Y C, Rooney D W, et al. Preparation and characterization of $Pr_{0.6}Sr_{0.4}FeO_{3-\delta}$-$Ce_{0.9}Pr_{0.1}O_{2-\delta}$ nanofiber structured composite cathode for IT-SOFCs. Ceramics International, 2016, 42（7）:9311-9314.

[105] Ding D, Li X, Lai S Y, et al. Enhancing SOFC cathode performance by surface modification through infiltration. Energy & Environmental Science, 2014, 7（2）:552-575.

[106] Lee S, Miller N, Gerdes K, et al. 12th AnnualSECA Workshop, July 26-28, 2011

[107] Sholklapper T Z, Radmilovic V, Jacobson C P, et al. Nanocomposite Ag-LSM solid oxide fuel cell electrodes. Power Sources, 2008, 175: 206-210.

[108] Liang F L, Chen J, Jiang S P, et al. Mn-stabilised microstructure and performance of Pd-impregnated YSZ cathode for intermediate temperature solid oxide fuel cells. Fuel Cells, 2009, 9（5）: 636-642.

[109] Nishihata Y, Mizuki J, Akao T, et al. Self-regeneration of a Pd-perovskite catalyst for automotive emissions control. Nature, 2002, 418（6894）: 164-167.

[110] Uchida H, Arisaka S, Watanabe M. High performance electrodes for medium-temperature solid oxide fuel cells: activation of $La(Sr)CoO_3$ cathode with highly dispersed Pt metal electrocatalysts. Solid State Ionics, 2000, 135（1）: 347-351.

[111] Uchida H, Arisaka S, Watanabe M. High performance electrode for medium-temperature solid oxide fuel cells: control of microstructure of $La(Sr)CoO_3$ cathodes with highly dispersed Pt electrocatalysts. Journal of The Electrochemical Society, 2002, 149（1）: A13-A18.

[112] Simner S P, Bonnett J F, Canfield N L, et al. Development of lanthanum ferrite SOFC cathodes. Journal of Power Sources, 2003, 113（1）: 1-10.

[113] Chen J, Liang F, Chi B, et al. Palladium and ceria infiltrated $La_{0.8}Sr_{0.2}Co_{0.5}Fe_{0.5}O_{3-\delta}$ cathodes of solid oxide fuel cells. Journal of Power Sources, 2009, 194（1）: 275-280.

[114] Babaei A, Zhang L, Liu E, et al. Performance and stability of $La_{0.8}Sr_{0.2}MnO_3$ cathode promoted with palladium based catalysts in solid oxide fuel cells. Journal of Alloys and Compounds, 2011, 509（14）: 4781-4787.

[115] Othman M H D, Droushiotis N, Wu Z, et al. High-performance, anode-supported, microtubular SOFC prepared from single-step-fabricated, dual-layer hollow fibers. Advanced Materials, 2011, 23（21）: 2480-2483.

[116] 聂丽芳. 中温固体氧化物燃料电池梯度多孔阴极制备及性能优化研究. 济南: 山东大学, 2010.

[117] Lou X, Wang S, Liu Z, et al. Improving $La_{0.6}Sr_{0.4}Co_{0.2}Fe_{0.8}O_{3-\delta}$ cathode performance by infiltration of a $Sm_{0.5}Sr_{0.5}CoO_{3-\delta}$ coating. Solid State Ionics, 2009, 180（23）: 1285-1289.

[118] Lee S, Miller N, Staruch M, et al. $Pr_{0.6}Sr_{0.4}CoO_{3-\delta}$ electrocatalyst for solid oxide fuel cell cathode introduced via infiltration. Electrochimica Acta, 2011, 56（27）: 9904-9909.

[119] Lee S, Miller N, Abernathy H, et al. Effect of Sr-Doped $LaCoO_3$ and $LaZrO_3$ Infiltration on the Performance of SDC-LSCF Cathode. Journal of the Electrochemical Society, 2011, 158（6）: B735-B742.

[120] Chao R, Kitchin J, Gerdes K, et al. Preparation of mesoporous $La_{0.8}Sr_{0.2}MnO_3$ infiltrated coatings in porous SOFC cathodes using evaporation-induced self-assembly methods. ECS Transactions, 2011, 35（1）: 2387-2399.

[121] Xu N, Li X, Zhao X, et al. One-step infiltration of mixed conducting electrocatalysts for reducing cathode polarization of a commercial cathode-supported SOFC. Electrochemical and Solid-State Letters, 2011, 15（1）: B1-B4.

[122] Chiba R, Yoshimura F, Sakurai Y, et al. A study of cathode materials for intermediate temperature SOFCs prepared by the sol-gel method. Solid State Ionics, 2004, 175(1): 23-27.

[123] Zhang N Q, Li J, Sun K N, et al. High performance three-dimensionally ordered macroporous composite cathodes for intermediate temperature solid oxide fuel cells. RSC Advances, 2012, 2: 802-804.

[124] Li J, Zhang N Q, Sun K N, et al. High thermal stability of three-dimensionally ordered nano-composite cathodes for solid oxide fuel cells. Electrochimica Acta, 2016, 187: 179-185.

[125] Chao C C, Hsu C M, Cui Y, et al. Improved solid oxide fuel cell performance with nanostructured electrolytes. Acs Nano, 2011, 5 (7): 5692-5696.

[126] Holme T P, Lee C, Prinz F B. Atomic layer deposition of LSM cathodes for solid oxide fuel cells. Solid State Ionics, 2008, 179(27-32): 1540-1544.

[127] Gong Y H, Palacio D, Song X Y, et al. Stabilizing nanostructured solid oxide fuel cell cathode with atomic layer deposition. Nano Letters, 2013, 13: 4340-4345.

[128] Zhu Y L, Zhou W, Ran R, et al. Promotion of oxygen reduction by exsolved silver nanoparticles on a perovskite scaffold for low-temperature solid oxide fuel cells. Nanotechnology, 2016, 16: 512-518.

[129] Leng Y J, Chan S H, Jiang S P, et al. Low-temperature SOFC with thin film GDC electrolyte prepared *in situ* by solid-state reaction. Solid State Ionics, 2004, 170 (1-2): 9-15.

[130] Yang S H, Kim K H, Yoon H H, et al. Comparison of combustion and solid-state reaction methods for the fabrication of SOFC LSM cathodes. Molecular Crystals and Liquid Crystals, 2011, 539: 50-57.

[131] 王帅帅, 冯长根. 铈锆固溶体制备方法的研究进展. 化工进展, 2004, 23(5): 476-479.

[132] Piao J, Sun K, Zhang N, et al. A study of process parameters of LSM and LSM-YSZ composite cathode films prepared by screen-printing. Journal of Power Sources, 2008, 175 (1): 288-295.

[133] Ramanathan S, Kakade M B. Aqueous slurry processing of monolithic films for SOFC-YSZ, LSM and YSZ-NiO systems. International Journal of Hydrogen Energy, 2011, 36 (22): 14956-14962.

[134] Chervin C N, Clapsaddle B J, Chiu H W, et al. A non-alkoxide sol-gel method for the preparation of homogeneous nanocrystalline powders of $La_{0.85}Sr_{0.15}MnO_3$. Chemistry of Materials, 2006, 18 (7): 1928-1937.

[135] Moharil S V, Nagrare B S, Shaikh S P S. Nanostructured MIEC $Ba_{0.5}Sr_{0.5}Co_{0.6}Fe_{0.4}O_{3-\delta}$ (BSCF5564) cathode for IT-SOFC by nitric acid aided EDTA-citric acid complexing process (NECC). International Journal of Hydrogen Energy, 2012, 37(6): 5208-5215.

[136] Weng X L, Boldrin P, Abrahams I, et al. Direct syntheses of mixed ion and electronic conductors $La_{n+1}Ni_nO_{3n+1}$ from nanosized coprecipitates. Chemistry of Materials, 2007, 19 (18): 4382-4384.

[137] Weng X L, Boldrin P, Abrahams I, et al. Direct syntheses of $La_{n+1}Ni_nO_{3n+1}$ phases (n = 1, 2, 3 and infinity) from nanosized co-crystallites. Journal of Solid State Chemistry, 2008, 181 (5): 1123-1132.

[138] Ren Y Y, Ma J T, Ai D S. Fabrication and performance of Pr-doped CeO_2 nanorods impregnated Sr-doped $LaMnO_3$-Y_2O_3-stabilized ZrO_2 composite cathodes for intermediate temperature solid oxide fuel cells. Journal of Materials Chemistry, 2012, 22(48): 25042-25049.

[139] Zhang N, Li J, He Z, et al. Preparation and characterization of nano-tube and nano-rod structured $La_{0.8}Sr_{0.2}MnO_{3-\delta}/Zr_{0.92}Y_{0.08}O_2$ composite cathodes for solid oxide fuel cells. Electrochemistry Communications, 2011, 13 (6): 570-573.

[140] Li J, Zhang N Q, Kening Sun, et al. A Facile and Environment-Friendly Method to Fabricate Thin Electrolyte Films for Solid Oxide Fuel Cells. Journal of Alloys and Compounds, 2011, 509(17): 5388-5393.

[141] Canales-Vazquez J, Ruiz-Morales J C, Marrero-Lopez D, et al. Fe-substituted (La,Sr) TiO₃ as potential electrodes for symmetrical fuel cells (SFCs). Journal of Power Sources, 2007, 171 (2): 552-557.

[142] Jin C, Mao Y C, Rooney D W, et al. Synthesis of $Pr_{0.6}Sr_{0.4}FeO_{3-\delta}$-$Ce_{0.9}Pr_{0.1}O_{2-\delta}$cobalt-free composite cathodes by a one-pot method for intermediate-temperature solid oxide fuel cells. International Journal of Hydrogen Energy, 2016, 41 (6): 4005-4015.

[143] Dai N N, Lou Z L, Wang Z H, et al. Synthesis and electrochemical characterization of $Sr_2Fe_{1.5}Mo_{0.5}O_6$-$Sm_{0.2}Ce_{0.8}O_{1.9}$ composite cathode for intermediate-temperature solid oxide fuel cells. Journal of Power Sources, 2013, 243: 766-772.

[144] Guan M J, Sun W, Ren R Z, et al. Improved electrochemical performance of $Sr_2Fe_{1.5}Mo_{0.4}Nb_{0.1}O_{6-\delta}$-$Sm_{0.2}Ce_{0.8}O_{2-\delta}$ composite cathodes by a one-pot method for intermediate temperature solid oxide fuel cells. International Journal of Hydrogen Energy, 2016, 41: 3052-3061.

[145] Jiang S P, Chen X. Chromium deposition and poisoning of cathodes of solid oxide fuel cells-a review. International Journal of Hydrogen Energy, 2014, 39 (1): 505-531.

[146] Fontana S, Amendola R, Chevalier S, et al. Metallic interconnects for SOFC: characterisation of corrosion resistance and conductivity evaluation at operating temperature of differently coated alloys. Journal of Power Sources, 2007, 171 (2): 652-662.

[147] Yang Z G. Recent advances in metallic interconnects for solid oxide fuel cells. International Materials Reviews, 2013, (18): 39-54.

[148] 付长璟, 赵国刚, 王振廷. 固体氧化物燃料电池 Cr 毒化阴极的研究进展. 稀有金属材料与工程, 2012 (S2): 463-466.

[149] Chen X, Zhen Y, Li J, et al. Chromium deposition and poisoning in dry and humidified air at $(La_{0.8}Sr_{0.2})_{0.9}MnO_{3+\delta}$ cathodes of solid oxide fuel cells. International Journal of Hydrogen Energy, 2010, 35 (6): 2477-2485.

[150] Komatsu T, Chiba R, Arai H, et al. Chemical compatibility and electrochemical property of intermediate-temperature SOFC cathodes under Cr poisoning condition. Journal of Power Sources, 2008, 176 (1): 132-137.

[151] 付长璟. 中温平板式 SOFC 合金连接体的制备及其性能研究. 哈尔滨: 哈尔滨工业大学, 2007.

[152] Kornely M, Neumann A, Menzler N H, et al. Degradation of anode supported cell (ASC) performance by Cr-poisoning. Journal of Power Sources, 2011, 196 (17): 7203-7208.

[153] Jiang S P, Zhang J P, Apateanu L, et al. Deposition of chromium species at Sr-doped $LaMnO_3$ electrodes in solid oxide fuel cells: I. mechanism and kinetics. Journal of the Electrochemical Society, 2000, 147 (11): 4013-4022.

[154] Fu C J, Sun K N, Chen X B, et al. Electrochemical properties of A-site deficient SOFC cathodes under Cr poisoning conditions. Electrochimica Acta, 2009, 54 (28): 7305-7312.

[155] Kim Y M, Chen X, Jiang S P, et al. Effect of strontium content on chromium deposition and poisoning in $Ba_{1-x}Sr_xCo_{0.8}Fe_{0.2}O_{3-\delta}$ $(0.3 \leqslant x \leqslant 0.7)$ cathodes of solid oxide fuel cells. Journal of The Electrochemical Society, 2011, 159 (2): B185-B194.

[156] Zhen Y D, Tok A I Y, Jiang S P, et al. La (Ni, Fe) O_3 as a cathode material with high tolerance to chromium poisoning for solid oxide fuel cells. Journal of Power Sources, 2007, 170 (1): 61-66.

[157] Xiong C, Li W, Ding D, et al. Chromium poisoning effect on strontium-doped samarium manganite for solid oxide fuel cell. International Journal of Hydrogen Energy, 2016, 41 (45): 20660-20669.

[158] Zheng F, Pederson L R. Phase behavior of lanthanum strontium manganites. Journal of The Electrochemical Society, 1999, 146 (8): 2810-2816.

[159] Frank T, Mai A, Stöver D. From powder properties to fuel cell performance–A holistic approach for SOFC cathode development. Solid State Ionics, 2008, 179: 1509-1515.

[160] Mori M, Abe T, Iboh H, et al. Reaction mechanism between lanthanum manganite and yttria doped cubic zirconia. Solid State Ionics, 1999, 123: 113-119.

[161] van Roosmalen J A M, Cordfunke E H P, Huijsmans J P P. Sinter behaviour of (La, Sr) MnO₃. Solid State Ionics, 1993, 66: 285-293.

[162] Komatsu T, Watanabe K, Arakawa M, et al. A long-term degradation study of power generation characteristics of anode-supported solid oxide fuel cells using LaNi (Fe) O₃ electrode. Journal of Power Sources , 2009, 193: 585-588.

[163] Mitterdorfer A, Gauckler L J. La₂Zr₂O₇ formation and oxygen reduction kinetics of the La₀.₈₅Sr₀.₁₅Mn_yO₃, O₂ (g)| YSZ system. Solid State Ionics,1998, 111: 185-218.

[164] Komatsu T, Arai H, Chiba R, et al. Long-Term Chemical Stability of LaNi(Fe)O₃ as a Cathode Material in Solid Oxide Fuel cells. Journal of the Electrochemical Society, 2007, 154, 4(2007): B379-B382.

[165] Zhou X D, Templeton J W, Nie Z, et al. Electrochemical Performance and Stability of the Cathode for Solid Oxide Fuel Cells I. Cross Validation of Polarization Measurements by Impedance Spectroscopy and Current-Potential Sweep. Journal of The Electrochemical Society, 2010, 157: B220-B227.

[166] Kannan R, Gill S, Maffei N, et al. BaCe₀.₈₅₋ₓZrₓSm₀.₁₅O₃₋δ (0.01<x<0.3) (BCZS): Effect of Zr content in BCZS on Chemical Stability in CO₂ and H₂O vapor, and proton conductivity. Journal of The Electrochemical Society, 2013, 160: F18-F26.

[167] Chen K, Hyodo J, O'Donnell K M, et al. Effect of volatile boron species on the electrocatalytic activity of cathodes of solid oxide fuel cells II.(La, Sr) (Co, Fe) O₃ based electrodes. Journal of the Electrochemical Society, 160: F301-F308.

[168] Mai A, Becker M, Assenmacher W, et al. Time-dependent performance of mixed-conducting SOFC cathodes. Solid state Ionics, 177: 1965-1968.

[169] Brugnoni C, Ducati U, Scagliotti M. SOFC cathode/electrolyte interface. Part I: Reactivity between La₀.₈₅Sr₀.₁₅MnO₃ and ZrO₂-Y₂O₃. Solid State Ionics, 1995, 76: 177-182.

[170] Yokokawa H, Sakai N, Horita T, et al. Thermodynamic and kinetic considerations on degradations in solid oxide fuel cell cathodes. Journal of Alloys and Compounds, 2008, 452: 41-47.

[171] Ju G, Reifsnider K, Huang X Y. Infrared thermography and thermoelectrical study of a solid oxide fuel cell. Journal of Fuel Cell Science and Technology, 2008, 5: 031006.

[172] Jiang S P, Wei W. Sintering and grain growth of (La, Sr) MnO₃ electrodes of solid oxide fuel cells under polarization. Solid State Ionics, 2005, 176: 1185-1191.

[173] Mai A, Becker M, Assenmacher W, et al. Time-dependent performance of mixed-conducting SOFC cathodes. Solid state ionics, 2006, 177: 1965-1968.

[174] Tsai T, Barnett S A. Effect of LSM-YSZ cathode on thin-electrolyte solid oxide fuel cell performance. Solid State Ionics, 1997, 93: 207-217.

[175] Mitterdorfer A, GaucklerL J. La₂Zr₂O₇ formation and oxygen reduction kinetics of the La₀.₈₅Sr₀.₁₅Mn_yO₃, O₂ (g)| YSZ system. Solid State Ionics, 1998, 111: 185-218.

[176] Lynch M E, Yang L, Qin W, et al. Enhancement of La₀.₆Sr₀.₄Co₀.₂Fe₀.₈O₃₋δ durability and surface electrocatalytic activity by La₀.₈₅Sr₀.₁₅MnO₃±δ investigated using a new test electrode platform. Energy & Environmental Science, 2011, 4(6): 2249-2258.

第4章　固体氧化物燃料电池阳极材料

4.1　引　言

阳极是 SOFC 的关键组件，因为它为蕴藏在燃料中的化学能转化为电能的过程提供了反应界面。通常来说，阳极是由具有一定渗透性的金属或混合导电氧化物材料、氧化物电解质及孔隙三部分所构成的三相反应界面。在多孔结构中的传输反应网络较为复杂，因此许多研究者都在探究电池中这一组元的性质及其加工过程对电池的性能影响。除此之外，阳极有时还在薄膜化的 SOFC 中起到支撑体的作用，所以阳极材料的选择、微观结构的设计直接影响 SOFC 的工作特性，而阳极的性能除了与其组成有关，还受其微观结构、温度、制造工艺及电池结构等的影响[1]。因此，国内外对 SOFC 阳极材料已开展许多研究工作，并取得丰富的研究成果。SOFC 阳极要求其材料既有好的化学稳定性和热稳定性，又能与相接触的其他材料具有较好的化学兼容性、热匹配性、适当的孔隙率、良好的催化活性和高的电子电导率等[2-3]。甲烷等碳氢燃料在 SOFC 阳极的反应比氢气要复杂得多，因此直接氧化阳极对阳极材料和结构的要求也更为严格[4-5]。掺杂 CeO_2 的阳极材料是 SOFC 甲烷直接氧化阳极中研究最为广泛的电极材料，因为 CeO_2 对甲烷具有优异的电催化活性[6-8]。根据电解质及电池操作条件的不同，掺杂 CeO_2 的阳极包括 Ce-Ni/YSZ、Ni/CGO、Ni/SDC 等含 Ni 阳极和掺杂其他稀土、贵金属的 CeO_2 阳极，以及 Cu-CeO_2 阳极[9-11]。另外，钙钛矿结构的混合离子导体材料也是 SOFC 直接氧化阳极材料之一[12-13]。

4.2　阳极材料的基本要求

SOFC 通过阳极提供燃料气体，阳极又称为燃料极。SOFC 的阳极材料是催化剂，起着为燃气提供反应场所的同时把电子传导出去的作用。从功能和结构考虑，阳极必须满足一系列要求[14]：①材料在氧化及还原气氛下具有很好的稳定性，同时应具有很高的催化活性，即氧与燃料气容易在三相反应界面反应，但不能使碳发生沉积；②适当的孔隙率，透气性好，使燃料气体能够渗透到电极-电解质界面处参与反应，并将产生的水蒸气和其他的副产物带走，同时又不严重影响阳极的结构强度；③无高温相变，电子电导率高，欧姆极化减小，能把产生的电子及时传导到连接板，同时具有一定的离子电导率，以实现电极的立体化；④其与相接触的材料拥有优异的化学兼容性和热膨胀匹配性；⑤良好的催化活性和足够的表面积，以促进燃料电化学反应的进行；⑥较高的强度和韧性，易于加工且成本低。

4.3　阳极材料的基本类型

SOFCs 阳极材料主要有以下几类。

4.3.1　Ni/YSZ 阳极材料

目前，阳极的最佳选择是利用单相金属和导电陶瓷材料组成的复合阳极。例如，常用的 Ni/YSZ 阳极，YSZ 起到阳极骨架的作用，阻止金属 Ni 团聚导致的晶粒长大以保持 Ni 的良好分散性；而 Ni 则作为氧化反应催化剂提高阳极的催化活性，同时作为阳极的电子导电通道传输氧化反应产生的电子。阳极与电解质的热膨胀性也由于复合阳极中 YSZ 的加入而大大改善。常用阳极除了 Ni/YSZ 之外还有 Ni/SDC、Ni/GDC 等，混合导体 SDC、GDC 的加入可以使反应从三相反应界面向电极内部扩展，进而提高电极反应活性。然而不幸的是，技术成熟的 Ni/YSZ 阳极材料电池并不能不经改进就直接使用在以碳氢为燃料的 SOFC 中。由于 Ni/YSZ 的阳极催化剂 Ni 对 C—C 的形成有良好的催化能力，电池在使用碳氢燃料运行一段时间后，阳极内部会出现碳沉积，这种碳沉积会对阳极带来极大的危害。沉积在阳极孔隙中的碳会阻碍燃料气体及反应产物在阳极内部的传导，使燃料不能及时地补充到反应活性区域，而生成的 H_2O、CO_2 等产物不能及时地转移到阳极之外，同时这些碳还可能沉积在催化剂 Ni 表面，减弱 Ni 对燃料氧化反应的催化性能，最终破坏燃料电池的发电功效。

4.3.2　Cu-CeO$_2$ 基阳极材料

为解决 Ni/YSZ 阳极不能直接利用碳氢类燃料的问题，研究人员做了很多有益的尝试。研究发现改变制备工艺、加贵金属催化剂、合成 Cu-Ni 合金和改善阳极微观结构等方式能减少或抑制 Ni/YSZ 阳极中的积碳。除这些方法外，宾夕法尼亚大学 Gorte 提出 Cu 代替或部分代替 Ni，制备 Cu 基阳极电池。Cu 有良好的电子电导率，对 C—C 键的形成无催化效果，可作为 Ni 的替代物用于阳极。但 Cu 不仅对 C—C 无催化效果，对燃料氧化的催化能力也很弱或几乎不存在。要提高阳极的催化性能，必须有其他的催化剂引入。立方萤石结构的 CeO_2 对碳氢类燃料的氧化反应有良好的催化性，同时对积碳反应无催化作用，常被用作 Cu 基阳极的催化剂。CeO_2 熔点高，不易烧结。在还原性气氛下存在的部分 Ce^{3+}，使其变成了离子-电子混合导体。掺杂镧系金属元素后（如 GDC 或 SDC），离子电导率明显增加，对甲烷有一定的催化活性。此外，由于 CeO_2 转变为 Ce_2O_3 的过程是可逆的，产生了氧空位，提高了阳极的催化活性。还可以掺杂 Ni、Co 或者一些贵金属(如 Pt、Rh、Pd 或 Ru)，因为这些元素更容易打开 C—H 键，所以掺杂后的 CeO_2 有利于碳氢化合物燃料的重整反应。但是，CeO_2 基阳极也有一些弊端，在高温还原气氛工作环境中，Ce^{4+} 转变为 Ce^{3+}，CeO_2 晶格发生膨胀，使得阳极容易从电解质层脱落发生分层。

4.3.3 (双)钙钛矿阳极材料

ABO_3 钙钛矿型氧化物属于离子-电子混合导体，A 位通常为半径较大的 La^{3+}、Sr^{2+} 或 Ca^{2+} 等稀土或碱土金属离子，B 位通常为半径较小的 Ti^{4+}、Cr^{3+}、Fe^{3+}、Co^{3+} 或 Ni^{3+} 等过渡金属离子。通过对 A 位或 B 位金属离子的替换，能够改变阳极的电子电导率和催化活性。$SrTiO_3$ 是最常见的 ABO_3 钙钛矿型阳极材料。但是，较低的离子电导率限制了氧离子在阴极的传导，阻碍了它的发展。$SrTiO_3$ 的 A 位替换为 La^{3+} 后，电子电导率大幅提高，但其催化活性明显降低。当 A 位替换为 Y^{3+} 后，$SrTiO_3$ 的电子电导率和催化活性均有明显改善。如果 A 位替换为 Y^{3+}，B 位替换为 Nb^{5+}，使得它在还原气氛中的电子电导率高达 $340S·cm^{-1}$。

双钙钛矿型氧化物最早发现在磁性材料中，它的典型代表为 $Sr_2MgMoO_{6-\delta}$，展现了优异的抗硫毒化和抗积碳性能，从而被引用到 SOFC 领域，作为阳极材料使用。当 A 位掺入 La 后，如 $Sr_{1.2}La_{0.8}MgMoO_{6-\delta}$，电化学性能改善，但其在高氧分压下的稳定性降低。当 B 位掺杂 Mn 后，电子电导率得到改善，但在高氧分压下电化学性能降低。双钙钛矿型阳极也有不少缺点，例如，合成条件过于严格，空气气氛下易有 $SrMoO_4$ 杂相存在，难得到纯相。此外，在高温下双钙钛矿型阳极容易与 YSZ 电解质发生反应，生成杂相，降低电池性能。

4.4　阳极材料的积碳和毒化现象及对策

SOFC 在走向实用化进程中，还有若干问题需要解决。首先，尽管 SOFC 与其他类型的燃料电池相比，具有燃料适应性强、Ni 基阳极催化性能优异等优点，但廉价易得的碳氢化合物燃料易使 SOFC 发生碳沉积和硫毒化，图 4-1 为 C—H—O 相图中可能发生积碳的边界线。Ni 基阳极的抗积碳、抗硫毒化能力差，燃料中含有痕量级的硫就会使 Ni 毒化而使电池失效，这直接限制了其在碳氢燃料电池中的应用。这些问题虽经长期研究但一直没得到很好的解决方法。此外，目前 SOFC 的燃料仍以氢气为主，而氢气无论是存储还是运输都存在很大困难。对于商业化中小型、便携式的分散电源，应首选液体燃料或易液化的燃料以便运输和存储。

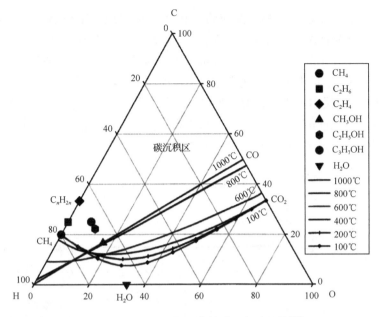

图 4-1　C—H—O 相图中的碳沉积边界线[15]

与其他燃料电池相比，SOFC 的一个显著的优势是燃料的多样性，可以应用碳氢燃料作为电池的燃料。和氢气比，碳氢燃料具有能量密度高、来源广泛、易于存储和运输等优点。为了应用碳氢燃料，一般需要采用内重整或者外重整方法使燃料转化为 CO 和 H_2，如图 4-2 所示。然而，应用碳氢燃料的一个问题是其中含有硫化物。例如，管道天然气中硫的浓度为几个 ppm（1ppm 为 10^{-6}），而液体燃料（如汽油、煤油和柴油）含有 $100\sim1000$ppm 的含硫杂质。这些硫化物在重整的过程中容易转化为 H_2S，很容易对 Ni 基阳极造成毒化，导致电池性能和寿命的显著衰减。

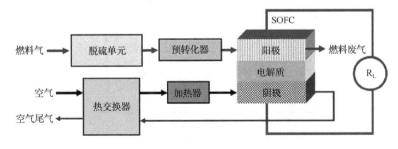

图 4-2　SOFC 系统简图

图 4-3 为 Ni/YSZ 在较低浓度的 H_2S（ppm 级）中的硫毒化行为。总体来说，当电极暴露在 ppm 级 H_2S 气氛中后，电极都会经历初始段的快速衰减现象，阳极的极化电阻快速增大。目前有大量的文献对此进行了研究[16-19]。早在 1986 年，Singhal 等就发现，在 1000℃时，电池在含有 10ppm H_2S 的燃料中恒流放电，电流密度为

$250mA \cdot cm^{-2}$，电池的放电电压从起始的 0.61V 迅速降低到 0.54V，在测试的 80h 中，电池性能逐渐衰减，如图 4-4 所示，当燃料气中不含有 H_2S 时，电池的性能可以恢复到初始的情况。Stolten、Iritani 和 Batawi 等也开展了相似的工作。Stolten 研究了包括 40 个单电池的电池堆在 950℃和 $150mA \cdot cm^{-2}$ 的电流密度下，通入 10ppm H_2S，结果电池性能衰减了约 3%。他们的研究结果显示，当燃料气中的 H_2S 浓度小于 10ppm 时，电池的性能可以得到完全恢复。但是当燃料气中 H_2S 的浓度过大时，电池性能将无法恢复，造成电池的永久性破坏。

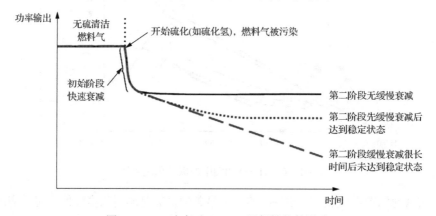

图 4-3　H_2S 浓度对 Ni/YSZ 阳极性能的影响

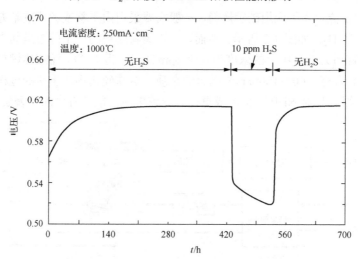

图 4-4　H_2S 对 Ni/YSZ 阳极性能的影响和衰减行为

　　传统的 Ni/YSZ 阳极材料中 Ni 对甲烷等碳氢化合物燃料的裂解反应具有催化活性，导致碳沉积，不仅如此，镍金属有可能和单质碳形成合金，导致阳极体积膨胀，使得电极结构被破坏。另外，Ni/YSZ 阳极材料在氧化还原过程中体积变化，使电池性能下降。所以，适于碳氢化合物燃料的阳极材料一直是 SOFC 的研究重点。Pt、Rh、Co 具有较高的催化活性，可以替代 Ni，且不产生碳沉积，但是价格昂贵，不适于普遍使用。因此，研究和开发新型阳极材料(如铬酸镧基和钛酸锶基阳极材料)以替代 Ni/YSZ 阳极材料是目前研究的热点。铬酸镧基和钛酸锶基等钙钛矿材料由于在高温氧化和还原气氛下具有较好的稳定性、电催化活性和热性能，对硫、碳具有很好的忍耐力，被认为是很有前景的阳极材料。对于直接碳氢化合物固体氧化物燃料电池，铬酸镧基和钛酸锶基钙钛矿材料作为抗碳沉积阳极材料的研究已经取得较好的进展。但仍需进一步提高其对碳氢化合物燃料的电催化活性和电化学性能。另外，提高其阳极性能与阳极材料的组成和微观结构也有密切关系，好的成型工艺也能提高阳极性能。

碳氢燃料在 SOFC 阳极的反应比氢气要复杂得多，因此直接氧化阳极对阳极材料及结构的要求也更为严格。掺杂 CeO_2 的阳极材料是 SOFC 甲烷直接氧化阳极中研究最为广泛的电极材料，因为 CeO_2 对甲烷具有优异的电催化活性。根据电解质及电池操作条件的不同，掺杂 CeO_2 的阳极包括 Ce-Ni/YSZ、Ni/CGO、Ni/SDC 等含 Ni 阳极和掺杂其他稀土、贵金属的 CeO_2 阳极、Cu/CeO_2 阳极。另外，钙钛矿结构的混合离子导体材料也是 SOFC 直接氧化阳极材料之一。

4.4.1　含 Ni 的 CeO_2 基阳极

1. 国内外研究背景简介

当以甲烷等碳氢化合物为燃料时，传统 Ni 阳极会因积碳而导致电池性能下降。因此人们通过不同途径对其进行改进。在 Ni 基的 SOFC 直接氧化阳极的研究中，早期是以 YSZ 为电解质，工作温度在 900~1000℃[20-21]。德国 Weber 等[23]研究了 YSZ 为电解质，Ni/YSZ 为阳极，单电池面积为 $10cm^2$ 的电池堆，在 950℃ 操作条件下的放电性能。结果表明，当空气和 CH_4 流量分别为 $500mL \cdot min^{-1}$ 和 $29mL \cdot min^{-1}$，电流密度为 $400mA \cdot cm^{-2}$ 条件下，先通氢气 2h，再通干甲烷，1000h 内电池电压基本在 0.7V 左右，燃料的利用率为 25%左右。Ihara 等[24]研究了 $La_{0.85}Sr_{0.5}MnO_3$ 为正极，YSZ 为电解质，Ni/GDC(Ni/20mol%-Gd-doped CeO_2) 为负极的 SOFC，分别以 100mol%、50mol%、25mol%、4.5mol%的 CH_4(CH_4 用 Ar 稀释) 为燃料时的电化学性能，并对以 4.5mol% CH_4 作为燃料气，负极分别为 Ni/YSZ、Pt/YSZ、Pt 的 SOFC 与 Ni/GDC 作为负极的 SOFC 进行比较。结果表明，Ni/GDC 为负极，纯 CH_4 为燃料的 SOFC，性能最好，操作稳定，工作温度在 900℃，电流密度为 $0.31A \cdot cm^{-2}$ 时，电池功率可达 $170mW \cdot cm^{-2}$，电池可稳定运行 120h，性能基本不下降。

YSZ 电解质支撑的 SOFC 在低于 900℃ 条件下工作时，电池的性能较差。Park 等[25]以厚 230μm 的 YSZ 为电解质，YSZ/Sr-$LaMnO_2$ 为阴极，研究了 Ni/YSZ 和 Ni/CeO_2/YSZ 阳极分别在 H_2 和 CH_4 气氛下的放电性能。800℃ 条件下，分别以氢气和甲烷为燃料，电池的初始性能基本一致：Ni/YSZ 为阳极时，SOFC 的最大电流密度和功率密度分别为 210mA·cm^{-2} 和 50mW·cm^{-2}；Ni/CeO$_2$/YSZ 为阳极时，电池的最大电流密度和功率密度分别为 520mA·cm^{-2} 和 150mW·cm^{-2}。900～1000℃的高温条件使 SOFC 的稳定性和工作寿命受到影响，阻碍了 SOFC 的商业化，因此，发展中低温的 SOFC 成为必要。SOFC 中温化主要有两条途径：一是将传统的 YSZ 电解质薄膜化，制备电极支撑的电池结构，并通过改善电极结构提高电池性能；二是研究新的中低温电解质材料及与之匹配的电极材料[25-27]。

　　Zhan 等[29-30]提出了一种带催化剂层的双层阳极结构，可以减少 Ni 基阳极支撑的 SOFC 的积碳，提高电池的稳定性。阳极[NiO∶YSZ=1∶1(wt)]经球磨 20h 后，加入 10mass%①淀粉继续球磨 2h，干燥压片 ϕ19mm×0.7mm，温度为 1000℃，时间为 4h；电解质 YSZ 以溶胶沉积于阳极上共烧结，1400℃烧结 4h；阴极（70mass% LSCF-30mass% GDC+100mass% LSCF）丝网印刷于 YSZ 上，900℃烧结 4h，制成电池。载体层为 PSZ（partially stabilized zirconia）∶CeO$_2$=1∶1 的粉体，干压成厚 0.4mm，与电解质同等大小的圆片，1400℃烧结 4h。催化剂为 RuO$_2$∶CeO$_2$=1∶10，制成胶状沉积于载体层的两侧。催化剂载体层与电池同时密封于氧化铝管上（LSCF-GDC/YSZ/NiO/YSZ+催化剂+PSZ 阻挡层+催化剂）进行测试。结果表明，湿甲烷流量为 30sccm，650℃时电池的最大功率密度是 160mW·cm^{-2}，800℃时电池的最大功率密度 820mW·cm^{-2}；当燃料为 100sccm 15%iso-octane-9%air-80%CO$_2$ 时，电池在 570℃的最大功率密度为 100mW·cm^{-2}，770℃时最大功率密度达到 600mW·cm^{-2}。该电池性能较好，但是结构及制作工艺复杂，不易于 SOFC 的商业化。

　　Lin 等[30]研究了 Ni$_{1-x}$Co$_x$SDC 为阳极、SDC 为电解质（300μm）、Sm$_{0.5}$Sr$_{0.5}$CoO$_3$ 为阴极的电池，在 700℃氢气和甲烷气氛下的放电性能及 Co 对阳极性能的影响。Ni$_{1-x}$Co$_x$SDC 中 Co 含量上升，电池性能提升，过电位下降，x=0.75 时电极性能最好，氢气和甲烷气氛下电池的最大功率密度分别为 160mW·cm^{-2} 和 140mW·cm^{-2}。Co 的熔点 1495℃，Ni 的熔点 1452℃，因此添加 CoO 不会影响阳极的结构形态。增加阳极中 CoO 的含量有利于 Ni$_{1-x}$Co$_x$O 和 SDC 的颗粒增长，降低界面阻抗，增加氧负离子的传输能力。同时认为 Co 是甲烷分子的弱吸附剂，提高了甲烷在 Ni$_{1-x}$Co$_x$SDC 阳极进行反应的稳定性。Sato 等[31]研究了 Ce$_{0.8}$Gd$_{0.2}$O$_{1.9}$（CGO，300μm）为电解质，Ni-Cu/CGO 合金阳极以甲烷为燃料时，不同温度下的电极性能。结果表明，800℃时电池的性能最好，电池的功率密度为 320mW·cm^{-2}。电池在甲烷气氛下的稳定性较好，增加燃料中的水蒸气可以减少阳极积碳。

　　2. Ni/CeO$_2$ 阳极抗积碳性能及反应机理

　　具备良好的抗积碳性能是固体氧化物燃料电池直接氧化阳极的要求之一。孙

克宁团队在研究 Ni-CeO_2 为阳极时，发现电池以甲烷为燃料，反应后未检测到积碳。为此该课题组对 CeO_2-Ni 阳极的抗积碳作用进行了深入的研究，并通过放电电流对阳极产物组成进行分析，研究了甲烷作为 Ni-CeO_2 阳极燃料时的阳极反应机理。这些工作对直接氧化阳极的研究具有实际的指导意义。

　　CeO_2 为立方形萤石结构，其晶胞结构如图 4-5 所示。萤石晶胞中金属阳离子按面心立方点阵排列，阴离子(O^{2-})占据所有的四面体位置，每个金属阳离子被 8 个 O^{2-} 包围，而每个 O^{2-} 则由 4 个金属阳离子配位。这样的结构中有许多八面体空位，允许快离子扩散。经高温还原后，CeO_2 转化为具有氧缺位、非化学计量比的 CeO_{2-n} 氧化物($0 < n \leqslant 0.5$)。从晶格上失去相当数量的氧，形成大量氧空位之后，CeO_2 仍然能保持萤石型晶体结构，这些亚氧化物(suboxides)暴露于氧化环境时易被还原[32]。

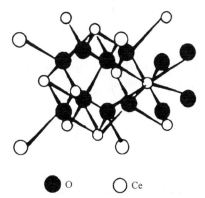

$\bullet$ O　　$\bigcirc$ Ce

图 4-5　萤石结构的 CeO_2 面心晶胞

　　由于 CeO_2 在高温和低氧分压条件下电子电导率较大，对其在电解质中的应用造成一定难度。但如将 CeO_2 用于阳极中，这一"缺点"则不再成为其缺点。由于 CeO_2 的高氧储量、氧离子导电能力强等多项特性，目前它在氧化催化领域备受关注，尤其在三效催化剂中是重要的活性组分。此外，CeO_2 在提高金属催化剂在载体上的分散度、增强催化剂热稳定性等方面效果显著[33]。CeO_2 能通过掺杂、加热、还原等手段生成晶格缺陷，这种特性对提高氧化催化活性很有意义。当 CeO_2 被还原时，将出现部分 Ce^{3+}，因为它的价态低于其他阳离子晶格位的价态，为了维持电中性，势必出现晶格间隙 Ce 原子及氧空穴，如式(4-1)所示[34]。其中，氧空穴缺陷在 CeO_{2-n} 中占主体。

$$O_O + 2Ce_{Ce} = \frac{1}{2}O_2(g) + V_{\ddot{O}} + 2Ce'_{Ce} \tag{4-1}$$

图 4-6(a)和(b)是 20mass% CeO_2/YSZ 阳极在 500～800℃ 范围内对甲烷催化

裂解所得产气的色谱分析图。图 4-6(a)色谱峰从左到右依次为 H₂、O₂ 和 CH₄。

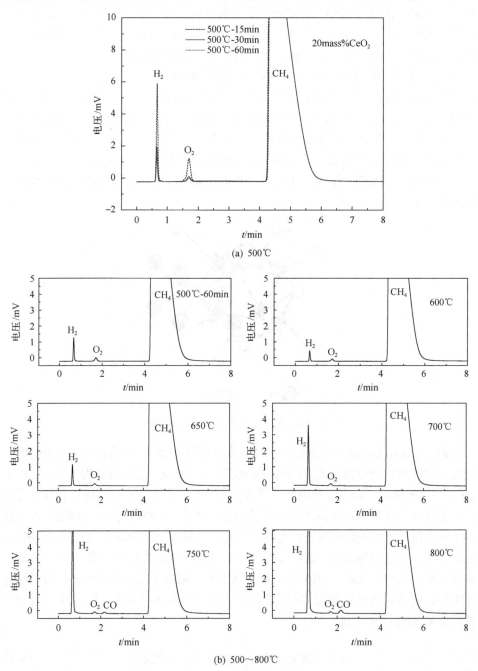

图 4-6　20mass% CeO₂/YSZ 上甲烷裂解所得产气的色谱分析图

500℃开始通入干甲烷，分别在 15min、30min 和 60min 后分析气体成分，可以看出刚通入甲烷时即有氢气产生，同时检测到 O_2。随时间延长，氢气和氧气量减小，600℃时，氢气量进一步减少。升高温度至 650℃时氢气量开始有所增加，同时开始有极少量的 CO 生成，说明此温度下，甲烷开始与 CeO_2 反应。当温度升高到 700℃时，氢气量有明显增加，继续升高温度至 800℃时，CO 量也逐渐增多。分析认为 500～600℃时，由于 CeO_2 在甲烷气氛下发生还原而生成氢气和氧气。随时间延长，反应还原到一定程度开始减弱，因而氢气和氧气减少。650～800℃时，氢气的增加是甲烷在 CeO_2 上发生催化反应的结果，其反应式可表示为式 (4-2)[35]。

$$CeO_2 + nCH_4 \Longrightarrow CeO_{2-n} + nCO + 2nH_2 \qquad (4-2)$$

因此，鉴于 CeO_2 本身的氧化还原特性，它对 SOFC 阳极中甲烷的裂解积碳有很好的抑制作用。为此孙克宁团队研究了干甲烷共浸渍制备的 Ni 阳极的裂解反应活性。取一定质量 10mass% CeO_2-25mass% Ni 阳极，800℃通干甲烷 30min，阳极增重 10mass%。共浸渍制备的 CeO_2-Ni 对甲烷裂解活性高，同时作为电极其反应活性也高。采用不同方法制备的不同成分阳极在甲烷裂解条件下的增重如表 4-1 所示，其中，CeO_2-Ni/YSZ-1 表示 NiO/YSZ 采用流延法制备，CeO_2 以浸渍方式引入；CeO_2-Ni/YSZ-2 表示 YSZ 采用流延法制备，NiO 和 CeO_2 以共浸渍方式加入。

表 4-1　不同阳极在甲烷裂解条件下的增重量

阳极	组成	增重/mass%	电池功率/(mW·cm^{-2})
CeO_2-Cu-YSZ	10%CeO_2-20%Cu/YSZ	无变化	20
流延 NiO/YSZ-1	50%NiO/YSZ	13.4	72
CeO_2-NiO/YSZ-1	2%CeO_2-50%NiO/YSZ	5.4	238
CeO_2-NiO/YSZ-2	10%CeO_2-25%Ni/YSZ	10.67	360
Cu-CeO_2-Ni/YSZ	5%CeO_2-15%CuO-35%NiO/YSZ	无变化	80

从表 4-1 中可以看出，CeO_2-Cu 阳极在甲烷气氛下稳定，但电池功率较低；CeO_2-Ni 阳极相对 Ni/YSZ 阳极抗碳性能提高，电池功率较高；甲烷裂解反应时，CeO_2-Ni/YSZ-2 阳极稳定性低于 CeO_2-Ni/YSZ-1 阳极，这是由共浸渍法制备阳极对甲烷催化活性高所致。

共浸渍法制备 CeO_2-Ni 阳极，组装电池，在甲烷气氛运行 5h 后，取部分阳极进行热失重测试。如图 4-7 所示，曲线 (a) 为 30mass%Ni 阳极，(b) 为 5mass% CeO_2-25mass% Ni 阳极，(c) 为 10mass% CeO_2-25mass% Ni 阳极。单独 Ni 阳极失重为 1.68mass%，而 5mass% CeO_2-25mass% Ni 阳极和 10mass% CeO_2-25mass% Ni 阳极

无明显失重，说明加入 CeO_2 可以抑制甲烷在阳极的积碳。

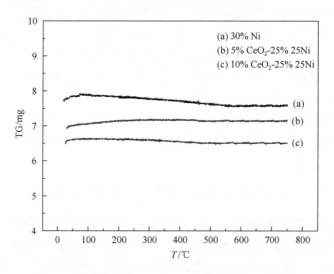

图 4-7　浸渍法制备 CeO_2-Ni 阳极放电后的 TG 谱图

甲烷为燃料，Ni/YSZ 阳极可能发生的反应主要包括：

$$CH_4 + 4O^{2-} \longrightarrow CO_2 + 2H_2O + 8e^- \tag{4-3}$$

$$CH_4 + 3O^{2-} \longrightarrow CO + 2H_2O + 6e^- \tag{4-4}$$

$$CH_4 \longrightarrow C + 2H_2 \tag{4-5}$$

$$CH_4 + CO_2 \longrightarrow 2CO + 2H_2 \tag{4-6}$$

$$CH_4 + H_2O \longrightarrow CO + 3H_2 \tag{4-7}$$

$$H_2 + O^{2-} \longrightarrow H_2O + 2e^- \tag{4-8}$$

$$CO + O^{2-} \longrightarrow CO_2 + 2e^- \tag{4-9}$$

$$C + O^{2-} \longrightarrow CO + 2e^- \tag{4-10}$$

　　目前，国内外对 SOFC 阳极甲烷直接氧化反应机理的研究，不同研究者针对自己的研究体系有不同观点，至今尚无定论[36-37]。孙克宁团队对制备的 CeO_2-Ni 阳极上甲烷的直接反应机理进行了深入探讨。其研究中采用气相色谱在线分析不同电流密度下阳极产物组成，通过电子转移及产物的物料平衡判断甲烷在阳极的反应过程。

　　甲烷在 SOFC 阳极的反应不仅与阳极有关，阴极组成及电极性能(氧离子的传输量)也对阳极反应有一定的影响。对不同阳极采用同一阴极组装电池,电极反应电阻通过电化学交流阻抗进行测试,研究发现阳极与阴极反应电阻并不能完全区分,因此,对相同阴极的电池,可以用电池的总反应电阻代替阳极反应电阻。甲烷为燃料时,SOFC 的反应活化能通过式(4-11)计算。

$$\ln \sigma T = \ln A - \frac{E_a}{\kappa T} \tag{4-11}$$

式中,σ 为电导率;A 为指前因子;E_a 为反应活化能;κ 为玻尔兹曼常量,1.3806×10^{-23}J·K^{-1};其中,电导率用电池反应电阻的倒数代替。

反应电阻来自电池电化学交流阻抗的 Nyquist 图的拟合结果。甲烷为燃料,分别以 Ni/YSZ 和 Ni-CeO$_2$/YSZ 为阳极,不同温度下的电池反应电阻如表 4-2 所示。从表中可以看出,Ni-CeO$_2$/YSZ 为阳极时电池反应电阻小于 Ni/YSZ 为阳极的电池反应电阻,且低温条件下影响更为明显。根据式(4-11)对表 4-2 中数据进行线性拟合,电池反应电阻与温度的关系如图 4-8 所示。Ni-CeO$_2$/YSZ 和 Ni/YSZ 为阳极时,线性拟合后直线斜率分别为–9407.618 和–12318.57148,根据式(4-11)计算电池反应的活化能分别为 0.81eV 和 1.06eV。结果表明甲烷为燃料时,Ni-CeO$_2$/YSZ 阳极上甲烷的反应电阻较小,且反应活化能较低。说明在阳极中加入 CeO$_2$ 可以提高电极活性,从而提高电池的性能。

表 4-2　甲烷为燃料,Ni-CeO$_2$/YSZ 和 Ni/YSZ 为阳极时在不同温度下的电池反应电阻

阳极	600℃	650℃	700℃	750℃	800℃
Ni-CeO$_2$/YSZ	1.249	0.847	0.507	0.354	0.201
Ni/YSZ	24.19	10.32	4.318	3.636	2.063

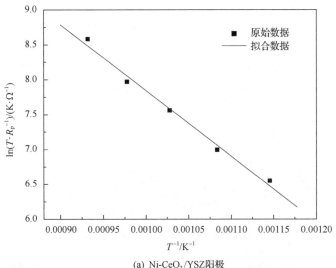

(a) Ni-CeO$_2$/YSZ阳极

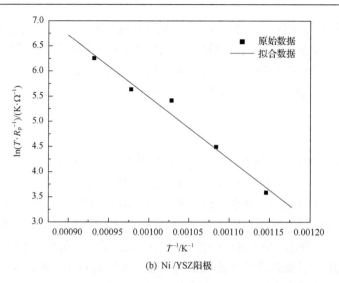

(b) Ni /YSZ阳极

图 4-8　Ni-CeO$_2$/YSZ 阳极和 Ni/YSZ 阳极的电池反应电阻与温度的关系图

　　孙克宁团队以 5mass% CeO$_2$-25mass% Ni 阳极为例，深入分析了放电电流密度对阳极产物组成的影响。不同电流密度下阳极产物组成的色谱分析如图 4-9 所示。

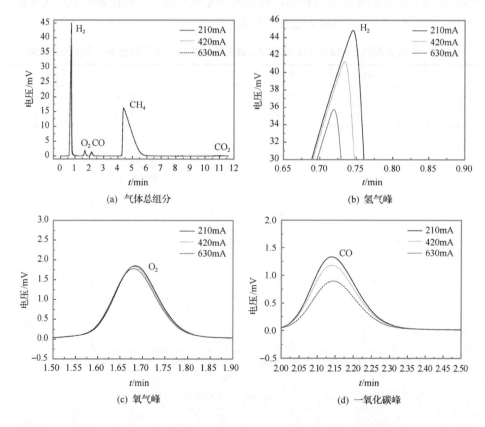

(a)　气体总组分

(b)　氢气峰

(c)　氧气峰

(d)　一氧化碳峰

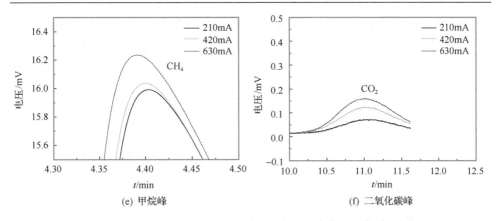

(e) 甲烷峰　　　　　　　　　　　　(f) 二氧化碳峰

图 4-9　800℃时不同放电电流密度下阳极反应产物组分色谱分析图

从图 4-9 可以看出，阳极产物组成主要包括 H_2、O_2、CO、CH_4 及 CO_2 等，其体积分数如表 4-3 所示。

表 4-3　不同放电电流密度下阳极产物组成

电流密度/$(mA \cdot cm^{-2})$	H_2/vol%	O_2/vol%	CO/vol%	CH_4/vol%	CO_2/vol%
210	8.39	2.06	4.26	84.44	0.85
430	7.27	2.02	3.71	85.25	1.75
650	5.69	1.98	2.79	87.18	2.36

注：vol%为体积分数，下同。

结合图表进行分析，增大放电电流密度，CH_4 增多即甲烷转化率降低，说明甲烷在阳极的直接氧化反应不遵循电化学反应式(4-3)和式(4-4)，否则甲烷转化率将随电流密度的增加而增大。产物中 H_2 和 CO 含量随电流密度增加而减少，即 H_2 和 CO 的生成速率降低；生成 CO_2 增多，说明增大电流有利于生成 CO_2。放电电流密度对产物中 O_2 含量无显著的影响。

在不同(CeO_2：Ni)比例下进行甲烷裂解反应，气相色谱在线分析裂解产物组成，如表 4-4 所示。

表 4-4　800℃时 CeO_2-Ni 阳极甲烷裂解产物组成

阳极(CeO_2-Ni)（质量比）	H_2/vol%	O_2/vol%	CO/vol%	CH_4/vol%
30Ni	8.755	0.952	2.101	88.192
$3CeO_2$-27Ni	28.779	1.352	2.774	67.095
$5CeO_2$-25Ni	19.462	0.758	2.467	77.313
$10CeO_2$-20Ni	23.439	1.481	2.337	72.743
$15CeO_2$-15Ni	15.939	1.468	1.885	80.707
$10CeO_2$-25Ni	27.695	1.904	2.914	67.487

　　从表 4-4 中可以看出，加入 CeO_2 可以显著提高阳极反应活性。阳极中 CeO_2 和 Ni 总量不变，随 CeO_2 含量增加，裂解反应后阳极体积膨胀程度增加。但单独的 CeO_2 进行甲烷裂解反应后无明显变化，说明阳极中的 Ni 和 CeO_2 是相互影响的。产物中未检测到 CO_2，说明组装电池后阳极产物中的 CO_2 主要是电化学反应的产物。H_2、O_2 和 CO 为阳极中化学反应与电化学反应的总和。

　　为此，孙克宁团队进一步对阳极产物与电子转移进行了衡算，首先利用燃料转化率及测试方法，借助电子转移与阳极产物组成进行了衡算，并进一步研究甲烷在 SOFC 阳极的反应机理。在一定电流密度下恒流放电，气相色谱在线分析阳极产物组成。通过流量计测定燃料的进出口流量，则甲烷转化速率及各产物的生成速率可以通过下列各式计算。

$$r_{CH_4} = V_{in}[CH_4]_{in} - V_{out}[CH_4]_{out} \tag{4-12}$$

$$r_{H_2} = V_{out}[H_2]_{out} \tag{4-13}$$

$$r_{O_2} = V_{out}[O_2]_{out} \tag{4-14}$$

$$r_{CO} = V_{out}[CO]_{out} \tag{4-15}$$

$$r_{CO_2} = V_{out}[CO_2]_{out} \tag{4-16}$$

$$r_{H_2O} = 2r_{CH_4} - r_{H_2} \tag{4-17}$$

式中，V_{in}、V_{out} 为燃料的进口、出口流量，$mL \cdot min^{-1}$；r_{CH_4} 为甲烷转化速率，$mL \cdot min^{-1}$；r_i 为产物的生成速率，$mL \cdot min^{-1}$，其中 i 代表 CO、CO_2、H_2、O_2、H_2O；$[CH_4]_{out}$、$[CO]_{out}$、$[CO_2]_{out}$、$[H_2]_{out}$、$[O_2]_{out}$ 为产物出口中 CH_4、CO、CO_2、H_2、O_2 的体积分数。

$$甲烷转化速率 X_{CH_4} = \frac{V_{in}[CH_4]_{in} - V_{out}[CH_4]_{out}}{V_{in}[CH_4]_{in}} \times 100\% \tag{4-18}$$

　　以 10mass% CeO_2-25mass% Ni 为阳极，不同电流密度下恒流放电，阳极产物组成如表 4-5 所示。流量计测定燃料的进口流速为 $16.2mL \cdot min^{-1}$。根据式(4-12)～式(4-18)，对应于表 4-5 中数据，不同电流密度下，燃料出口流速及燃料组成的变化速率如表 4-6 所示。从表 4-6 可以看出，甲烷的转化速率随放电电流密度的增加而减小，电流密度从 $500mA \cdot cm^{-2}$ 增加到 $800mA \cdot cm^{-2}$ 时，甲烷转化速率变化不大；CO_2 生成量随电流密度增大而显著增大；H_2 和 CO 的生成量随电流密度的增加而减少；而水蒸气和氧气含量随电流密度变化不大，且无明显规律。

表 4-5 不同放电电流密度时 10mass% CeO$_2$-25mass% Ni 阳极反应产物组成

电流密度/(mA·cm^{-2})	H$_2$/vol%	O$_2$/vol%	CO/vol%	CH$_4$/vol%	CO$_2$/vol%
300	15.71	9.06	11.6	62.29	0.318
500	12.573	10.185	8.716	67.2	1.6326
800	11.638	10.603	7.783	67.24	2.735

表 4-6 不同电流密度下 10mass%CeO$_2$-25mass%Ni 阳极上燃料的转化速率与产物生成速率

分类	速率		
	300mA·cm^{-2}	500mA·cm^{-2}	800mA·cm^{-2}
V_{out}/(mL·min^{-1})	20.31	19.62	19.61
r_{CH_4}/(mL·min^{-1})	3.59	3.07	3.05
r_{H_2}/(mL·min^{-1})	3.19	2.46	2.28
r_{O_2}/(mL·min^{-1})	1.84	1.998	2.079
r_{CO}/(mL·min^{-1})	2.36	1.71	1.53
r_{CO_2}/(mL·min^{-1})	0.064	0.26	0.54
$r_{H_2O}(g)$/(mL·min^{-1})	3.98	3.67	3.82
X_{CH_4}/%	22.10	18.90	18.81

表 4-3 已给出 5mass% CeO$_2$-25mass% Ni 为阳极的电池的阳极反应产物组成，流量计测定燃料的进口流速为 13.5mL·min^{-1}。根据式(4-12)～式(4-18)可得，不同电流密度下，其燃料出口流速及燃料组成的变化速率如表 4-7 所示。与 10mass% CeO$_2$-25mass% Ni 阳极上甲烷反应结果相似，甲烷转化速率随电流密度增加而减小，其他组分亦具有相似的变化规律。与表 4-6 比较，5mass% CeO$_2$-25mass% Ni 阳极上甲烷转化率较低，说明增加(CeO$_2$∶Ni)比例有利于甲烷在 SOFC 阳极的转化。

表 4-7 不同电流密度下 5mass% CeO$_2$-25mass% Ni 阳极上燃料转化速率与产物生成速率

分类	速率		
	210mA·cm^{-2}	420mA·cm^{-2}	630mA·cm^{-2}
V_{out}/(mL·min^{-1})	14.56	14.51	14.0
r_{CH_4}/(mL·min^{-1})	1.21	1.13	0.86
r_{H_2}/(mL·min^{-1})	1.22	1.05	0.83
r_{O_2}/(mL·min^{-1})	0.299	0.293	0.287
r_{CO}/(mL·min^{-1})	0.62	0.54	0.40
r_{CO_2}/(mL·min^{-1})	0.12	0.25	0.34
$r_{H_2O}(g)$/(mL·min^{-1})	1.19	1.21	0.89
X_{CH_4}/%	8.93	8.37	6.36

通过电子转移及氧原子平衡计算，恒流放电时，在一定的电流密度下，电解质传输氧离子的量是一定的。$n\,mol\,O^{2-}$ 的电量为 $2nF$，其中，F 为法拉第常量（$96485\,C\cdot mol^{-1}$）。设电流密度为 j 时，在时间 t 内，O^{2-} 的传输量可表示为

$$n_{O^{2-}} = \frac{jt}{2F} \tag{4-19}$$

产物中生成氧原子的量，除单独生成氧气外，还包括氧化物中的氧。因此氧原子总量可表示为

$$n_{O(总生成)} = 2n_{O_2} + 2n_{CO_2} + n_{CO} + n_{H_2O} \tag{4-20}$$

式中，$n_i = r_i / 22.4(L\cdot mol^{-1})$，$i = O_2$、$CO_2$、$CO$、$H_2O(g)$，$n$ 表示生成物的物质的量。

分别以 5mass% CeO_2-25mass% Ni 和 10mass% CeO_2-25mass% Ni 为阳极的电池，甲烷反应后的阳极产物组成已在表 4-3 和表 4-5 给出。根据式（4-20）可计算一定放电电流密度下，单位时间内 O^{2-} 的传输量及阳极产物中氧原子的含量。其结果如表 4-8 和表 4-9 所示。

表 4-8   不同电流密度下 O^{2-} 传输量及 5mass% CeO_2-25mass% Ni
阳极反应产物中氧原子的量   （单位：$mmol\cdot min^{-1}$）

电流密度/($mA\cdot cm^{-2}$)	$n_{O^{2-}(传输)}$	$n_{O(CO_2)}$	$n_{O(CO)}$	$n_{O(H_2O)}$	$n_{O(O_2)}$	$n_{O(总生成)}$
210	0.0311	0.0110	0.0276	0.0579	0.0133	0.1098
420	0.0622	0.0227	0.0240	0.0546	0.0131	0.1144
630	0.0933	0.0306	0.0181	0.0399	0.0128	0.1013

表 4-9   不同电流密度下 O^{2-} 传输量及 10mass% CeO_2-25mass% Ni
阳极反应产物中氧原子的量   （单位：$mmol\cdot min^{-1}$）

电流密度/($mA\cdot cm^{-2}$)	$n_{O^{2-}(传输)}$	$n_{O(CO_2)}$	$n_{O(CO)}$	$n_{O(H_2O)}$	$n_{O(O_2)}$	$n_{O(总生成)}$
300	0.0373	0.0058	0.1052	0.1778	0.1643	0.4531
500	0.0622	0.0232	0.0763	0.1640	0.0891	0.3526
800	0.0995	0.0479	0.0681	0.1708	0.0928	0.3797

从表 4-8 和表 4-9 可以看出，阳极产物中氧的总量均大于电解质氧离子传输量，产物中其他氧原子来自阳极中 CeO_2 的还原。该实验中所用的 5mass% CeO_2-25mass% Ni 阳极中 CeO_2 的实际含量为 0.024g，该阳极中氧原子的物质的量为 0.278mmol，大于表 4-8 所示的阳极反应产物中的氧原子总量。10mass% CeO_2-25mass% Ni 阳极中 CeO_2 的实际含量为 0.0532g，根据 CeO_2 分子量计算可知，该阳极中氧原子的物质的量为 0.618mmol，亦足以提供产物中所需要的氧原子。

在以上计算的基础上根据物料平衡计算，甲烷在阳极反应中的积碳速率可以表示为

$$r_C = r_{CH_4} - r_{CO} - r_{CO_2} \qquad (4\text{-}21)$$

根据表 4-3 中数据及式(4-21)计算不同电流密度下 5mass% CeO_2-25mass% Ni 阳极上的积碳速率。用物质的量表示，结果如表 4-10 所示。

表 4-10　不同放电电流密度下 5mass%CeO_2-25mass%Ni 阳极甲烷转化率及积碳速率

电流密度/(mA·cm^{-2})	210	420	630
r_C/(mmol·min^{-1})	0.021	0.015	0.005

根据表 4-10 的理论计算，甲烷在 SOFC 阳极反应时产生积碳，随电流密度增加，积碳速率减缓。根据表 4-5 中的数据，采用相同的方法计算 10mass% CeO_2-25mass% Ni 阳极在不同电流密度条件下的甲烷转化率及积碳速率，如表 4-11 所示。

表 4-11　不同放电电流密度下 10mass% CeO_2-25mass% Ni 阳极甲烷反应的积碳速率

电流密度/(mA·cm^{-2})	300	500	800
r_C/(mmol·min^{-1})	0.0522	0.0491	0.0443

从表 4-11 可以看出，甲烷在 10mass% CeO_2-25mass% Ni 阳极上的积碳速率也随电流密度的增加而减小。但与 5mass% CeO_2-25mass% Ni 阳极相比，10mass% CeO_2-25mass% Ni 阳极上的积碳速率较大，与甲烷在 CeO_2-Ni 阳极的反应活性是一致的。由前述表 4-6 和表 4-7 已知，甲烷在 10mass% CeO_2-25mass% Ni 阳极上的转化速率也大于 5mass% CeO_2-25mass% Ni 阳极，即甲烷裂解反应随甲烷转化速率的增加而加快。说明甲烷在 SOFC 阳极的反应过程包括甲烷裂解。但扫描电子显微镜(SEM)测试表明，甲烷反应后 CeO_2-Ni 阳极上并无明显积碳。同时，反应后的阳极热重测试结果也表明，CeO_2-Ni 阳极并无明显失重，说明反应后该阳极无明显积碳。分析认为，阳极反应产生的积碳，在停炉降温过程中可以氧化除去，反应中生成的大量水蒸气是有效的除碳氧化剂。

$$CH_4 \longrightarrow C + 2H_2 \qquad (4\text{-}22)$$

CeO_2-Ni 为阳极的组装电池，阳极产物除 CH_4、H_2、CO 及 CO_2 外，还包括 O_2。通过前述分析认为，Ni-CeO_2 阳极以干甲烷为燃料时，阳极的反应过程主要包括以下几种反应。首先是化学反应，包括 CeO_2 在还原气氛下还原得到 O_2 及 CeO_2 的反应，CeO_2 与 CH_4 作用得到 H_2 和 CO 的反应，以及甲烷裂解反应，即式(4-22)、式(4-23)和式(4-24)所示。

$$O_O + 2Ce_{Ce} \longrightarrow \frac{1}{2}O_2(g) + V_{\ddot{O}} + 2Ce'_{Ce} \tag{4-23}$$

$$CeO_2 + nCH_4 \longrightarrow CeO_{2-n} + nCO + 2nH_2 \tag{4-24}$$

其次是 H_2、CO、C 与 O^{2-} 发生电化学反应，即式(4-25)～式(4-27)。

$$H_2 + O^{2-} \longrightarrow H_2O + 2e^- \tag{4-25}$$

$$CO + O^{2-} \longrightarrow CO_2 + 2e^- \tag{4-26}$$

$$C + O^{2-} \longrightarrow CO + 2e^- \tag{4-27}$$

最后是生成的 CO_2 可以使还原后的 CeO_{2-n} 重新氧化得到 CeO_2，使得电极反应得以继续。另外，产物中的水蒸气可以与 C 反应生成 CO 和 H_2，除去阳极积碳，即式(4-28)和式(4-29)。

$$CeO_{2-n} + nCO_2 \longrightarrow CeO_2 + nCO \tag{4-28}$$

$$C + H_2O(g) \longrightarrow CO + H_2 \tag{4-29}$$

表 4-8 中数据表明，电流密度为 $210\text{mA} \cdot \text{cm}^{-2}$ 时，产物水蒸气中的氧原子含量大于电解质的氧离子传输量，因此水蒸气中部分氧原子来自 CeO_2。而对于 10mass% CeO_2-25mass% Ni 阳极，各电流密度下阳极产物水蒸气的生成速率远大于 5mass% CeO_2-25mass% Ni 阳极反应产物中水蒸气的生成速率。而且水蒸气中氧原子含量均大于电解质的氧离子传输量。说明氢气与 CeO_2 作用生成水蒸气的反应随阳极中 CeO_2 含量的增加而成为阳极反应中主要的化学反应之一，即反应式(4-30)。

$$CeO_2 + nH_2 \longrightarrow CeO_{2-n} + nH_2O \tag{4-30}$$

同时，10mass% CeO_2-25mass% Ni 阳极甲烷反应产物中，氧气的生成速率也大于 5mass% CeO_2-25mass% Ni 阳极，说明反应式(4-23)也随阳极中 CeO_2 含量的增加而加快。大量水蒸气及氧气的生成，可以直接或间接加快阳极消碳反应的进行。因此，虽然理论上 10mass% CeO_2-25mass% Ni 阳极积碳速率比 5mass% CeO_2-25mass% Ni 阳极快，但反应停止后两种阳极上均无明显积碳。另外，5mass% CeO_2-25mass% Ni 阳极和 10mass% CeO_2-25mass% Ni 阳极反应产物中 H_2/CO 比值可以从表 4-3 和表 4-5 得出，结果如表 4-12 和表 4-13 所示。

表 4-12　不同放电电流密度下 5mass% CeO_2-25mass% Ni 阳极产物中 H_2/CO 的比值

电流密度/(mA · cm^{-2})	210	420	630
H_2/CO	1.97	1.96	2.04

表 4-13　不同放电电流密度下 10mass% CeO$_2$-25mass% Ni 阳极产物中 H$_2$/CO 的比值

电流密度/(mA·cm^{-2})	300	500	800
H$_2$/CO	1.345	1.443	1.495

根据反应式(4-22)和式(4-24)，H$_2$/CO 理论比值应大于 2。但从表 4-12 可以看出，5mass% CeO$_2$-25mass% Ni 阳极甲烷反应产物中 H$_2$/CO 比接近 2，放电电流密度增加到 630mA·cm^{-2} 时，H$_2$/CO 比略大于 2。其原因是 H$_2$ 发生电化学反应的速度比 CO 快，另外更主要的是大量 H$_2$ 与 CeO$_2$ 反应，两种反应的结果均是生成水蒸气，同时水蒸气与碳反应生成 H$_2$ 和 CO 的比例为 1∶1。表 4-13 中 10mass% CeO$_2$-25mass% Ni 阳极甲烷反应产物中 H$_2$/CO 比均小于 2，这是由于该阳极甲烷反应产物中的水蒸气和氧气含量远比 5mass% CeO$_2$-25mass% Ni 阳极甲烷反应产物中的含量高，从而加快了消碳反应的发生，因此产物中 H$_2$/CO 比小于 2。5mass% CeO$_2$-25mass% Ni 阳极和 10mass% CeO$_2$-25mass% Ni 阳极反应产物中 CO$_2$ 的氧原子含量均小于电解质的氧离子传输量，进一步证实了产物中 CO$_2$ 是电化学反应的结果，CO$_2$ 生成速率随电流密度的增加而加快，其反应过程可以通过反应式(4-26)和式(4-27)来表示。根据该反应可以看出，随放电电流密度增加，反应式(4-27)向右进行，与积碳速率随放电电流密度增加而减小的变化趋势一致。

由上述分析可知，甲烷为燃料时，阳极的积碳和消碳反应同时存在，且随反应进行甲烷在阳极的积碳与消碳可以达到一个动态平衡。由于其反应过程比较复杂，因此甲烷为燃料时，电池的恒流放电曲线存在较大波动，但整体保持稳定。

目前，含 Ni 阳极对甲烷等碳氢燃料气体有很强的催化活性，仍然是 SOFC 阳极材料的主流。然而，鉴于 Ni 上存在一定的积碳现象，很多学者对无 Ni 的直接氧化阳极材料进行了广泛的研究。

4.4.2　无 Ni 的 CeO$_2$ 基阳极

对碳氢燃料，常规的 Ni 阳极存在不可避免的积碳问题，人们考虑用一种没有足够活性的金属来代替 Ni 形成金属陶瓷阳极。Cu 是一种惰性金属，对形成 C—C 键没有足够的催化活性，不会存在碳沉积的问题。同时，CuO 具有很高的氧离子传输能力，因此 Cu 基金属陶瓷材料有潜力成为 SOFC 的直接氧化阳极材料。

1. Cu-CeO$_2$ 阳极研究

1)国内外研究概况

Cu-YSZ 阳极在碳氢燃料气氛中性能稳定，但对碳氢燃料的反应呈现惰性，因此电池性能较差，需要加入对甲烷等碳氢燃料有良好催化性能的 CeO$_2$。Park 等[41]以 YSZ/Sr-LaMnO$_2$ 为阴极，对 130μmYSZ 电解质上 Cu/CeO$_2$/YSZ 阳极进行研究，结果表明，800℃时，在甲烷和氢气气氛中电池的最大功率密度分别为 100 mW·cm^{-2} 和 200mW·cm^{-2} 左右，较同等条件下 Cu/YSZ 的性能好。Cu$_2$O 和 CuO 的熔点比较低，因此制备 Cu/YSZ 阳极的烧结温度不能过高，制备阳极支撑的 SOFC 时，不宜采用阳极电解质共烧结的方式制备。美国宾夕法尼亚大学以 Gorte 为首的研究团队[39]对 Cu/YSZ 和 Cu/CeO$_2$/YSZ 阳极制备及性能进行了多方面的研究。一种方法是先制备多孔 YSZ/YSZ 双层基体，用多层流延的方式制备，高温烧结成瓷后，通过相应盐溶液浸渍的方法添加上 Cu 或其他催化活性物质，如图 4-10 所示。多孔 YSZ 的孔形状取决于成孔剂的形状，成孔剂从素坯中去除之后，孔的大小随烧结温度的升高而变小。成孔剂的类型包括聚甲基丙烯酸甲酯（PMMA）、石墨等。成孔剂在 450℃时可以完全去除，流延素坯 1100℃以上开始收缩。另一种方法是流延 Ni/YSZ/YSZ 共烧结致密化，然后将阳极中的 Ni 用硝酸腐蚀，形成多孔阳极基体，再浸渍活性组分的硝酸盐溶液，在一定温度下煅烧得到相应的阳极。

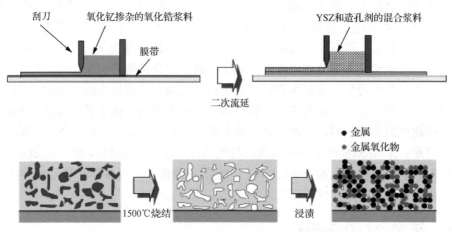

图 4-10　流延浸渍制备阳极/电解质的工艺

Cracium 等[40]通过流延方式制备多孔 YSZ（p-YSZ），致密 60μmYSZ（d-YSZ）为电解质，考察了 p-YSZ 孔隙率、厚度、Cu-CeO$_2$ 在阳极中的含量和活性组分浸渍顺序等对 Cu-CeO$_2$/p-YSZ 的性能的影响。阴极为 LSM-YSZ，厚 400μm 的阳极 Cu-CeO$_2$/p-YSZ（50vol%孔隙率）中 Cu∶CeO$_2$=2∶1，当 Cu-CeO$_2$ 在阳极中的质量分数从 10mass%增长到 30mass%，700℃氢气气氛下电池的最大功率密度从 150mW·cm^{-2} 增长到 260mW·cm^{-2}。当 30mass% Cu-CeO$_2$/p-YSZ 阳极厚度为 1000μm 时，电池的最大功率密度减小至 15mW·cm^{-2}。说明阳极厚度对电池性能有很大的影响，主要是由燃料气及其产物在阳极的扩散引起的。p-YSZ（厚 1000μm）孔隙率从 50vol%增大到 70vol%，同时阳极 Cu-CeO$_2$ 含量从 30mass%增加到 80mass%时，氢气气氛电池的功率密度从 150mW·cm^{-2} 增加到 300mW·cm^{-2}；丁烷气氛下，电池的功率密度从 70mW·cm^{-2} 增加到 150mW·cm^{-2}。即增加孔隙率可以提高活性组分含量，从而提高电池的性能。作者还对不同温度下，以甲烷为燃料的电池性能进行了比较，结果表明，甲烷在 Cu-CeO$_2$/p-YSZ 阳极上发生催化反应时受温度影响较大，700℃不足以使其活化，同时甲烷为燃料时开路电压（OCV）较低，为 0.9V 左右，到 800℃时该阳极才对甲烷具有较好的催化活性。同时 p-YSZ/d-YSZ 硝酸盐浸渍的顺序及浸渍后的煅烧温度对阳极的性能也有很大的影响，先浸渍 CeO$_2$ 效果较好，即在电极中 Ce 和 YSZ 直接接触有利于增加三相反应界面。另外，Park 等[42]还利用 Zr 的丝状纤维构成多孔矩阵型，再添加 Cu 和 CeO$_2$ 制备 Cu-CeO$_2$/YSZ 阳极，可以灵活改变催化性能、电子、离子的传输性能。鉴于 Cu 的低催化活性和高电导率，Cu 可以作为 SOFC 阳极的汇流器；而 Cu-CeO$_2$/YSZ 负极对烷烃和烯烃的直接氧化具有较好的活性，Cu/Sm$_2$O$_3$-CeO$_2$/YSZ 负极对包括芳烃在内的大多数碳氢燃料的直接氧化具有良好的活性。Ahn 等[43]研究认为 Cu-CeO$_2$/YSZ 中用 Ce$_{0.6}$Zr$_{0.4}$O$_2$ 取代 CeO$_2$ 可以提高阳极的热稳定性。

Cu 基阳极在 SOFC 的工作温度和环境下保持稳定，没有积碳，但是由于 Cu 没有足够的催化活性，因此没有获得很好电池性能，通过加入具有良好催化活性，CeO$_2$ 等可以使电池性能得到改善。同时 Cu 基阳极对含硫的燃料比传统的 Ni 基阳极有更高的耐受度，也可以改变电池的工作环境避免 Ce$_2$O$_2$S 的生成。总体来说，Cu-CeO$_2$/YSZ 作为 SOFC 的直接氧化阳极材料有其工业化的应用前景。

2) Cu-CeO$_2$/YSZ 阳极的制备及其电化学性能

Cu 基和 Ce 基阳极是目前 SOFC 直接氧化阳极的主要研究方向之一。CeO$_2$ 和掺杂 CeO$_2$ 对甲烷等碳氢化合物具有优异的电催化活性。为此，孙克宁团队制备了 Cu-CeO$_2$/YSZ 阳极并对其性能进行了研究。

Cu-YSZ 阳极在碳氢燃料气氛中性能稳定，但对碳氢燃料的反应呈现惰性，因此阳极中需要加入对碳氢燃料有良好催化活性的 CeO$_2$。而 Cu 熔点较低，因此对于含 Cu 的 SOFC 阳极，不宜采用传统的高温共烧结工艺制备阳极/电解质复合基体。因此实验中首先采用流延法制备多孔 YSZ/致密 YSZ（p-YSZ/d-YSZ）复合基体，再通过浸渍法制备 Cu-CeO$_2$/YSZ 阳极。其电池结构如图 4-11 所示。

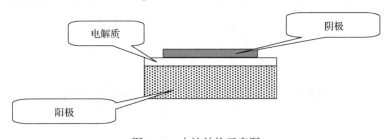

图 4-11　电池结构示意图

采用流延法制备 p-YSZ/d-YSZ 复合基体,流延浆料对所用 YSZ 粉体有一定的要求,且球型均一分布的粉体有利于流延素坯的干燥烧结。孙克宁团队在实验中所用 YSZ 粉体为 JC-YSZ,其粉体粒径分布如图 4-12 所示,平均粒径 D_{50} 为 2.3μm,粒径分布比较均一。该粒径分布的粉体适合流延工艺要求。

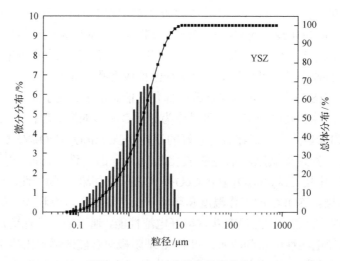

图 4-12　JC-YSZ 粉体粒径分布

YSZ 电导率是 JC-YSZ 作为固体氧化燃料电池电解质的重要参数之一。实验中采用两电极体系,在空气条件下,通过交流阻抗测试比较了 800℃时压片和流延制备的电解质的电导率。流延 YSZ 电解质与压片 YSZ 电解质均在 1500℃烧结 6h,其交流阻抗谱的 Nyquist 图如图 4-13 所示。

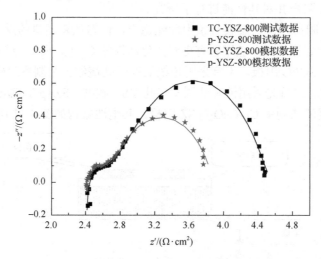

图 4-13　流延与压片 YSZ 电解质的 Nyquist 图

TC-YSZ 为流延电解质，p-YSZ 为压片电解质。采用等效电路 "$LR_0(R_1Q_1)$ (R_2Q_2)"，以 ZSimpWin 软件对阻抗谱进行拟合，拟合结果见表 4-14。L 为导线引起的电感，Q 为常相位角元件(CPE)，是弥散系数 n 的相关的非标准元件。R_0、R_1 与 R_2 之和表示电解质总电阻 R。根据表 4-14 结果及电导率计算公式[式(2-1)]，800℃ 流延和压片 YSZ 电解质的电导率分别为 $0.018\text{S}\cdot\text{cm}^{-1}$ 和 $0.02\text{S}\cdot\text{cm}^{-1}$。压片所得 YSZ 电导率接近 YSZ 粉体特征。而流延所得电解质，因为流延工艺中要加入相应的有机添加剂，烧结过程这些添加剂会影响电解质的烧结致密化，而导致其电导率稍差。

表 4-14　流延和压片 YSZ 电解质的 EIS 拟合结果

YSZ	L /(H·cm²)	R_0 /(Ω·cm²)	Q_1 /(Ω⁻¹·cm⁻²·sⁿ)	n_1	R_1 /(Ω·cm²)	Q_2 /(Ω⁻¹·cm⁻²·sⁿ)	n_2	R_2 /(Ω·cm²)	R /(Ω·cm²)
流延	2.68×10^{-6}	2.412	0.0059	0.5061	0.401	0.016	0.7754	1.707	4.52
压片	2.245×10^{-6}	2.37	0.022	0.7981	1.047	0.038	0.6196	0.3331	3.75

传统 NiO/YSZ 阳极孔隙率在 30vol%～40vol%，以满足阳极对气体的扩散传输作用。因此，p-YSZ 作为阳极前驱体，其孔隙率须大于 40vol%。实验中采用淀粉作造孔剂，通过改变淀粉含量以满足多孔 YSZ 支撑体对孔隙率的要求。流延浆料制备可分为两个阶段：

第一阶段，称好粉料加入球磨罐中，然后依次加入溶剂和分散剂球磨。此步以分散为主，目标是打碎颗粒团聚体和湿润粉料。在球磨过程中，分散剂分散在粉体颗粒表面。

第二阶段，球磨 24h 后依次加入 PHT、PVB 和 PEG，再球磨 24h 将浆料混合均匀。由于淀粉在流延浆料中还起到部分黏结剂的作用，对于不同淀粉含量的阳极流延浆料，需相应改变黏结剂用量，溶剂、分散剂、塑性剂也均随之改变。流延浆料配比如表 4-15 所示。

表 4-15　流延浆料配比

YSZ/g	淀粉/g	溶剂/mL	分散剂/mL	PVB/g	PEG/g	PHT/mL
50	20	70	1.3	5.4	4.2	3.2
50	25	75	1.4	5.7	4.5	3.4
50	30	78	1.5	6.0	4.8	3.6
50	32.5	83	1.6	4.8	5.0	4.0
50	35	85	1.8	4.6	5.2	4.3
20	0	28	0.5	2.2	1.3	1.0

阳极中以淀粉为造孔剂，阳极素坯的热重-差热(TG-DSC)曲线见图 4-14，曲线表明，素坯中有机成分在 700℃ 左右完全烧除。淀粉及有机添加剂的烧除物以气体形式排出。因此，需要慢速升温，使有机成分缓慢去除，保证素坯质量，实

验中采用预烧和终烧两步。

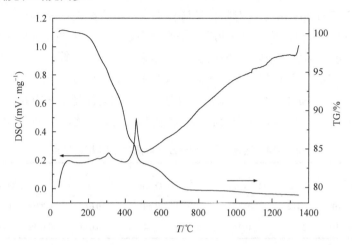

图 4-14　p-YSZ/d-YSZ 素坯的 TG-DSC 扫描曲线

预烧：$25℃ \xrightarrow{2400\,min} 700℃ \xrightarrow{30\,min} 700℃ \xrightarrow{200\,min} 1300℃ \xrightarrow{120\,min}$ $1300℃$。

终烧：$800℃ \xrightarrow{200\,min} 1200℃ \xrightarrow{30\,min} 1200℃ \xrightarrow{200\,min} 1500℃ \xrightarrow{360\,min}$ $1500℃$。

阳极中淀粉含量以 YSZ 用量为基准，不同淀粉含量的素坯在 1500℃烧结 6h 得到 p-YSZ 的孔隙率，如表 4-16 所示。

表 4-16　p-YSZ 孔隙率

淀粉含量/mass%	40	50	60	65	70
孔隙率/vol%	53	60	66	70	74

阳极中淀粉含量为 70mass%时，烧结后致密层与多孔层结合性差、易分离，且得到的 p-YSZ 的强度差，易破碎。同时为了保证阳极有足够的孔隙率，试验中选用淀粉含量为 60mass%和 65mass%的两种多孔 YSZ 阳极进行下一步研究，相应的 p-YSZ/d-YSZ 基体孔隙率分别为 66vol%和 70vol%。图 4-15 所示为制备的淀粉含量为 60mass%和 65mass%的两种多孔 YSZ 阳极表面 SEM 图片。从图中可以看出，YSZ 经过高温烧结成瓷后形成多孔的网络骨架结构，随着淀粉含量的增加，阳极的孔隙率有所增加。制的淀粉含量为 60mass%和 65mass%的两种多孔 YSZ 阳极截面图如图 4-16 所示。从图 4-16 中可以看出，多孔 YSZ 阳极与电解质结合紧密，电解质厚度约 30μm。

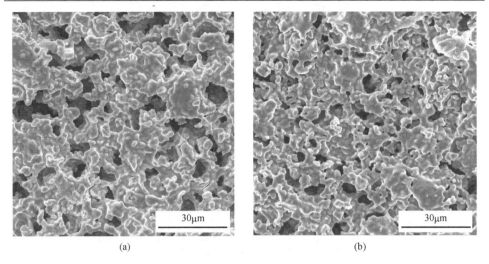

图 4-15　p-YSZ/d-YSZ 表面 SEM 照片
(a) 60mass%淀粉；(b) 65mass%淀粉

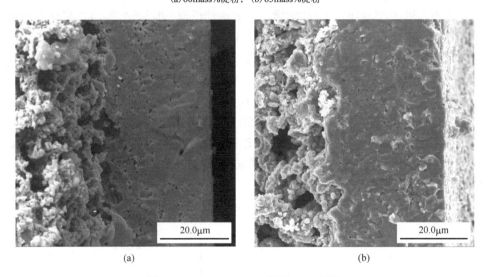

图 4-16　p-YSZ/d-YSZ 截面 SEM 照片
(a) 60mass%淀粉；(b) 65mass%淀粉

　　研究中发现，当采用浸渍法制备 SOFC 阳极时，需要经过数次浸渍-煅烧工艺，才能达到阳极要求的金属含量。得到 20mass% Cu-10mass% CeO_2-YSZ 阳极，需要 9～10 次浸渍煅烧。试验中通过称量方式确定达到饱和浸渍的时间(以 1.2mol/L 的 $Ce(NO_3)_3$ 为例)，氧化物增重(氧化物增重与 YSZ 试片质量的比值，%)与浸渍时间的关系如图 4-17 所示。

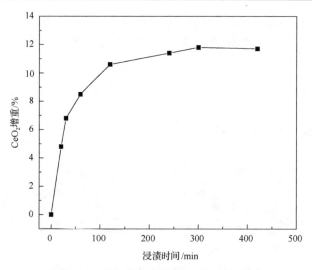

图 4-17　真空浸渍时间-CeO_2 增重关系图

　　真空浸渍 5h 左右时，氧化物增重基本达到稳定，且浸渍 2h 以后氧化物增重趋于平缓。综合考虑浸渍和煅烧的次数，试验中每次真空浸渍时间为 2h。以同一方法考察常压条件一次浸渍达到饱和的时间为 15h 左右。相同条件下，$Cu(NO_3)_2$ 达到饱和浸渍时间与 $Ce(NO_3)_3$ 基本相同，但氧化物增重量不同，CuO 一次增重为 6mass% 左右，低于 CeO_2 的增重量（11mass%）。

　　CeO_2-CuO-YSZ 在 H_2 气氛中还原 2h 可以得到 Cu-CeO_2-YSZ 阳极，图 4-18 为还原后的 Cu-CeO_2-YSZ 阳极的 XRD 谱图。Cu、CeO_2 等活性物质通过硝酸盐浸渍煅烧可以成功添加到阳极基体中，即采用流延浸渍法可以成功制备 Cu-CeO_2-YSZ 阳极。

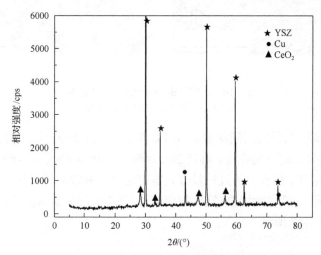

图 4-18　Cu-CeO_2-YSZ 阳极 XRD 谱图

图 4-19 是 Cu-CeO$_2$-YSZ 阳极的 SEM 照片，可以看出通过浸渍煅烧，Cu 或 CeO$_2$ 的硝酸盐分子可以进入多孔 YSZ 内部，分散在 YSZ 表面，得到所需要的阳极材料。

图 4-19　Cu-CeO$_2$-YSZ 的 SEM 照片

孙克宁团队在研究中分别考察了阳极孔隙率、浸渍压力及浸渍顺序等实验条件对阳极性能的影响。电池 1 至电池 4 的阳极制备条件如表 4-17 所示。

表 4-17　电池 1 至电池 4 的阳极制备条件

电池编号	淀粉/mass%	浸渍压力	浸渍顺序
1	65	−0.095MPa	CeO$_2$、Cu
2	60	−0.095MPa	CeO$_2$、Cu
3	65	常压	CeO$_2$、Cu
4	65	−0.095MPa	CeO$_2$-Cu（同时）

考查 p-YSZ 孔隙率对电极性能的影响，电池放电及交流阻抗测试结果如图 4-20 和图 4-21 所示。从图 4-20 看到，电池 2 的阳极淀粉含量 60mass%，800℃ 和 H$_2$ 条件下该电池放电的最大功率密度为 66mW·cm^{-2}；而淀粉含量为 65mass% 时电池的最大放电功率密度为 113mW·cm^{-2}。说明 p-YSZ/d-YSZ 复合基体孔隙率较大时，有利于电极反应的进行。

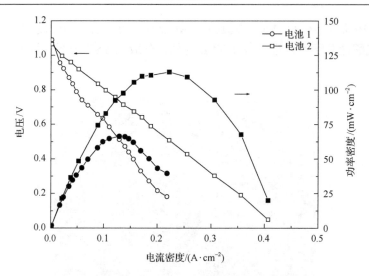

图 4-20　800℃电池 1 和电池 2 放电曲线

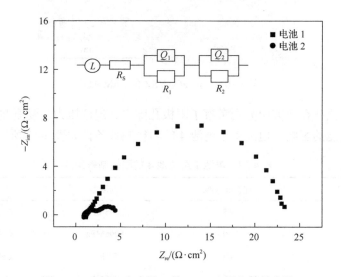

图 4-21　电池 1 和电池 2 的 Nyquist 图和等效电路

　　图 4-21 为电池 1 和电池 2 的电化学交流阻抗图(Nyquist 图)，采用等效电路 "$LR_s(R_1Q_1)(R_2Q_2)$" 以 ZSimpWin 软件对阻抗谱进行拟合。其中，L 为导线引起的电感，R_s 为电解质、导线及电极的欧姆电阻总和，R_1 和 R_2 分别为电极的反应电阻。电极极化电阻 R_p 定义式为

$$R_p = (Z_F)_{w=0} = (1/Y_F)_{w=0} \tag{4-31}$$

一个电极系统在电势为 E 时的极化电阻 R_p 等于该电极系统在该电势下频率为零时的法拉第阻抗。在两电极体系下，电池的极化阻抗可以表示为

$$R_p = R_1 + R_2 \qquad (4\text{-}32)$$

Q 为常相位角元件（CPE），其阻抗表示为

$$Z_{CPE} = [Q(j\omega)^n]^{-1} \qquad (4\text{-}33)$$

式中，ω 为角频率；$j = -\sqrt{1}$；CPE 包含两个常数；Q 为频率独立有效常数；n 为弥散系数。当 $n=-1$ 时，CPE 表现为电感的特性，$L=Q^{-1}$；当 $n=0$ 时，CPE 表现为电阻的特性，$R=Q$；当 $n=1$ 时，CPE 表现为电容的特性，$C=Q$。n 为其他的中间值时，表示 CPE 表现出与理想的电容、电阻及电感都不同的非标准元件的特性。特别地，当 $n=1/2$ 时，CPE 表现为 Warburg 扩散阻抗。图 4-21 中等效电路的阻抗由下式给出：

$$Z = j\omega L + R_s + \cfrac{1}{\cfrac{1}{R_1} + (j\omega)^{n_1} Q_1} + \cfrac{1}{\cfrac{1}{R_2} + (j\omega)^{n_2} Q_2} \qquad (4\text{-}34)$$

图 4-21 所示的电化学阻抗谱拟合结果如表 4-18 所示。从表中可以看出，当阴极相同，阳极浸入活性组分含量相同的条件下，电池 2 的极化电阻远小于电池 1 的极化电阻，说明增大孔隙率，有利于燃气及反应产物的传输扩散，从而提高了电池性能。

表 4-18 电池 1 和电池 2 的 EIS 拟合结果

电池编号	L /(H·cm²)	R_s /(Ω·cm²)	Q /(Ω⁻¹·cm⁻²·s⁻ⁿ)	n_1	R_1 /(Ω·cm²)	Q_2 /(Ω⁻¹·cm⁻²·s⁻ⁿ)	n_2	R_2 /(Ω·cm²)	R_p /(Ω·cm²)
1	4.23×10^{-7}	1.042	0.0051	0.7822	20.54	0.0058	0.3657	2.036	22.576
2	4.45×10^{-7}	0.776	0.035	0.8	2.367	0.4225	1	1.288	3.655

考查常压与真空浸渍对阳极性能的影响。电池 3 和电池 1 的阳极组成相同，但活性组分的浸渍方式不同。电池 3 在常压条件下浸渍，电池 1 为抽真空条件下（−0.095MPa）浸渍。H_2 条件下，800℃时电池 3 最大功率密度只有 50mW·cm⁻²，与电池 1 相比其最大功率密度减小了 50%以上，如图 4-22 所示。分析认为，真空条件更容易使金属离子到达阳极/电解质界面及阳极中较小的孔隙通道，有利于活性组分均匀分布于阳极多孔骨架上，并在电极反应中起到催化作用。电池 1 和电池 3 的电化学阻抗谱如图 4-23 所示。

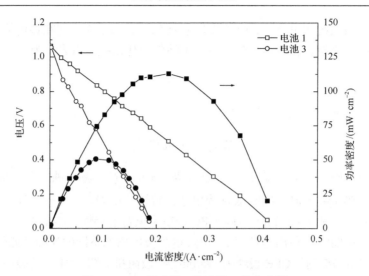

图 4-22　800℃电池 1 和电池 3 放电曲线

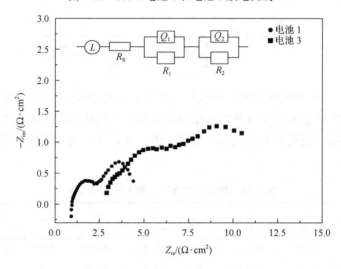

图 4-23　电池 1 和电池 3 的 Nyquist 图和等效电路

采用相同的等效电路 "$LR_s(R_1Q_1)(R_2Q_2)$" 以 ZSimpWin 软件对阻抗谱进行拟合,结果如表 4-19 所示。从阻抗谱拟合结果可以看出,抽真空浸渍制备的电池 1 欧姆电阻小于电池 3 的欧姆电阻。

表 4-19　电池 1 和电池 3 的 EIS 拟合结果

电池编号	L /(H·cm²)	R_s /(Ω·cm²)	Q_1 /(Ω⁻¹·cm⁻²·sⁿ)	n_1	R_1 /(Ω·cm²)	Q_2 /(Ω⁻¹·cm⁻²·sⁿ)	n_2	R_2 /(Ω·cm²)	R_p /(Ω·cm²)
1	$4.45×10^{-7}$	0.776	0.035	0.8	2.367	0.4225	1	1.288	3.655
3	$3.45×10^{-7}$	2.059	0.0148	0.8	4.653	0.1287	0.7526	2.712	7.365

在研究中，孙克宁团队制备了电池 4 并考察了活性组分的浸渍顺序对阳极性能的影响，电池 4 和电池 2 阳极组成相同，电池 4 阳极为 CeO_2 和 Cu 溶液混合浸渍，电池 2 的阳极先浸 CeO_2 然后浸 Cu。电池的放电曲线如图 4-24 所示，电池 4 和电池 2 的最大功率密度分别为 $72.3mW \cdot cm^{-2}$ 和 $113mW \cdot cm^{-2}$。从电池电化学阻抗的 Nyquist 图(图 4-25)可以看出，混合浸渍阳极电池的欧姆阻抗和反应阻抗均比电池 2 大。电池 4 和电池 2 的阻抗拟合结果如表 4-20 所示，电池 4 的反应电阻为电池 2 的 2.61 倍。说明先浸 CeO_2 后浸 Cu 有利于增加电极的反应活性。

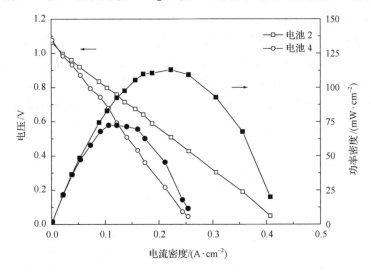

图 4-24　800℃电池 2 和电池 4 放电曲线

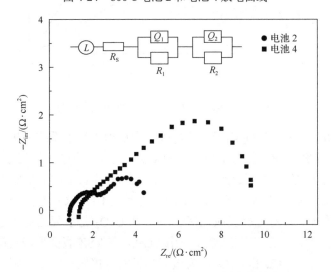

图 4-25　电池 2 和电池 4 的 Nyquist 图和等效电路

表 4-20　电池 2 和电池 4 的 EIS 拟合结果

电池编号	L /(H·cm²)	R_s /(Ω·cm²)	Q /(Ω⁻¹·cm⁻²·s⁻ⁿ)	n_1	R_1 /(Ω·cm²)	Q_2 /(Ω⁻¹·cm⁻²·s⁻ⁿ)	n_2	R_2 /(Ω·cm²)	R_p /(Ω·cm²)
2	4.45×10^{-7}	0.776	0.035	0.8	2.367	0.4225	1	1.288	3.655
4	3.84×10^{-7}	1.108	0.0516	0.3271	7.62	0.0867	1	1.832	9.452

又考查了 Cu-CeO₂-YSZ 阳极的甲烷裂解反应。20mass% Cu-10mass% CeO₂-YSZ 阳极在 800℃干甲烷下进行裂解反应。通入甲烷 120min 后,对反应前后的阳极称重,其质量无明显变化,表明 Cu-CeO₂-YSZ 阳极在甲烷条件下有很好的稳定性。

再看 CeO₂-Cu-YSZ 阳极在甲烷条件下的电化学性能。采用真空顺次浸渍法得到的 10mass% CeO₂-20mass% Cu-YSZ 阳极在 800℃氢气条件下,其相应电池的最大功率密度为 113mW·cm⁻²。采用甲烷为燃料气体时,电池的放电曲线如图 4-26 所示。电池放电的最大功率密度为 20mW·cm⁻²,CeO₂-Cu-YSZ 阳极对 CH₄ 的催化活性较低。

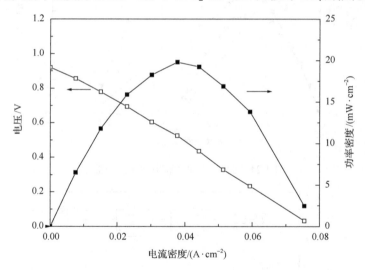

图 4-26　电池在 800℃甲烷条件下放电曲线

孙克宁团队对 Cu-CeO₂ 阳极上的电极反应机理进行了系统分析。结合以上实验结果,通过研究浸渍条件对电极性能的影响,发现真空条件先浸渍 CeO₂ 后浸渍 Cu 的阳极性能最好。顺次浸渍的方式有利于 CeO₂ 分布于电解质/阳极反应界面,如图 4-27 所示。Cu 和 CeO₂ 在电极中的催化活性不同,Cu 在阳极中主要起提高阳极电导率的作用,对电极反应是惰性的。而 CeO₂ 是主要的电极催化剂,并且 CeO₂ 具有良好的氧存贮和传输能力,因此 CeO₂ 在 YSZ 表面形成反应层,有利于电化学反应的进行。Cu 和 CeO₂ 作为碳氢燃料的直接氧化阳极在国内外有较多的研究,但甲烷为燃料时,电极的性能较低。分析认为甲烷相对其他碳氢燃料来说,其本身具有规则的空间四面体结构,其 C—H 断裂需要的能量为 439.3kJ·mol⁻¹,

因此甲烷发生电化学反应时，需要电极催化材料具有较高的活性。

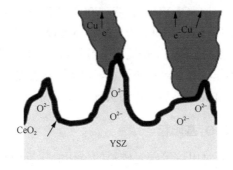

图 4-27　阳极结构示意图

2. Cu-Co-CeO$_2$ 阳极

除了 Cu 之外，人们也尝试用其他金属代替 Ni。Co 能在还原环境下保持稳定，不容易被氧化，并且有很好的催化性能，所以可以用 Co 代替 Ni 作为 SOFC 的阳极材料。Lee 等[44]研究认为 Cu-Co 和 Cu-Ni 的 SOFC 阳极对碳氢燃料表现出优异的性能，比单 Cu 基阳极在氢气中性能好，与单 Ni 或 Co 阳极相比，积碳减少；此外，还原温度对 Ni-Cu 阳极稳定性有影响，必须做好预处理工作。Cu-Co 抗积碳性较好，分析认为可能是 Cu 和 Co 可以独立存在的原因。Ahn 等[45-46]研究了 Cu-Co 和 Cu-Ce-Co 阳极上甲烷的催化活性，比较了 Co 添加前后对 Cu-Ce 阳极的性能影响。LSM-YSZ 为阴极，p-YSZ/d-YSZ 通过流延方式制备，电解质 50μm，多孔层 200μm。研究结果表明，Cu-Co 双金属阳极对甲烷在 800℃时的催化反应具有良好的活性和稳定性；800℃甲烷气氛下，Cu-Co 阳极电池的最大功率密度为 250mW·cm^{-2}，500h 性能无衰减。但对丁烷会产生积碳，推测该阳极对其他高碳氢燃料可能不稳定。同 Ni 相比，Co 对硫有更高的抗毒化能力，但是 Co 的价格昂贵，不适合 SOFC 的商业化。

4.4.3　含碳的 CeO$_2$ 基阳极

各种含 Ni 阳极的 SOFC 在甲烷等碳氢燃料条件下运行一定时间会因为阳极积碳或烧结而使电池性能下降。而有些无 Ni 阳极在经丁烷等碳氢燃料预处理一段时间，反而会提高电池在氢气中的放电性能。McIntosh 等[47-48]进行了这方面的研究，他们将 Cu-CeO$_2$-YSZ 阳极分别在甲烷、丙烷、丁烷、癸烷及甲苯中处理一定时间，结果表明除甲烷之外，Cu-CeO$_2$-YSZ 阳极经丙烷等燃料处理后均可以提高阳极的性能。分析认为是阳极中沉积的碳起到了连通金属相的作用，从而提高了阳极的电子电导率。另外 McIntosh 等分析比较了不含 Cu 的 CeO$_2$-YSZ 阳极在同等条件下的电极及电池性能，认为丁烷等碳氢燃料在阳极上产生的碳层具有较高的电子导电率和稳定性，在三相反应界面起到了导电的作用。同时说明了 Cu 在 Cu-CeO$_2$-YSZ

阳极中起集流和导电的作用，而对电极反应没有任何催化活性。Ce-YSZ 阳极在丁烷气氛下预处理 24h 得到 C-Ce-YSZ 阳极，700℃条件下，在氢气、丁烷和甲烷气氛中电池的最大功率密度分别为 $160mW \cdot cm^{-2}$、$80mW \cdot cm^{-2}$ 和 $25mW \cdot cm^{-2}$。由此可见，相对于其他碳氢燃料来说，甲烷反应活性较低。因此，以甲烷为燃料的 SOFC 的性能较差，对电池操作温度有一定的要求。含碳阳极在 SOFC 中应用，阳极表面的碳对阳极结构及电池性能的影响和作用机理，还有待进一步研究。

4.4.4　添加贵金属的 CeO_2 基阳极

Pt、Rh、Pd 等贵金属对甲烷等碳氢燃料的催化氧化反应具有良好的催化性能。当 SOFC 直接以甲烷等碳氢化合物为燃料，其阳极性能较差，因此许多研究者考查了添加贵金属对 SOFC 阳极的影响。较早的是 Putna 等[49]研究了以 SDC+Rh 为阳极的 SOFC 在氢气和甲烷为燃料时的电池性能。结果表明，氢气为燃料时，阳极中贵金属的含量对电池性能几乎没有影响。而当燃料为甲烷时，一定条件下，电池的最大功率密度及开路电压随阳极层厚度及 Rh 的负载量增加而增大。

Mointosh 等[50]研究了添加贵金属(Pt、Rh 或 Pd)对 C-CeO_2-YSZ 阳极性能的影响。添加贵金属后的阳极在甲烷和丁烷气氛中可以稳定运行 24h 以上。电池的开路电压升高，但仍然低于理论的开路电压，开路电压差异可能是由碳氢燃料在电极表面的催化反应引起的。对氢气和丁烷燃料，添加贵金属可以使电池的最大功率密度增加一倍，当甲烷为燃料时，电池的最大功率密度增加了近 10 倍，达到 $280mW \cdot cm^{-2}$。Faro 等[51]研究了 Ru/CGO 阳极上丙烷的催化性能，用 Cu 网集流，750℃无碳形成。Ru/CGO 通过将 CGO 浸渍于 $RuCl_3$ 的乙醇溶液中制备，Ru 的含量达到 18mass%。利用气相色谱分析产气组成评价电极性能。电解质为 150μm 厚的 CGO，阴极为 15μm 的 LSMO-CGO，燃料为氢气时，电池的功率密度可以达到 $210mW \cdot cm^{-2}$，通干丙烷时，电池的最大功率密度为 $82mW \cdot cm^{-2}$，通湿丙烷时，电池的最大功率密度约为 $45mW \cdot cm^{-2}$。

添加贵金属可以增加电极的电子电导率，在 Ce-YSZ 阳极中添加 Pt、Pd、Rh 等贵金属可以增加电池的开路电压，从 1V 增加到 1.1V 或更高。但是贵金属价格昂贵，尤其是在阳极支撑型的电池中添加贵金属，成本较高，不利于 SOFC 的工业化应用。

4.4.5　掺杂其他稀土的 CeO_2 基阳极

丹麦的 Marina 等[22]研究了 YSZ 为电解质、$Ce_{0.6}Gd_{0.4}O_{1.8}$(CG4)为阳极的电池在 1000℃条件下的放电性能。阳极粉体通过液相燃烧法制备，厚度为 10～15μm；电解质 YSZ 以流延方式制备，1350℃烧结 3h，大小为 45mm×45mm×0.18mm；阴极 LSM-YSZ 厚 10μm。燃气为 $H_2 : H_2O : N_2 = 9 : 1.2 : 89.8$ 时，电池面积比电

阻为 $0.39\Omega\cdot cm^2$，电压 0.71V 时，功率密度为 $470mW\cdot cm^{-2}$。氢气比例从 9%增长到 45%，电池面积比电阻从 $0.52\Omega\cdot cm^2$ 降至 $0.46\Omega\cdot cm^2$，同时电池的功率密度从 $470mW\cdot cm^{-2}$ 增加到 $700mW\cdot cm^{-2}$。燃气为 $CH_4:H_2O:N_2=33:3:64$，电池面积比电阻为 $2\Omega\cdot cm^2$，电压为 0.71V 时，功率密度为 $250mW\cdot cm^{-2}$，运行 1000h 无积碳。燃气流量变为 $CH_4:H_2O:N_2=24.7:3:72.3$ 时，电池的功率密度减小为 $80mW\cdot cm^{-2}$。Zhao 等[52]研究了 CH_4、C_2H_6、C_3H_8、C_4H_{10} 在 CeO_2 及 Sm 掺杂的 CeO_2(SDC)上的催化氧化反应。结果表明，CH_4、C_2H_6 在两种催化剂上的氧化反应无明显区别，C_3H_8、C_4H_{10} 在 SDC 上的催化反应活性较高。

4.4.6　钙钛矿结构氧化物阳极

1. 国内外研究背景简介

钙钛矿结构的氧化物可以在很宽的氧分压范围内保持结构和性质的稳定性，典型的钙钛矿化合物的化学分子式为 ABO_3。严格配比的钙钛矿氧化物的电导率很低，但是 A 位和 B 位有很强的掺杂能力，掺杂改性后的钙钛矿氧化物可以表现出离子电子混合导体的性能，并对燃料的氧化有一定的催化作用[52-55]。Tsiakaras 等[56]对甲烷在 $La_{0.6}Sr_{0.4}Co_{0.8}Fe_{0.2}O_3$(LSFC)的催化反应活性及电化学性能进行较为详细的研究。结果认为，用钙钛矿结构的 LSFC 作致密膜，是甲烷发生偶联反应的良好偶联剂。LSFC 用作阳极时，对生成 C_2 的选择性差，对甲烷的完全氧化有良好的催化作用，且高温性能稳定。而 Weston 等[57]研究了 SOFC 中 $La_{0.6}Sr_{0.4}Co_{0.2}Fe_{0.8}O_3$(LSFCO)阳极对甲烷的催化反应活性，结果认为除非严格控制操作条件，否则 LSFCO 在较高的温度不易保持稳定的钙钛矿结构。

Chen 等[58]通过阻抗谱研究了 $La_{0.75}Sr_{0.25}Cr_{0.5}Mn_{0.5}O_3$(LSCM)阳极在甲烷和氢气气氛下的电极性能。从阻抗谱分析看出，该阳极在甲烷气氛下性能低于氢气气氛，但以甲烷为燃料时该阳极上无积碳且性能稳定。950℃时，3vol% H_2O-97vol% CH_4 条件下，电池的开路电压为 1.14V，电流为 $100mA\cdot cm^{-2}$ 时，过电位为 0.16V，面积比电阻为 $0.078\Omega\cdot cm^2$。750℃时，3vol% H_2O-97vol% CH_4 条件下，电池的开路电压降到 0.88V。另外，$La_{0.7}Sr_{0.3}VO_3$(LSV)阳极和 $Gd_2Ti_{1.4}Mo_{0.6}O_7$ 阳极对含硫的燃料有较好的催化活性和稳定性，催化反应机理及操作条件等对阳极性能的影响有待进一步的研究[59]。阳极材料的晶体结构、化学组成、物理结构和显微结构特点等都会影响其电化学性能的发挥。

2. Fe 位 Ni 掺杂 $Sr_2Fe_{1.5}Mo_{0.5}O_{6-\delta}$ 基阳极材料

传统的 Ni/YSZ 阳极在以氢气为燃料时，高温条件下表现出优异的电化学性能，但是当以直接碳作为燃料时 Ni 会催化阳极表面积碳的产生。为了解决阳极积碳、操作温度高的问题，研究者们已经制备出很多具有高电导率和优异催化活性的不含镍阳极，其中 ABO_3 钙钛矿型结构材料作为混合导体是最有发展前景的阳极材料，得到了研究者们的广泛关注。对于 ABO_3 钙钛矿型材料，在 B 位进行过渡金属元素掺杂是一种行之有效的提高其性能的途径，B 位掺杂可以改变金属离子价态、提高氧空位浓度，不仅可以提高电子电导率而且显著增强电化学催化活性[60]。为了提高材料的电导率和催化活性，孙克宁团队设计了在 Fe 位掺杂 Ni 元素的方法，制备了 $Sr_2Fe_{1.5-x}Ni_xMo_{0.5}O_{6-\delta}$ (x=0.05、0.1、0.2、0.3、0.4，记作 $SFNM_x$) 系列材料，一方面是由于 Ni^{2+} 与 Fe^{2+}、Fe^{3+} 具有相似的离子半径，另一方面通过在晶格中掺杂 Ni 仍可以保持其原始的钙钛矿构型，而不是简单地与 NiO 粉体进行复合。Ni 掺杂有望改变 Fe^{3+}/Fe^{2+} 和 Mo^{5+}/Mo^{6+} 电子对比例从而进一步影响材料的热还原稳定性和电化学性能。

1) $Sr_2Fe_{1.5-x}Ni_xMo_{0.5}O_{6-\delta}$ 材料结构与还原稳定性

将在烘箱中自发燃烧得到的 $Sr_2Fe_{1.5-x}Ni_xMo_{0.5}O_{6-\delta}$ 阳极前驱体粉末放置在马弗炉中，于空气中 1050℃煅烧 5h 得到所需阳极粉末。图 4-28(a) 是采用一步燃烧法制备的 $SFNM_x$ 粉末的 XRD 图谱，从图中可以看出所有掺杂比例的 $SFNM_x$ 粉末都结晶为单相钙钛矿结构，没有其他杂质生成。从图 4-28(b) 中可以看出，当 Ni 的掺杂摩尔数达到 0.5 之后，在 XRD 图谱中大约 37°、43°和 63°的位置有少量杂质生成，这些杂质经分析属于氧化镍的峰[61]，这一结果与文献中报道的关于铬酸盐在 B 位的掺杂限量一致，Ni 在 B 位掺杂的最高限量在 13mol%～18mol%之间，当超过这个范围后镍就会以氧化镍的形式存在[62]。根据 XRD 结果显示，Ni 在 $SFNM_x$ 材料中的掺杂最高限量是 20mol%。使用 GSAS 软件对氧化物 XRD 进行 Rietveld 精修，结果表明，随着 Ni 元素掺杂，晶胞参数逐渐减小。根据 χ^2、R_{wp}(%) 和 R_p(%) 的数值可知，精修结果在误差允许的范围之内。

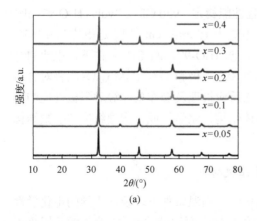

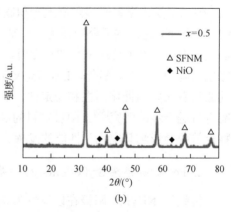

(a)　　　　　　　　　　　　　　　　(b)

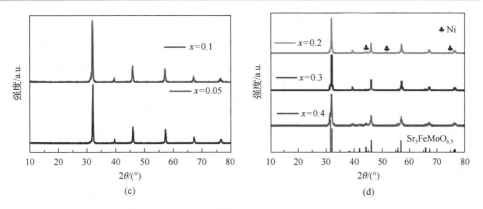

图 4-28　SFNM$_x$ 粉末在空气中 1050℃煅烧 5h 后 XRD 图谱［(a)x=0.05～0.4；　(b)x=0.5］和在
750℃氢气中还原 24h 后 XRD 图谱［(a)x=0.05～0.1；　(b)x=0.2～0.4］

　　SFNM$_{0.1}$ 样品首先在 3vol% H$_2$O 氢气中，800℃还原 3h，在同样气氛中降温后测试 XRD。如图 4-29(a) 所示，表面有杂质 Sr$_3$FeMoO$_{6.5}$ 生成，当进一步在 800℃还原 24h 时，Sr$_3$FeMoO$_{6.5}$ 则替代了原始的钙钛矿相，如图 4-29(b) 所示，而研究表明 Sr$_3$FeMoO$_{6.5}$ 是高阻抗相，会大大降低材料在氢气中的电导率。为了探究 SFNM$_x$ 样品在还原气氛中的稳定温度，在 750℃还原样品 24h 后测试 XRD。图 4-28(c) 表明，SFNM$_{0.05}$ 和 SFNM$_{0.1}$ 仍保持原始晶体结构并且没有杂质生成，然而对于高 Ni 掺杂量样品来说，在还原后的 XRD 中检测到了 NiO 杂质的存在(x=0.2、0.3)，由于原始钙钛矿相的存在并不会对材料的化学性能产生过于严重的影响。如图 4-28(d) 所示，还原后 SFNM$_{0.4}$ 样品中 XRD 的主峰甚至发生了分峰现象，这些分裂峰是由高阻相 Sr$_3$FeMoO$_{6.5}$ 产生的，这将大大降低 SFNM$_{0.4}$ 的电导率并且限制了其作为 SOFC 阳极的应用。由上述结果可知，低 Ni 掺杂量样品在还原气氛中具有良好的化学稳定性，在后续的各种性能表征中将不研究 SFNM$_{0.4}$ 氧化物的性能。

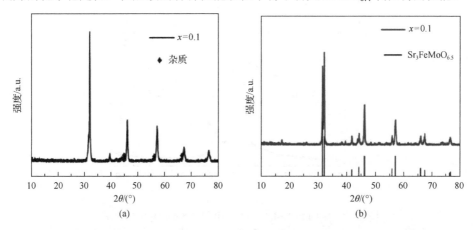

图 4-29　SFNM$_{0.1}$ 粉末在氢气中 800℃分别还原 3h(a) 和 24h(b) 后 XRD 图谱

2) $Sr_2Fe_{1.5-x}Ni_xMo_{0.5}O_{6-\delta}$ 材料 TPR 测试

$SFNM_x$ 样品的 TPR 测试从室温以 10℃·min^{-1} 速率升至 820℃，在 10% H_2/Ar 气氛中测试结果如图 4-30 所示，该图记录了氢气消耗量随温度的变化曲线。$SFNM_x$ 样品在升温还原过程中于 410℃ 和 500℃ 附近出现两个明显的还原峰，分别属于 Fe^{3+} 和 Mo^{6+} 离子的还原峰[63-64]。与其他样品相比较，$SFNM_{0.05}$ 和 $SFNM_{0.1}$ 样品中两个还原峰往温度低的方向发生了偏移，这表明还原峰温度降低，即催化活性提高。当 Ni 掺杂量高于 0.1 时，在 320℃ 附近出现了 NiO 的还原峰，这是由于还原过程中有 NiO 相产生，与上述 XRD 研究结果一致[65]。此外，TPR 的结果还解释了高 Ni 掺杂量样品在高还原温度下化学稳定性差的原因，这是由于在 730℃ 到 800℃ 温度范围内 Fe^{2+} 还原峰的出现，此峰是物质结构晶体内部的 Fe^{2+} 发生了还原，意味着原始的立方结构发生了改变[66]。一旦晶体内部的金属离子析出晶格，原始的立方晶格发生畸变，这一切都导致了相的不稳定性。由 TPR 研究结果可知（图中虚线所示），$SFNM_x$ 样品在还原气氛中的不稳定温度随着 Ni 掺杂含量的增加由 800℃ 下降到 725℃，因此，$SFNM_x$(x=0.05～0.3) 样品在还原气氛中的稳定温度是 750℃ 而不是 800℃。

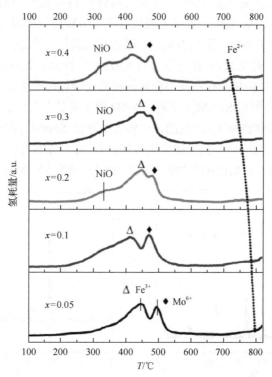

图 4-30　不同 $SFNM_x$(x=0.05～0.3) 材料的 H_2-TPR 谱图
△-Fe^{3+}；　◆-Mo^{6+}；　------Fe^{2+}

3）$Sr_2Fe_{1.5-x}Ni_xMo_{0.5}O_{6-\delta}$ 材料微观形貌

　　由上述部分讨论可知，$SFNM_x$ 材料在还原后晶格内部结构发生了微小的改变，这些变化也可以通过扫描电子显微镜（SEM）和透射电子显微镜（TEM）观察。在马弗炉中烧结后制备得到的 $SFNM_x$ 样品具有相似的微观结构，图 4-31（a）是烧结后 $SFNM_{0.1}$ 样品微观 SEM 图，在 3vol% H_2O 氢气中还原后，与原始粉末相比较，$SFNM_{0.05}$ 和 $SFNM_{0.1}$ 样品结构没有发生明显的变化。而对于 Ni 掺杂含量大于 0.2 的样品来说，在还原材料的表面均匀地分布着还原析出的微小颗粒，如图 4-31（b）所示。这一现象同样可以通过 TEM 得到证实，以样品 $SFNM_{0.1}$ 为例，图 4-31（c）和图 4-31（d）表明在空气中烧结得到的样品晶粒轮廓呈光滑状，而在还原之后 $SFNM_{0.05}$ 和 $SFNM_{0.1}$ 样品的晶粒边缘形貌未发生改变，但是 $SFNM_{0.2}$、$SFNM_{0.3}$ 和 $SFNM_{0.4}$ 样品发生了明显的变化，在晶粒边缘出现一些均匀分布的纳米颗粒。另外，将还原后的 $SFNM_{0.2}$ 样品放置在马弗炉中于 800℃再次氧化，图 4-32 所示 XRD 结果显示没有 NiO 相存在，表明通过再氧化析出的 NiO 回到了 $SFNM_{0.2}$ 晶格中，这为 $SFNM_x$ 材料在对称电池中的应用提供了实验基础。

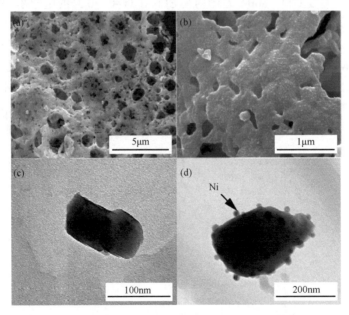

图 4-31　煅烧后 $SFNM_{0.1}$ 样品的 SEM 图（a）和 TEM 图（c）；
$SFNM_{0.2}$ 还原后 SEM 图（b）和 TEM 图（d）

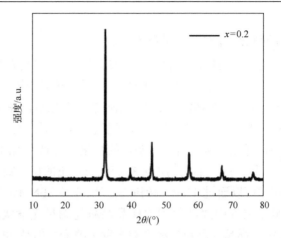

图 4-32　还原后 $SFNM_{0.2}$ 样品在空气中 800℃再氧化后 XRD 图谱

4) $Sr_2Fe_{1.5-x}Ni_xMo_{0.5}O_{6-\delta}$ 材料电化学性能表征

(1)电导率测试。

为了探讨 $SFNM_x$ 阳极材料在还原气氛中(3vol% H_2O 氢气)的电导性能,采用四端引线法在温度 600~800℃范围内测 $SFNM_x$(x=0~0.3)的电导率,中温样品的电子电导率如图 4-33 所示。由于 $Sr_2Fe_{1.5-x}Ni_xMo_{0.5}O_{6-\delta}$ 系列材料在 800℃长时间还原后并不稳定,因此电导率的测试是在升温过程中每个温度稳定后进行的。总体来说,$SFNM_x$(x=0.05~0.2)样品的电导率数值大致呈线性关系,并且高于同条件下未掺杂的 SFM 电导率。800℃时,$SFNM_{0.1}$ 氧化物电导率最大为 20.6S·cm^{-1},证明此系列材料适合作为 SOFC 阳极,随着还原时间的增加,由于高阻相 $Sr_3FeMoO_{6.5}$ 的出现,电导率数值降低。在 SFM 材料中,高电子电导率来源于其独特的载流子

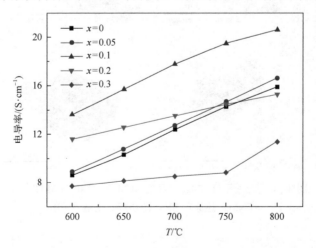

图 4-33　$SFNM_x$(x=0~0.3)样品在氢气中电导率随温度变化曲线

随着 Fe—O—Fe 键的迁移途径，使还原后的 $Sr_2Fe_{1.5-x}Ni_xMo_{0.5}O_{6-\delta}$ 材料电子离域化，扩大了电子的运动范围，从而保持其金属特性[67]。此外，当 Ni 掺杂比例增加并达到 0.1 时，材料中的主导电子对形态由 Fe^{2+}/Mo^{6+} 逐渐转变为 Fe^{3+}/Mo^{5+}，随后 Fe^{2+}/Mo^{6+} 的比例又逐渐恢复到甚至超过原始数值，同时伴随着电导率的降低，表明 Fe^{3+}/Mo^{5+} 离子对电导率提高有着重要的作用。当 Ni 元素掺杂高于 0.1 后由于晶胞体积缩小，限制了离域电子的移动区域，另外由于 Ni 从晶格中析出后，Fe—O—Fe 键的增强作用减弱，最终导致了电导率的降低。

(2) 交流阻抗谱分析。

$SFNM_x$ 材料在氢气中的阻抗测试采用的是对称电池两电极法，阳极阻抗代表了材料对氢气的催化氧化作用，而催化反应速率的快慢与电池阳极性能相关。将电极材料按照实验部分方法制备浆料，使用丝网印刷涂覆在 LSGM 电解质两侧对称中心位置，然后在空气中 1100℃ 烧结 2h，在 650～800℃ 范围内测试阳极阻抗，测试结果如图 4-34 所示。总测试阻抗包括欧姆阻抗和极化阻抗，由于测试时条件一致并且阳极阻抗与外电路无关，因此在此处忽略欧姆阻抗。图 4-34(a) 表明 $SFNM_{0.1}$ 在大多测试温度极化阻抗最小，在 800℃ 时最小极化阻抗为 $0.65\Omega\cdot cm^2$。在同一温度下，极化阻抗(R_p)的数值随着 Ni 掺杂量的增加先减小后增大。另外与未掺杂 SFM 样品比较，$SFNM_x(x=0.05)$ 阻抗明显减小，而 $SFNM_{0.3}$ 的阻抗则相反，这可能是由于 $SFNM_{0.3}$ 在还原气氛下化学稳定性差，有金属 Ni 的析出，从而破坏了晶格结构，阳极性能衰减。在还原气氛下 LSGM 为氧离子导体，并且氧分压在 $10^{-21}\sim10^{-23}atm$，因此极化阻抗的数值远大于其在空气中的阻抗数值。

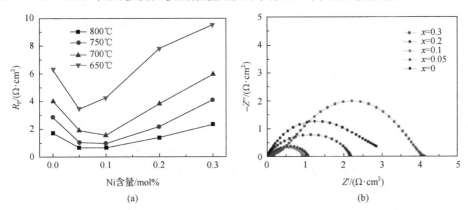

图 4-34　650～800℃ 范围内样品电极阻抗随 Ni 含量变化曲线(a) 和 750℃ 开路电压条件下不同 Ni 掺杂比例 $SFNM_x$ 的交流极化阻抗(b)

图 4-34(b) 是 750℃ 时开路电压条件下不同 Ni 掺杂比例 $SFNM_x$ 的交流极化阻抗，极化阻抗由电荷转移阻抗(R_{ct})和气体扩散阻抗(R_d)组成。从图中可以看出极化阻抗包括高频部分较小的 R_{ct} 和低频部分较大的 R_d 两部分，$SFNM_x(x=0、0.05、$

0.1、0.2、0.3）极化阻抗的数值分别是 $2.85\Omega \cdot cm^2$、$1.06\Omega \cdot cm^2$、$0.96\Omega \cdot cm^2$、$2.18\Omega \cdot cm^2$ 和 $4.11\Omega \cdot cm^2$，与电导率部分测试相比较，$SFNM_{0.1}$ 材料表现出最好的电化学性能。

（3）单电池性能测试。

Ni 元素掺杂对电极材料性能的影响通过制备 $SFNM_x|LSGM|Sr_2Fe_{1.4}Ni_{0.1}Mo_{0.5}O_{6-\delta}$（$SFN_{0.1}M$）单电池测试，由于 $SFN_{0.1}M$ 在空气中表现出良好的氧还原性能，因此将其选作阴极。图 4-35 是不同 Ni 掺杂含量的 $SFNM_x$ 材料在不同温度下最大功率密度曲线图，$SFNM_{0.1}$ 在 800℃达到的最大功率密度为 530mW·cm^{-2}，这与上述 EIS 和电导率分析结果一致，表明适当的 Ni 掺杂（$x=0.05$）有益于阳极性能的提高，此电池中电解质厚度为 300μm，如果电解质的厚度减小，电池的功率将得到进一步提高。

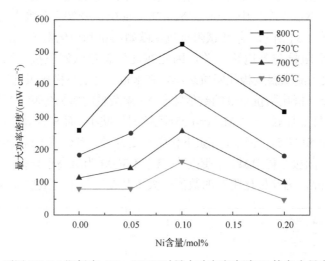

图 4-35　不同 $SFNM_x$ 阳极在 650～800℃时最大功率密度随 Ni 掺杂含量变化曲线

图 4-36（a）是以 $SFNM_{0.1}$ 为阳极的单电池功率密度曲线，以氢气为燃料时，在 650℃、700℃、750℃和 800℃工作温度下最大功率密度分别为 164mW·cm^{-2}、258mW·cm^{-2}、380mW·cm^{-2} 和 530mW·cm^{-2}。其相对应的阻抗谱图如图 4-36（b）所示，由阻抗谱图拟合可以得知极化阻抗和欧姆阻抗都随着温度的升高而降低，全电池的极化阻抗分别为 $0.85\Omega \cdot cm^2$、$0.62\Omega \cdot cm^2$、$0.31\Omega \cdot cm^2$ 和 $0.11\Omega \cdot cm^2$。极化阻抗在总阻抗中占主要部分，可以通过优化电极结构降低电池的极化阻抗。图 4-36（c）是 $SFNM_{0.1}|LSGM|SFN_{0.1}M$ 电池 750℃下恒流稳定性测试，在电池放电的前 2h 内出现了电池活化现象，功率密度出现了短暂的升高之后趋于稳定，经过 15h 后电池功率密度没有明显的衰减。从测试后电池的 SEM 横截面图 4-36（d）中可以观察到在 $SFNM_{0.1}$ 阳极和 LSGM 电解质没有出现分层现象，表明电极具有较好的长期稳定性，是一种非常有发展前途的中温燃料电池阳极材料。

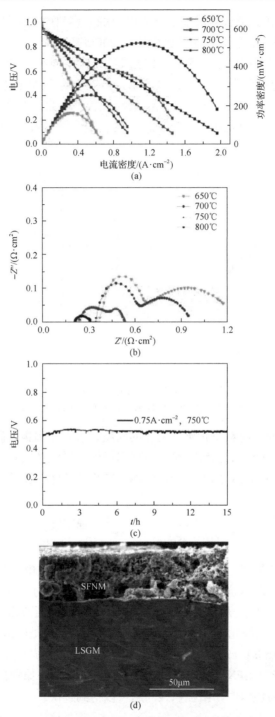

图 4-36　SFNM$_{0.1}$|LSGM|Sr$_2$Fe$_{1.4}$Ni$_{0.1}$Mo$_{0.5}$O$_{6-\delta}$ 单电池

(a) 650~800℃功率密度曲线；(b) 开路电压下交流阻抗；(c) 750℃下恒流稳定性测试；(d) 测试后电池截面图

　　此外，孙克宁团队测试了单电池以甲烷为燃料时的电池性能，如图 4-37 所示，在 750℃电池的最大功率密度仅为 200mW·cm^{-2}，远小于在氢气中的功率密度。同时研究了该电池在甲烷中的短期稳定性，当在 0.37A·cm^{-2}恒流放电时，仅 10 min 后电池就发生了明显的衰减。未掺杂的 SFM 阳极材料在甲烷中电化学性能较差，是由于 SFM 对甲烷催化活性较差。虽然加入 NiO 后，抗积碳性能得到显著提高，但是由于 SFNM$_{0.1}$中没有 Ni 金属析出，阳极材料中仍会出现积碳现象。

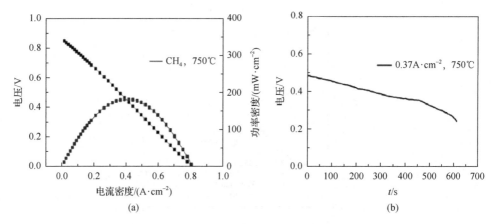

图 4-37　SFNM$_{0.1}$|LSGM|Sr$_2$Fe$_{1.4}$Ni$_{0.1}$Mo$_{0.5}$O$_{6-\delta}$ 单电池
(a)750℃功率密度曲线；(b)750℃下恒流稳定性测试

　　针对 SFNM$_{0.1}$ 材料抗积碳性能差的问题，可以在阳极积碳产生后通过通入空气或者氧气，将产生的积碳消除，这样阳极就可以继续工作，因此孙克宁团队测试了 SFNM$_{0.1}$|LSGM|SFNM$_{0.1}$ 对称电池在 750℃的氧化还原循环性能。具体实验过程如下：

750℃在H$_2$条件下稳定测试阻抗　$\longrightarrow$　通N$_2$（10～15min）　$\longrightarrow$　通空气（10～15min）　$\longrightarrow$　通N$_2$（10～15min）

以上过程为一个循环，每次循环完成后在 750℃测试全电池阻抗，在经过 6 次氧化还原过程后全部阻抗如图 4-38 所示。图中阻抗在经过约 540 min 测试之后，全电池的欧姆阻抗几乎没有发生变化，表明 LSGM 电解质致密而且没有与电极发生界面扩散反应，而极化阻抗的数值则分别为 0.45Ω·cm^2、0.46Ω·cm^2、0.51Ω·cm^2、0.56Ω·cm^2、0.59Ω·cm^2 和 0.61Ω·cm^2，第 6 次阻抗与第一次相比仅增加了 0.16Ω·cm^2，表明 SFNM$_{0.1}$ 电极材料具有良好的氧化还原稳定性。因此当以 CH$_4$ 等碳氢化合物为燃料时，阳极积碳问题可以得到解决。

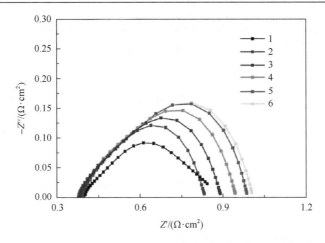

图 4-38　SFNM$_{0.1}$|LSGM|SFNM$_{0.1}$ 全电池 750℃氧化还原阻抗

4.5　阳极材料发展展望

SOFC 不经过卡诺循环将燃料中的化学能直接转换为电能。其具有高效率、无污染、无噪声等众多优点，若采用热电连供方式能量转化效率可达 85%以上。理论上，高温时阴极产生的氧离子经过 YSZ 电解质到达阳极后可以氧化任何还原性气体或燃料，包括液体碳氢燃料甚至是固体燃料，如煤。当以固体碳材料作为 SOFC 燃料时，理论电池发电效率更可达 100%。目前以碳及碳氢化合物为燃料的电池的研究正受到了越来越多的关注。然而，由碳氢燃料带来的积碳和硫毒化问题仍然是目前急需解决的问题，也是制约 SOFC 商业化最主要的障碍之一。

解决 SOFC 阳极积碳和硫毒化问题可以从以下几个方面着手。首先可以采用 Ni 合金的方式，目前研究结果认为，合金化后可以降低 C—C 键的成键速度，降低阳极中碳沉积的形成。对于硫毒化而言，合金化之后可以降低 H$_2$S 与金属 Ni 的结合力，从而提高阳极的耐硫毒化能力，但是这个过程可能会降低电极的催化活性，即以牺牲催化活性换取稳定性。在阳极中应用氧化铈或者掺杂氧化铈，尤其是最近广受关注的过渡金属掺杂氧化铈有望形成具有高催化活性和耐硫毒化能力的阳极体系。孙克宁团队的最新研究结果表明，过渡金属掺杂氧化铈材料具有非常高的氧存储及释放能力，表现出了优异的催化活性，因此推断如果与金属 Cu 结合有望提高传统 Cu-CeO$_2$ 基材料活性差等问题，将会是非常有潜力的阳极材料体系。从孙克宁团队的阳极制备方法研究结果来看，可以通过在阳极中引入纳米粒子的方法改善阳极的抗积碳和耐硫毒化能力，其研究表明，不同粒径和形貌的 Ni 粒子会表现出迥异的电化学行为，因此，将阳极材料纳米化将是解决材料积碳和硫毒化问题的一种有效方法。

SOFC 虽前景光明，却也任重而道远，需要我们付出更多的努力。相信随着广大科技工作者的努力，一定可以突破阳极积碳和硫毒化的瓶颈，出现更多更先进的阳极材料。

参 考 文 献

[1] Qiao J S, Sun K N, Zhang N Q, et al. Ni/YSZ and CeO$_2$-Ni/YSZ anodes prepared by impregnation for solid oxide fuel cell. Journal of Power Sources, 2007, 169: 253-258.

[2] 毛宗强. 燃料电池. 北京: 化学工业出版社, 2005: 293-300.

[3] Koide H, Someya Y, Yoshida T, et al. Properties of Ni/YSZ cermet as anode for SOFC. Solid State Ionics, 2000, 132: 253-260.

[4] Guillode M, Vernous P, Fouletier J. Electrochemical properties of Ni/YSZ cermet in solid oxide fuel cells-effect of current collecting. Solid State Ionics, 2000, 127: 99-107.

[5] Lin Y B, Zhan Z L, Barnett S A. Direct operation of solid oxide fuel cells with methane fuel. Solid State Ionics, 2005, 176: 1827-1835.

[6] Liu J, Barnett S A. Operation of anode-supported solid oxide fuel cells on methane and natural gas. Solid State Ionics, 2003, 158: 11-16.

[7] Kharton V V, Yaremchenko A A, Valente A A, et al. Methane oxidation over SOFC anodes with nanocrystalline ceria-based phases. Solid State Ionics, 2006, 177: 2179-2183.

[8] Assabumrungrat S, Laosiripojana N, Piroonlerkgul P. Determination of the boundary of carbon formation for dry reforming of methane in a solid oxide fuel cell. Journal of Power Sources, 2006, 159: 1274-1282.

[9] Laosiripojana N, Chadwick D, Assabumrungrat S. Effect of surface CeO$_2$ and Ce-ZrO$_2$ Supports over Ni catalyst on CH$_4$ reforming with H$_2$O in the presence of O$_2$, H$_2$ and CO$_2$. Chemical Journal, 2008, 138: 264-273.

[10] Gross M D, Vohs J M, Gorte R J. A study of thermal stability and methane tolerance of Cu-base SOFC anodes with electrodeposited Co. Electrochimica Acta, 2007, 52: 1951-1957.

[11] Tu B, Dong Y, Liu B, et al. Highly active lanthanum doped nickel anode for solid oxide fuel cells directly fuelled with methane. Journal of Power Source, 2007, 165: 120-124.

[12] Jung S, Lu C, He H, et al. Influence of composition and Cu impregnation method on the performance of Cu/CeO$_2$/YSZ SOFC anodes. Journal of Power Sources, 2006, 154: 42-45.

[13] Vernous P, Guilodo M, Fouletier J, et al. Alternative anode material for gradual methane reforming in solid oxide fuel cell. Solid State Ionics, 2000, 135: 425-431.

[14] Gunasekaran N, Bakshi N, Alcock C B, et al. Surface characterization and catalytic properties of perovskite type solid oxide solutions, La$_{0.8}$Sr$_{0.2}$BO$_3$ (B=Cr, Mn, Fe, Co or Y). Solid State Ionics, 1996, 83(1-2): 145-150.

[15] 韩敏芳, 彭苏萍. 固体氧化物燃料电池材料及制备. 北京: 科学出版社, 2004.

[16] Sasaki K, Teraoka Y. Equilibria in fuel cell gases: Ⅱ. The CH-O ternary diagrams. Journal of Electrochemical Society, 2003, 150(7): A885-A888.

[17] Sasaki K, Susuki K, Iyoshi A, et al. H$_2$S poisoning of solid oxide fuel cells. Journal of Electrochemical Society, 2006, 153: A2023-A2029.

[18] Zha S, Cheng Z, Liu M. Sulfur poisoning and regeneration of Ni-based anodes in solid oxide fuel cells. J. Electrochem. Soc., 2007, 154: B201-B206.

[19] Cheng Z, Zha S, Liu M. Influence of cell voltage and current on sulfur poisoning behavior of solid oxide fuel cells. J. Power Sources, 2007, 172: 688-693.

[20] Cheng Z, Liu M. Characterization of sulfur poisoning of Ni–YSZ anodes for solid oxide fuel cells using in situ Raman microspectroscopy. Solid State Ionics, 2007, 178: 925-935.

[21] Uchida H, Dsada N, Suzuki S, et al. Singhal S C, Mizusaki J. Proceedings of the 9th International Symposium on Solid Oxide Fuel Cell. Pennington: The Electrochemical Society Incorporate, 2005: 1410-1416.

[22] Marina O A, Bagger C, Primdahl S, et al. A solid oxide fuel cell with a gadolinia-doped ceria anode: preparation and performance. Solid State Ionics, 1999, 123: 199-208.

[23] Weber A, Sauer B. Oxidation of H_2, CO and methane in SOFCs with Ni/YSZ-cermet anodes. Solid State Ionics, 2002, 152-153:543-550.

[24] Ihara M, Matsuda K, Sato H, et al. Huijsmans J. Proceedings of the 5th European Solid Oxide Fuel Cell Forum. Lucerne: European Fuel Cell Forum, 2002: 523-530.

[25] Park S, Craciun R, Vohs J M, et al. Direct oxidation of hydrocarbons in s solid oxide fuel cell. Journal of Electrochemical Society, 1999, 146(10): 3603-3605.

[26] Madsen B D, Barnett S A. Singhal S C, Mizusaki J. Proceedings of the 9th International Symposium on Solid Oxide Fuel Cell. Pennington: The Electrochemical Society Incorporate, 2005: 1185-1194.

[27] Nabae Y, Yamanaka I, Takenaka S. Singhal S C, Mizusaki J. Proceedings of the 9th International Symposium on Solid Oxide Fuel Cell. Pennington: The Electrochemical Society Incorporate, 2005: 1341-1351.

[28] Furuga K, Nada F, Komine S, et al. Singhal S C, Mizusaki J. Proceedings of the 9th International Symposium on Solid Oxide Fuel Cell. Pennington: The Electrochemical Society Incorporate, 2005: 1376-1381.

[29] Zhan Z L, Lin Y B, Barnett S A. Singhal S C, Mizusaki J. Proceedings of the 9th International Symposium on Solid Oxide Fuel Cell. Pennington: The Electrochemical Society Incorporate, 2005: 1323-1330.

[30] Lin Y B, Zhan Z L, Barnett S A. Improving the stability of direct-methane solid oxide fuel cells using anode barrier layers. Journal of Power Sources, 2006, 158: 1313-1316.

[31] Sato K, Kato Y, Horiuchi M, et al. Singhal S C, Mizusaki J. Proceedings of the 9th International Symposium on Solid Oxide Fuel Cell. Pennington: The Electrochemical Society Incorporate, 2005: 1403-1409.

[32] Galvita V V, Belyaev V D, Demin A K, et al. Electrocatalytic conversion of methane to syngas over Ni electrode in a solid oxide fuel cell. Applied Catalysis A: General, 1997, 165: 301-308.

[33] Abudula A, Ihara M, Komiyama H, et al. Oxidation mechanism and effective anode thickness of SOFC for dry methane fuel. Solid State Ionics, 1996, 86-88: 1203-1209.

[34] Laosiripojana N, Assabumrungrat S. Catalytic dry reforming of methane over high surface area ceria. Applied Catalysis B: Environmental, 2005, 60: 107-116.

[35] Laaehir M A, Perriehon V, Badri A, et al. Reduction of CeO_2 by Hydrogen. Journal of the Chemical Society, Faraday Transactions, 1991, 87: 1601-1609.

[36] Soria J, Conesa J C, Martinez-Arias A, et al. ESR study of the elustering of Cu ions on the ceria surface in impregnated CuO/CeO_2. Solid State Ionics, 1993, (63-65): 755-761.

[37] Mogensen M, Sammes N M, Tompsett G A. Physical, chemical and electrochemical properties of pure and doped ceria. Solid State Ionics, 2000, 129: 63-94.

[38] Aosa D L, Gullo L R, Antonucci V, et al. In: Singhal S C, Mizusaki J. Proceedings of the 9th International Symposium on Solid Oxide Fuel Cell. Pennington: The Electrochemical Society Incorporate, 2005: 1390-1395.

[39] Gorte R J, Vohs J M, McIntosh S. Recent developments on anodes for direct fuel utilization in SOFC. Solid State Ionics, 2004, 175: 1-6.

[40] Cracium R, Park S, Grote R J, et al. A novel method for preparing anode cermets for solid oxide fuel cells. Journal of Electrochemical Society, 1999, 146(11): 4019-4022.

[41] Park S, Grote R J, Vohs J M. Tape cast solid oxide fuel cells for the direct oxidation of hydrocarbons. Journal of Electrochemical Society, 2001, 148(5): A443-A447.

[42] Park S, Gorte R J, Vohs J M. Applications of heterogeneous catalysis in the direct oxidation of hydrocarbons in a solid-oxide fuel cell. Applied catalysis A: General, 2000, 200: 55-61.

[43] Ahn K, He H, Vohs J M, et al. Enhanced thermal stability of SOFC anodes made with CeO_2-ZrO_2 solutions. Electrochemical and Solid State letters, 2005, 8(8): A414-A417.

[44] Lee S I, Vohs J M, Gorte R J. A study of SOFC anodes based on Cu-Ni and Cu-Co bimetallics in CeO_2-YSZ. Journal of Electrochemical Society, 2004, 151(9): A1319-A1323.

[45] Ahn K, Lee S I, Vohs J M, et al. Singhal S C, Mizusaki J. Proceedings of the 9th International Symposium on Solid Oxide Fuel Cell. Pennington: The Electrochemical Society Incorporate, 2005: 1360-1368.

[46] Lee S I, Ahn K, Vohs J M, et al. Electrochemical and Solid-State Letter, 2005, 8(1): A48-A50.

[47] McIntosh S, Vohs J M, Grote R J. Role of hydrocarbon deposits in the enhanced performance of direct-oxidation SOFCs. Journal of Electrochemical Society, 2003, 150: A470-A476.

[48] McIntosh S, He H, Lee S I, et al. An examination of carbonaceous deposites in direct-utilization SOFC anodes. Journal of Electrochemical Society, 2004, 151: A604-608.

[49] Putna E S, Stubenrauch J, Vohs J M, et al. Ceria-based anodes for the direct oxidation of methane in solid oxide fuel cells. Langmuir, 1995, 11: 4832-4837.

[50] MoIntosh S, Vohs J M, Grote R J. Effect of precius-metal dopants on SOfC anodes for direct utilization of hydrocarbons. Electrochemical and Solid-State Letter, 2003, 6(11): A240-A243.

[51] Faro M L, Monforte G, Antonucci V, et al. Singhal S C, Mizusaki J. Proceedings of the 9th International Symposium on Solid Oxide Fuel Cell. Pennington: The Electrochemical Society Incorporate, 2005: 1445-1452.

[52] Zhao S, Gorte R J. A Comparison of Ceria and Sm-doped ceria for hydrocarbon oxidation reactions. Applied Catalysis A: General, 2004, 77: 129-136.

[53] Arico A S, Gullo L R, Rosa D L. Singhal S C, Mizusaki J. Proceedings of the 9th International Symposium on Solid Oxide Fuel Cell. Pennington: The Electrochemical Society Incorporate, 2005: 1396-1402.

[54] 揭雪飞. 甲烷直接氧化 SOFC 阳极电催化剂的研究. 广州: 华南理工大学, 2002.

[55] Sauvet A L, Fouletier J. Catalytic properties of new anode materials for solid oxide fuel cells operated under methane at intermediary temperature. Journal of Power Sources, 2001, 101: 259-266.

[56] Tsiakaras P, Athanasiou C, Marnellos G, et al. Methane activation on a $La_{0.6}Sr_{0.4}Co_{0.8}Fe_{0.2}O_3$ perovskite catalytic and electrocatalytic results. Applied Catalysis A: General, 1998, 169: 249-261.

[57] Weston M, Metcalfe L S. $La_{0.6}Sr_{0.4}Co_{0.2}Fe_{0.8}O_3$ as an anode for direct methane activation in SOFCS. Solid State Ionics, 1998, 113-115: 247-251.

[58] Chen X J, Khor K A, Chan S H, et al. Singhal S C, Mizusaki J. Proceedings of the 9th International Symposium on Solid Oxide Fuel Cell. Pennington: The Electrochemical Society Incorporate, 2005: 1353-1359.

[59] Cheng Z, Zha S W, Aguilar L, et al. A solid oxide fuel cell running on H_2S/CH_4 fuel mixtures. Electrochemical and Solid State letters, 2006, 9(1): A31-A33.

[60] Cho S, Fowler D E, Miller E C, et al. Fe-substituted $SrTiO_{3-\delta}$-$Ce_{0.9}Gd_{0.1}O_2$ composite anodes for solid oxide fuel cells. Energy & Environmental Science, 2013, 6(48): 1850-1857.

[61] Akbari-Fakhrabadi A, Avila R E, Carrasco H E, et al. Combustion synthesis of NiO-$Ce_{0.9}Gd_{0.1}O_{1.95}$ nanocomposite anode and its electrical characteristics of semi-cell configured SOFC assembly. Journal of Alloys and Compounds, 2012, 541(30): 1-5.

[62] Kobsiriphat W, Madsen B D, Wang Y, et al. Nickel-and ruthenium-doped lanthanum chromite anodes: effects of nanoscale metal precipitation on solid oxide fuel cell performance. Journal of The Electrochemical Society, 2010, 157(2): B279-B284.

[63] Salerno P, Mendioroz S, Agudo A L. Al-pillared montmorillonite-based Mo catalysts: effect of the impregnation conditions on their structure and hydrotreating activity. Applied Clay Science, 2003, 23(5): 287-297.

[64] Xiao G, Jin C, Liu Q, et al. Ni modified ceramic anodes for solid oxide fuel cells. Journal of Power Sources, 2012, 201: 43-48.

[65] Klimo A T, Calder N M, Ram J R. Ni and Mo interaction with Al-containing MCM-41 support and its effect on the catalytic behavior in DBT hydrodesulfurization. Applied Catalysis A: General, 2003, 240(1): 29-40.

[66] Xiao G, Liu Q, Wang S, et al. Synthesis and characterization of Mo-doped $SrFeO_{3-\delta}$ as cathode materials for solid oxide fuel cells. Journal of Power Sources, 2012, 202: 63-69.

[67] Muñozgarcía A B, Bugaris D E, Pavone M, et al. Unveiling structure-property relationships in $Sr_2Fe_{1.5}Mo_{0.5}O_{6-\delta}$, an electrode material for symmetric solid oxide fuel cells. Journal of the American Chemical Society, 2012, 134(15): 6826-6833.

第5章　固体氧化物燃料电池连接体

5.1　SOFC 连接体及其分类

5.1.1　SOFC 连接体

燃料电池的一个电池单元所产生的电压较低，理论上有 1.2V，而实际的操作电压仅有 0.7～0.9V。为了使燃料电池在实际应用中得到较高的电压，必须把很多单电池利用隔板串联起来，组成电池堆。此隔板一侧与一个单电池阳极相接触，另一侧则与相邻单电池的阴极相接触，所以此隔板称为连接体(interconnect)。

连接体是固体氧化物燃料电池中的关键组件之一，它连接一个单电池的阳极与相邻单电池的阴极形成电池堆，其实物照片和示意图如图 5-1～图 5-3 所示[1-2]。

图 5-1　连接体实物照片[1]

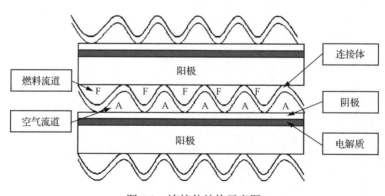

图 5-2　连接体结构示意图

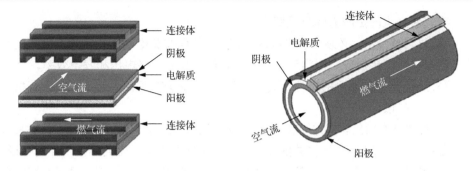

图 5-3　平板式和管式 SOFC[3]

连接体主要起着在相邻的单电池之间传输电子和分隔燃料与氧化剂的作用；它能分配气流，提供气体在两侧流通时的通道，将燃料气和氧化气输送到电极参与电化学反应；连接体还能移走电化学反应的产物，以保证电化学反应的持续进行；在一些电池堆设计中，连接体也用作电池堆的支撑体，以保证电池堆的稳定[4]。

　　连接体在 SOFC 中起着多重作用，连接体材料是所有 SOFC 电池组件中要求最高的。特别是连接体两侧氧化气氛和还原气氛的化学势梯度对连接体材料的选择有严格的限制。连接体所处的工作环境苛刻，其性能将直接影响电池堆的稳定性和输出功率，在电池堆中起着至关重要的作用。

　　对于常用的几种电池结构，其连接体的成本都是电池各个部件中成本最高的，连接体的制备成本占到 SOFC 成本的一半甚至更高。因而对于高性能、低成本连接材料的研究开发将是固体氧化物燃料电池最终实现商业应用的关键。为了得到期望的性能，连接体材料必须具有以下特性[5-6]：

　　(1)高的传导率。在 SOFC 反应温度和气氛(阴极的氧化气氛和阳极的还原气氛)下，连接体必须具有极好的导电性。这样连接体上的欧姆损失才会相当小，从而使电池堆的功率密度与单电池的功率密度总和相比没有明显的衰减。

　　(2)材料稳定性。由于 SOFC 的工作温度高，且连接体一边为氧化气氛的空气，一边为还原气氛的燃料气体，这就要求连接材料要具有很高的化学和物理稳定性，包括尺寸、微观结构、化学含量、相结构等方面均稳定。另外，在连接材料氧化气氛的一侧，氧分压可以从 10^{-4}atm 变化到 $10^{-0.7}$atm，而在还原气氛的一侧氧分压则在 10^{-18}atm 到 10^{-8}atm 之间变化，连接体两边存在着巨大的氧分压梯度，因此连接材料的微观结构应该具有不受氧分压变化影响的特性，这样才可以保证其电导率在预期寿命内没有很大的变化。

　　(3)在工作温度范围内，连接材料与电池其他组件材料的热膨胀系数要相匹配。典型的 SOFC 电极和电解质材料的热膨胀系数为 $10\sim13\times10^{-6}$K^{-1}，故连接体材料的热膨胀系数应与之相匹配，以保证连接体与电极的良好接触，同时将由于温度变化而产生的热应力降至最低。

(4)材料要致密，必须具有良好的气密性，从而避免电池工作时燃料气和氧气透过连接体而直接反应，因为这样会大大降低电池的开路电压和发电效率。

(5)连接体和它邻近的组件(阴极或阳极)在 SOFC 工作条件下必须没有相互反应或相互扩散。

(6)连接体必须具有非常好的热导率，通常认为其热导率不能小于 $5W \cdot m^{-1} \cdot K^{-1}$，尤其是在平板式结构中。连接体的高热导率易于促进阴极产生的热量传导到阳极，使得阳极的燃料重整反应顺利进行，同时防止在 SOFC 电池堆中由热温度梯度产生的热应力积累导致电解质裂纹的产生。

(7)优良的抗氧化、抗硫化、抗积碳性能是 SOFC 连接体实际应用中不可缺少的特征。

(8)连接体在高温下要具有良好的综合机械性能，易于加工。

(9)成本要低，这是 SOFC 实现商业实用化的关键。

(10)对于金属连接体来说，金属基体在阳极和阴极气氛下所形成的氧化膜必须对基体有良好的黏附性，不易产生剥落以导致灾难性的氧化。同时，氧化膜必须有极好的电导率。

5.1.2　SOFC 连接体的分类

基于上述要求，可用于 SOFC 连接体的材料主要有两种，一种是陶瓷连接体材料，一种是合金连接体材料。

传统的高温 SOFC，工作温度一般在 1000℃左右。因此，能够满足上述条件的连接体材料，只有少数具有钙钛矿结构的陶瓷氧化物材料，如 $LaCrO_3$ 等 ABO_3 型氧化物。

随着 SOFC 技术的不断发展，通过降低传统电解质 YSZ 膜的厚度或采用具有高氧离子电导率的电解质膜，以及新型电极材料的开发，可使 SOFC 的操作温度从 1000℃左右降低到 600～800℃的中低温范围内[7]。这使金属材料取代传统陶瓷材料作为连接体成为可能。与陶瓷材料相比，金属连接体材料具有低成本、易加工、良好的电子电导率和热导率、优异的机械性能等优点[8]。近年来，金属连接体材料作为最具潜力的 SOFC 连接体候选材料而受到广泛的关注。

陶瓷连接体是氧化物，因此其化学稳定性和耐热腐蚀性能好，适用于 800℃以上的高温 SOFC，但是，其电导率相对较低、机械加工性能较差。合金连接体具有优良的导电性和机械加工性，但是容易被氧化而降低电池性能，适用于较低工作温度的板式 SOFC。

5.2　陶瓷连接体及其改性

5.2.1　陶瓷连接体及其分类

在 SOFC 的发展进程中，氧化物连接体的相关问题受到广泛的关注，各国的研究学者为了解决这些问题做了许多尝试，最终只有为数不多的氧化物系统能够满足 SOFC 连接体材料苛刻的工作要求。$LaCrO_3$ 是目前最为普遍的陶瓷基连接体材料，其在燃料电池工作环境中表现出高的电子电导率、高的稳定性，以及与其他部件在相结构、显微结构和热膨胀系数等方面都具有优良的相容性。研究表明，$LaCrO_3$ 是 p 型导体，通过形成阴离子空位而变成非化学计量比化合物。

尽管对于 SOFC 连接体的研究已经持续了很长时间，但是高温 SOFC 连接体材料仍然局限于掺杂 $LaCrO_3$ 基陶瓷材料，这主要是其苛刻的限制条件所致。$LaCrO_3$ 基陶瓷材料在氧化和还原环境下能保持稳定性和较高的电子电导率，以及好的化学相容性与热膨胀系数，因此，$LaCrO_3$ 基陶瓷一直作为高温 SOFC 的首要选择。

近年来，其他稀土铬酸盐(如 $YCrO_3$、$PrCrO_3$、$NdCrO_3$ 和 $SmCrO_3$)已经有了大量的研究。用稀土离子(Gd、Pr、Nd、Sm、Tb、Ce 等)完全取代铬酸镧中的 A 位离子 La，能有效降低材料的烧结温度，提高在空气中的电导率。Hirota 等[9]研究 $YNd_{1-x}Ca_xCrO_3$ 和 $SmCr_{1-x}Mg_xO_3$ 的成形、烧结和电导性能，发现材料在 1700℃下烧结 2h 可以达到致密，在 1000℃时的电导率为 19~23S·cm^{-1}。Liu 等[10]研究 $TPr_{1-x}Ca_xCrO_3$ 的合成和电导性能，在空气中的电导性能大于 $La_{1-x}Ca_xCrO_3$。但是这类材料在 SOFC 操作环境下的稳定性还有待于进一步的研究。

$PrCrO_3$ 基材料虽然具有优良性能，但是其难以烧结致密化，难以加工成 SOFC 要求的特定形状。铬基合金材料虽然具有良好的高温强度和高温电导性，但是其高温抗氧化性能仍然有待改善[11]。屠恒勇等综合上述两种材料的特点，提出了一种新型的类似三明治结构的复合连接体结构。复合连接体中间基板采用铬基或镍基耐热合金，阴极是能够在氧化气氛下稳定导电的陶瓷保护层。2~5mm 厚的耐热合金板，陶瓷材料保护层厚度为 40~100μm，金属保护层厚度为 50~100μm。可以采取等离子喷漆工艺、化学气相沉积工艺和一般的化学涂膜工艺来制备两侧保护层。

由于 $LaCrO_3$ 基连接体的缺陷，如烧结性能差、p 型导电行为使阳极侧导电性能差等，$SrTiO_3$ 基连接体作为合适的替代材料已经引起了研究关注。

　　通过在阳极侧涂覆致密的 $Sr_{0.7}La_{0.3}TiO_3$，La 掺杂的 $SrTiO_3$（LST）已实现作为与燃料气体接触的连接体材料的应用，与 Ni 和 YSZ 具有良好的化学兼容性。尽管 LST 在还原环境中具有高导电性且适合用作连接体材料，但其在氧化气氛中会经历缓慢氧化还原动力学的相变。在具有 n 型半导体特性的 LST 中，电导率在升温时先降低后增加。为了提高 LST 的电导率和稳定性，建议的一种方法是在 B 位掺杂过渡金属（transition metal，TM）。用 Mn 部分替代 Ti 合成一组新的镧锰掺杂的 $SrTiO_3$（LSTM）钙钛矿氧化物，其具有合理的热膨胀系数和良好的电化学活性。此外，已经有研究者引入 Ca 作为 Sr 的替代物以制备 LCTM 钙钛矿氧化物，并且已经合成了不同组成的样品（如 $Ca_{0.67}La_{0.33}Mn_{0.33}Ti_{0.67}O_3$、$La_{0.1}Ca_{0.9}Mn_{1-x}Ti_xO_3$ 和 $La_{0.5}Ca_{0.5}Mn_{0.5}Ti_{0.5}O_3$），并在晶体结构、热膨胀和传输性能方面进行了表征。目前已经进行了 LCTM 在中空板式 SOFC 堆中构建连接体的可行性的评估。在这项工作中，研究者对晶体结构、微观结构、烧结性能、热膨胀系数、电导率、还原稳定性和极化行为进行了详细研究，结果表明，该化合物是一种潜在的候选化合物，可作阳极支撑 SOFC 的致密连接体薄膜[12]。

　　Gopalan[13]和 Huang 等[14]提出了一种双层连接体的概念，它由阳极侧的 n 型导电层和阴极侧的 p 型导电层组成。数学计算表明，通过仔细控制氧离子电导率和两层连接体的厚度，可以设计在还原和氧化气氛中具有高导电性和稳定性的双层连接体。

　　孙克宁团队提出了一种新型的 $La_{0.4}Sr_{0.6}Ti_{0.6}Mn_{0.4}O_3$（LSTM）陶瓷连接体材料，并开发了一种全新的合成策略，制备出了具有纳米尺度的 LSTM 粉体（图 5-4），实现了致密 LSTM 连接体层的制备，通过与扁管式 SOFC 支撑阳极共烧结处理后，获得了 LSTM/LSM 双层致密连接层，通过降低 LSTM 的厚度，实现对还原气体有效阻隔的同时，提高连接体的电导率。

600nm

图 5-4　$La_{0.4}Sr_{0.6}Ti_{0.6}Mn_{0.4}O_3$ 粉体的 SEM 照片

5.2.2　陶瓷连接体的改性

LaCrO$_3$ 在常温状态下属于正交晶系，随着温度的上升，其晶体结构将发生从正交晶系到菱方晶系再到六角晶系最后到立方晶系的转变。随着温度的升高，LaCrO$_3$ 在上述相变过程中，出现如下变化：一是单元体积线性增加；二是热膨胀系数、电导率等性能发生改变，这些变化都将影响 LaCrO$_3$ 作为 SOFC 陶瓷连接体的稳定性。此外，LaCrO$_3$ 基连接体主要还存在以下两点不足之处：

（1）LaCrO$_3$ 的烧结活性很差，制备致密的 LaCrO$_3$ 基陶瓷连接体往往需要昂贵的工艺（如等离子喷涂、化学气相沉积或者电化学气相沉积等），从而增加了连接体的成本。

（2）LaCrO$_3$ 基材料是一种 p 型半导体，其电导率依赖于氧分压的变化。由于阳极侧氧分压较低（$10^{-18} \sim 10^{-8}$atm），连接体的离子补偿机制将产生氧空位，这将导致连接体电导率的降低。因此，可以预见的是，连接体在阴极侧的电导率较高，而在阳极侧的电导率则相对较低，存在一个电导率的梯度。对于 La$_{1-x}$Ca$_x$CrO$_3$ 来说，阳极侧和阴极侧的电导率可以相差近 30 倍。

针对上述问题，通常采用碱土金属和过渡金属元素分别对 La 位和 Cr 位进行掺杂来解决以上问题。

在氧化条件下，LaCrO$_3$ 中的 La 或 Cr 位离子被低价离子取代时，由于电荷补偿作用，Cr^{3+} 转化为 Cr^{4+}，增强了材料的导电性。为了获得 SOFC 连接体材料所要求的足够高的导电性，通常在 LaCrO$_3$ 中掺入二价离子，最常用的掺杂物有 Sr^{2+}、Ca^{2+}、Mg^{2+} 等二价碱土金属离子。掺杂 LaCrO$_3$ 导电性依赖于平衡条件，在还原气氛（如氢气）中，其电导率明显降低。在还原条件下，通过形成氧空位来补偿电荷，这样其导电性并没有提高。由于在 SOFC 中，LaCrO$_3$ 连接板一面暴露在氧化气氛下，另一面和还原气氛接触，所以材料中存在导电梯度。

掺杂 LaCrO$_3$ 可以改变材料的热膨胀系数。A1 离子代替 Cr 可提高其热膨胀系数，其他掺杂如 Sr、Ca、Ni、Co 和 Mn 也可以提高其热膨胀系数。Co 掺杂是提高 LaCrO$_3$ 平均线性热膨胀系数的最有效的途径。Mg 对其热膨胀系数没有影响，而 Fe 会降低其热膨胀系数。

对于 A 位掺杂的 La$_{1-x}$M$_x$CrO$_3$（M=Ca、Sr 等）[15-17]，Sr 和 Ca 掺杂都能提高 LaCrO$_3$ 的电导率，而且都能改善 LaCrO$_3$ 的烧结性能，因为在烧结过程中都会有低熔点的液相 CaCrO$_4$ 或 SrCrO$_4$ 出现，从而增加烧结致密度，即所谓的"液相烧结机制"（liquid-phase-assisted sintering mechanism）[18-19]。图 5-5 显示了 La$_{0.8}$Sr$_{0.2}$Cr$_{1-x}$Fe$_x$O$_{3-\delta}$ 在烧结过程中，SrCrO$_4$ 相的出现[20]。

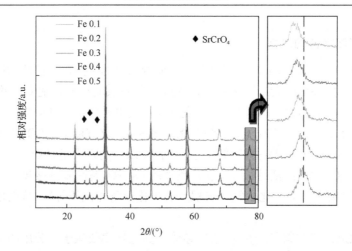

图 5-5　1000℃下，烧结 $La_{0.8}Sr_{0.2}Cr_{1-x}Fe_xO_{3-\delta}$ 相的 XRD 图

研究表明，通过在 A 位进行适当比例的掺杂，以 Sr、Ca、Al 等部分取代 La，使 $LaCrO_3$ 的相变温度降低，掺杂 10%Sr 可使 $LaCrO_3$ 在常温状态下为六方晶系结构[21]。掺杂的 $LaCrO_3$ 在 SOFC 的氧化和还原气氛中均表现出良好的稳定性和高的电导率[20,22-23]。

其他金属元素的加入，使 $LaCrO_3$ 陶瓷连接体在阳极和阴极气氛下的电子电导率大大提高，电池在高温下工作时性质稳定，相结构和热膨胀系数等与 SOFC 的其他部件兼容性好，基于以上优点，$LaCrO_3$ 陶瓷材料在连接体中得到广泛应用[24]。

Mori 等[25]制备了 Sr、Al、Co 元素掺杂的铬酸镧基陶瓷，结果表明，在 50～1000℃范围内，热膨胀系数在空气和氢气中分别为 $10.3\times10^{-6}K^{-1}$ 和 $11.7\times10^{-6}K^{-1}$ 时，掺杂的铬酸镧基陶瓷与电解质材料能够很好地兼容。除此之外，制备方法对材料性能有较大影响，Azegami 等[26]采取联氨法制出的铬酸镧，将其在 1600℃空气中烧结可以得到密度为 93.9%的烧结体，烧结温度较相应的固相法大大降低。杨勇杰等[27]通过低温燃烧法合成超细的 $La_{0.7}Sr_{0.3}CrO_3$ 粉体，通过静压成型随后进行烧结的方法，得到粉体的相对密度为 91.7%，在低烧结温度下，材料致密性也比较好。

Fergus[28]对 Sr、Ca、Mg 等掺杂 $LaCrO_3$ 后所得物质的电导率、稳定性、热膨胀系数、机械强度等有关性能的变化做出了综合评价。研究表明，Sr 和 Ca 的掺杂对 $LaCrO_3$ 影响程度是不同的，但其作用方式基本相同，Sr 的掺杂对热膨胀性能影响显著，当氧分压降低时，材料强度增大且体积膨胀减小，铬氧化物的活性随之降低；相对于 Sr 掺杂，Ca 的掺杂相容性较高，而且性质更加稳定，电导率随着掺杂量的增加显著增大，其他元素只有在和 Sr、Ca 一起掺杂时才有效果。

目前，Ca、Sr 或 Mg 掺杂的 $LaCrO_3$ 钙钛矿材料应用效果最好而被认为是最合适的连接板材料。该类材料的优点是具有良好的抗氧化性能，以及与 SOFC 相邻组件相匹配的热膨胀系数。

而对于 B 位掺杂的 $LaCr_{1-y}M_yO_3$ (M=Co、Ni、Mn、Cu、Fe 等)，Co、Mn 和 Cu 掺杂可以使电导率升高，但是热膨胀系数也随之急剧升高[29]；Ni 掺杂可以很大程度地提高电导率，但是该材料的稳定性不佳[30]；Fe 掺杂可以提升电导率的同时，降低热膨胀系数[31]，但是总体来说 B 位掺杂对电导率的提升程度都不如 A 位掺杂。

因此，后续的工作主要针对 A、B 位共掺杂来展开，以及 Ca 和 Sr 共掺杂，材质主要有 $La_{1-x-y}Sr_xCa_yCrO_{3-\delta}$、$Y_{0.8}Ca_{0.2}Cr_{0.85}Co_{0.1}Ni_{0.04}Cu_{0.01}O_3$、$La_{0.80}Sr_{0.20}Cr_{0.92}Co_{0.08}O_3$、$La_{0.7}Ca_{0.3}Cr_{0.95}Zn_{0.05}O_{3-\delta}$、$La_{0.8}Sr_{0.2}Cr_{1-x}Mg_xO_4$ ($x \leqslant 0.2$)、$Sm_{0.7}Ca_{0.3}CrO_{3-\delta}$ 等，这些材料在电导率和烧结性能上都取得了不错的结果[22,32-33]，但是都还有待进一步的研究与开发。$LaCrO_3$ 中掺杂碱土金属使导电性能、热学性能、烧结性能等方面都有了很大的改善，但也仅仅是 $LaCrO_3$ 基材料相变点的转变，却不能根本上消除相变性[34]。

$LaCrO_3$ 基钙钛矿材料在较高的温度下具有很好的热力学稳定性和较高的电导率，作为固体氧化物燃料电池材料得到了广泛的研究，然而据报道，在温度低于 800℃时，掺杂 $LaCrO_3$ 的电导率有较大的下降。这种限制使其最终无法应用在中温环境(600～800℃)。

孙克宁团队[35-36]在传统的固体氧化物燃料电池连接材料 $La_{0.7}Ca_{0.3}CrO_{3-\delta}$ (LCC)的基础上开发出一种新型的复合型连接材料，在 LCC 连接材料粉体中均匀混合少量的固体氧化物燃料电池电解质材料 $Ce_{0.8}Sm_{0.2}O_{1.9}$(SDC)。实验结果表明，在 LCC 连接材料中加入少量的 SDC 电解质不但显著地提高 LCC 连接材料的电导率，尤其是在空气中的电导率，而且提高了 LCC 连接材料的烧结性能。研究结果表明，Sm 或者 Ce 离子进入晶格改变了晶体结构，立方钙钛矿型结构有利于载流子在材料中的迁移。Sm 和 Ce 两种离子在晶格中协同作用，从而大大提高了体系的电导率。在空气和氢气中，1400℃烧结的 LCC、LCC+5% SDC 和 LCC+10% SDC 电导率 Arrhenius 曲线分别如图 5-6 和图 5-7 所示。

从图中可以看出，在这样的复合连接材料体系中，对于性能最好的样品 LCC+5% SDC，在空气中 800℃时的电导率为 $687.8 S \cdot cm^{-1}$，此值是相同条件下 LCC 电导率的 38.7 倍。由于 $La_{0.7}Ca_{0.3}CrO_{3-\delta}$ 连接材料电导率对氧分压强烈的依赖性，那么在还原气氛，如氢气中的电导率显著小于在氧化性气氛中的电导率。在纯氢气中性能最好的样品为 LCC+3% SDC，在 800℃时的电导率为 $7.1 S \cdot cm^{-1}$，此值为 LCC 电导率的 2 倍。虽然在氢气中电导率的提高不像在空气中提高得那么明显，但是电导率的值仍然比 $1 S \cdot cm^{-1}$ 高出很多，$1 S \cdot cm^{-1}$ 这个值被认为是固体氧化物燃料电池连接材料在实际应用中可以接受的最小值。随着 SDC 电解质含量的增加，复合材料体系的致密度也随之增加，说明 SDC 起到了一定的助烧结剂的作用。

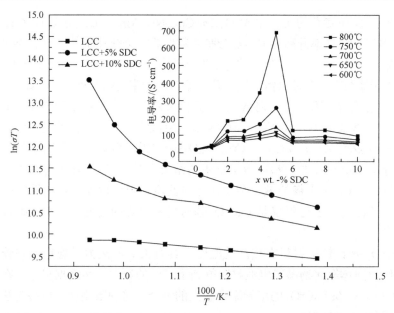

图 5-6　在空气中，1400℃烧结的 LCC、LCC+5% SDC 和 LCC+10% SDC 电导率 Arrhenius 曲线

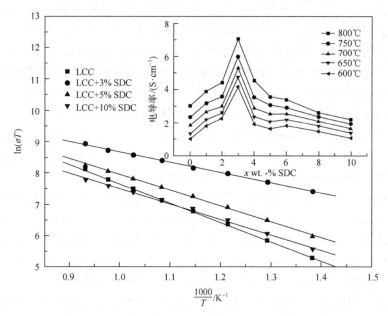

图 5-7　在氢气中，1400℃烧结的 LCC、LCC+3% SDC、LCC+5% SDC
和 LCC+10% SDC 电导率 Arrhenius 曲线

　　氧化物陶瓷作为连接体材料还有一些问题需要解决。一方面，在一定氧分压下，其热膨胀系数会迅速增大，使电池堆内部产生热应力导致电池裂纹[37]。另一方面，掺杂的 $LaCrO_3$ 在氧化气氛下烧结时，由于其中 Cr 挥发而形成 Cr_2O_3 等物

质，使材料难于烧结致密，这将影响材料的机械性能。而且，陶瓷材料脆性极高，难于加工，成本较高，这些都限制了陶瓷材料的应用[38]。

5.3　金属连接体及其改性

5.3.1　金属连接体及其分类

平板 SOFC 具有很高的功率密度，然而，由于传统 SOFC 工作温度高达 1000℃，其 LaCrO$_3$ 基陶瓷连接体材料价格非常昂贵，从而影响了平板 SOFC 的商业化发展。近来，由于采用在中温下具有较高氧离子电导率的新型电解质材料及传统 YSZ 电解质的薄膜化工艺，从而使得 SOFC 的工作温度大大降低(可降至 800℃以下)，且具有与高温(800～1000℃)时相同的功率密度[39]。在平板结构中使用 10～20μm 厚的电解质层，其欧姆电阻比传统 SOFC 中使用 150μm 厚的电解质层显著地降低，其电压损耗显著减少。故使得耐高温氧化合金材料代替陶瓷材料作为连接体成为可能，近些年来，越来越多的研究者致力于寻找合适的金属连接体材料。

与掺杂的陶瓷材料相比，由于金属材料通过外层电子迁移导电，它的导电能力比掺杂 LaCrO$_3$ 大几个数量级，作为连接体时它的欧姆损失可以忽略。更重要的是，金属连接体的导电能力不受氧分压的影响，扩大了 SOFC 的应用范围。金属连接体的高热导率能够消除连接体横向和纵向的热温度梯度，也能够适应由热膨胀系数不同而引起的热应力。此外，金属还具有致密、制造成本低、力学强度高、密度低、抗蠕变性好等优点。金属连接体的优势。

(1)金属材料具有很高的机械强度，在阳极支撑的 SOFC 中，金属材料可以支撑其他陶瓷组件，在结构上也可以连接外部的小配件。在某些情况下，金属连接体可以设计出气体流道来分配气体。

(2)金属材料具有较高的导热性能，可以消除连接体和其他电池组件上的热量。

(3)金属材料具有较高的电子导电性，因此电池阻抗的降低使电能输出增加。

(4)易于加工成型，成本低及制作方便。

但是，金属材料在 SOFC 工作温度下的氧化几乎是不可避免的。金属材料表面会生成一层半导体，甚至是绝缘性质的氧化膜，导致连接体和它相邻组件的接触电阻急剧增加，从而使整个电池堆的电效率急剧下降，使 SOFC 电池堆不能维持正常的工作电流。

孙克宁团队[1]分别采用连续称重法和不连续称重法，在 800℃空气和流动的 H$_2$/H$_2$O 气氛下，对 SUS430 合金进行氧化增重测试，测试结果如图 5-8 所示。

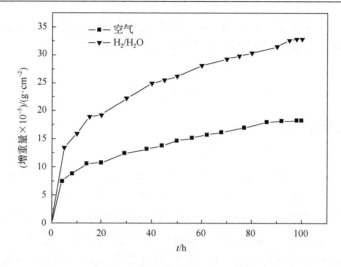

图 5-8　800℃时 SUS430 合金的氧化增重曲线

从图 5-8 的测试结果可以看出，SUS430 合金在空气和 H_2/H_2O 气氛下的氧化增重基本符合抛物线规律，SUS430 合金在 SOFC 工作气氛下氧化增重速率较慢，在 800℃封闭空气体系中，其在流动的 H_2/H_2O 中氧化物增长速率比在空气中快，这说明水蒸气的存在对加速合金氧化起到了极大的促进作用。

采用直流四探针法测试 SUS430 合金试样在空气和 H_2/H_2O 中的面比电阻（ASR）随氧化时间变化的关系曲线，如图 5-9 所示。从图中可以看出，ASR 的变化与合金表面氧化增重的趋势基本相同。在 800℃空气中，随着氧化时间延长至 150h，ASR 增长至 $3.17\Omega \cdot cm^2$，在 H_2/H_2O 中，ASR 增大到 $4.66\Omega \cdot cm^2$，并且这

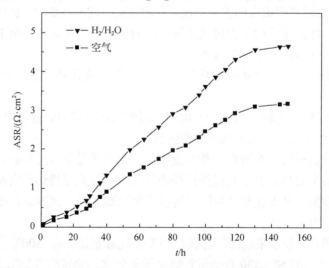

图 5-9　800℃时 SUS430 合金 ASR 随氧化时间的变化

种增长速率基本符合抛物线规律；在空气中氧化 100h 左右与在 H_2/H_2O 气氛下氧化 120h 左右，ASR 的增长速率均趋于平缓。但是如此高的阻值使得 SUS430 合金难以满足 SOFC 对连接体高电导率的要求。因此高温抗氧化合金被认为是最有前景的连接体材料之一。

　　为了提高耐高温氧化性，连接体用的金属材料成分中通常含有一定量的 Al、Si、Cr 作为抗氧化元素，在阴极工作环境中分别被氧化为 Al_2O_3、SiO_2、Cr_2O_3，从而在金属表面形成一层致密的氧化物保护膜，阻止金属连接体进一步氧化。

　　表 5-1 中提供了各种氧化物热膨胀系数、剥落极限温度和电阻率。剥落极限温度引用理论温度，当温度高过此温度时氧化层开始破裂。从表中可以看出，Cr_2O_3 的剥落极限温度高达 1100℃，这大大高于 SOFC 的实际工作温度。

表 5-1　金属连接体氧化物相关参数[6]

氧化物	热膨胀系数$(25\sim1000)\times10^{-6}$/℃	剥落极限温度/℃	电阻率(25℃)/(Ω·cm)	电阻率/(Ω·cm)
SiO_2	0.5	1750	1×10^{14}	$7\times10^6(600℃)$
Al_2O_3	8	1450	3×10^{14}	$5\times10^8(700℃)$
Cr_2O_3	9.6	1100	1.3×10^{13}	$1\times10^2(800℃)$
NiO	14	850	1×10^{13}	$5\sim7(900℃)$
CoO	—	700	1×10^8	$1(950℃)$
MgO	15.6	1500	5.5×10^{14}	$1.8\times10^7(800℃)$
TiO_2	$7\sim8$	600	1×10^{11}	$1\times10^2(900℃)$

　　Al_2O_3 的生长速度最慢，其导电性相对较差，合金中不宜过多添加 Al，通常要求小于 1.0%。SiO_2 也是因为导电性相对较差，并且过高的 Si 含量导致合金硬而脆，不易加工成型，Si 含量通常也要小于 1.0%。所以只有形成 Cr_2O_3 氧化层的合金才能满足 SOFC 连接体的要求。

　　Cr 被氧化后，在合金表面生成一层 Cr_2O_3 保护层，由于 Cr^{3+} 的还原性，易被氧化为 Cr(Ⅵ)，CrO_3 挥发后，在阴极材料/YSZ 电解质界面处凝结[40]。在阴极条件下，易发生如下的反应：

$$2Cr_2O_3(s)+3O_2(g)\rightleftharpoons4CrO_3(g) \tag{5-1}$$

$$2Cr_2O_3(s)+3O_2(g)+4H_2O(g)\rightleftharpoons4CrO_2(OH)_2(g) \tag{5-2}$$

$$Cr_2O_3(s)+O_2(g)+H_2O(g)\rightleftharpoons2CrO_2OH(g) \tag{5-3}$$

　　上述反应过程均为可逆过程，合金的高温氧化过程包含了氧化层、挥发性 Cr 氧化物及氢氧化物的生成。连接体材料表面形成的气相 Cr 可以通过电化学或者化学反应在电极表面还原。挥发态 Cr^{6+} 还原为固态 Cr_2O_3 的沉积将阻碍电极表面活性区域发生电极反应，进一步使电池的性能衰减[41]。

　　图 5-10 给出了几种常用合金连接体的铬释放速率[40]。这几种常用合金中因为都含有一定的铬，在 800℃，5%H_2O 和 1.88%H_2O 的氧气气氛下，虽然铬释放速率有所差别，但都显示了比较高的铬释放率。

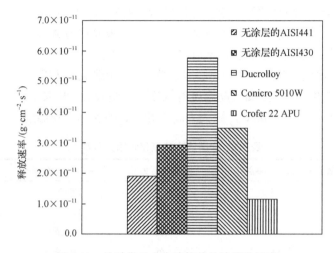

图 5-10　几种常见合金连接体的铬挥发速率

　　气态 Cr 的氧化物和氢氧化物的形成将破坏电池的电化学性能，由于氧化气氛中 Cr 蒸气压更高，因而毒化更容易在阴极发生。这种性能的衰减将会引起电池输出电压的下降或者电池过电压的增加。

　　孙克宁团队[1]以 $La_{0.8}Sr_{0.2}MnO_3$（LSM20）阴极和 YSZ 电解质为例，通过探究阴极极化性能、EIS 和 XRD 分析，研究了 SUS430 合金对 SOFC 阴极的毒化作用机理，Cr 毒化 LSM20 阴极具体反应历程如图 5-11 所示。在高温条件下，合金表面生成了 Cr_2O_3 相，在湿的 O_2 中，Cr_2O_3 相极易发生氧化生成气态 Cr(Ⅵ) 的氧化物，如 CrO_3、$CrO_2(OH)_2$ 等。由于在三相反应界面(TPB)与 LSM20 电极内部存在着氧浓度差，使得一些气态 Cr(Ⅵ) 的氧化物扩散到 TPB，并作为氧源与正常的氧源发生 ORR 竞争还原，生成的 Cr_2O_3 相与 LSM20 作用形成$(Mn，Cr)_3O_4$，从而阻塞了 ORR 的活性位和气孔；同时，还有一定量的 Cr(Ⅵ) 的氧化物移动到多孔电极内部及电极/电解质界面处生成尖晶石相化合物，如$(Mn，Cr)_3O_4$ 和 $(LaSr)(Mn_yCr_{1-y})O_3$。

　　极化初期，界面处 Cr_2O_3 和$(Mn，Cr)_3O_4$ 的沉积量相对较少，电极性能的降低主要是由于表面吸附和扩散动力学的改变，Cr_2O_3 相在电流中断之后，还能够以 Cr(Ⅵ) 的氧化物的形式挥发出去，使 $E_{cathode}$ 降低并恢复到原值。随着极化时间的延长，LSM20/YSZ 界面区氧化物的沉积量逐渐增大，TPB 逐渐减小，达到极端情况，LSM20/YSZ 界面区极度缺氧，电极衰减速率锐增，电池将不能维持任何电流通过。

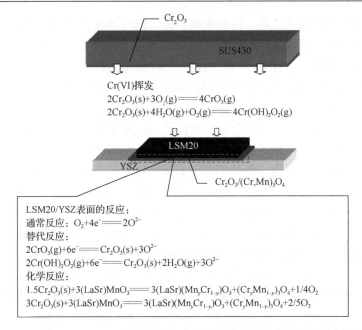

图 5-11　Cr_2O_3 在 LSM20/YSZ 界面沉积及尖晶石相化合物形成过程的反应机理示意图

在 SOFC 长期工作过程中，Cr_2O_3 在电极及连接体界面沉积，并进一步与电极元素反应生成 $CrMnO_4$ 和 $SrCrO_4$ 等尖晶石类化合物，造成过电势损失，使电极性能降低；在电极与电解质界面的沉积，加重了浓度极化和电化学极化。尽管对于铬毒化 SOFC 阴极的机理还存在争议，但其造成电极性能的衰减却是不容忽视的。

综合考虑氧化膜的导电能力和生长速度，目前使用的金属连接体主要是 Ni 基合金、Cr 基合金和 Fe 基合金三种，其热膨胀系数、抗氧化性、电导率、机械强度和制造成本如表 5-2 所示。

表 5-2　Cr 基、Fe 基和 Ni 基金属连接体的相关参数对比[3]

潜在备选材料	点阵结构	TEC×10^{-6}(室温至 800℃)/K^{-1}	抗氧化性	电导率	机械强度	可加工性	成本
Cr 基合金	bcc	11.0～12.5	好	好	高	难	非常高
Fe 基不锈钢	bcc	11.5～14.0	好	好	低	易	低
Ni 基超合金	fcc	14.0～19.0	好	好	高	易	高

1）Cr 基合金

如表 5-2 所示，Cr 基合金氧化产物与其他氧化物相比，具有很高的导电性。Cr 基合金具有良好的高温抗氧化性、耐蚀性，其热膨胀系数可与 YSZ 电解质有良好的匹配，其表面生成 Cr_2O_3 氧化膜，具有较高电子电导率。但是，随着氧化温度的升高，Cr 的扩散将迅速增大，使氧化速率增大，导电性降低。较高的铬含量会造成 SOFC 阴极铬中毒，降低电池性能，同时铬氧化物快速增长会导致多次热循环后铬氧化层的剥落。在合金中加入 Y、Ce、La 等稀土元素或其氧化物，可提高氧化层与基体的结合力，同时明显降低氧化物生长速率。

最具有代表性的 Cr 基连接体是由 Plansee 和 Siemens 公司采用粉末冶金法合作开发的氧化物弥散强化(oxide desperation strengthened，ODS)合金 Cr5FelY$_2$O$_3$，即所谓的 Ducrolloyi[42]。这种合金具有良好的热膨胀系数、机械强度及抗氧化能力。但是对 Cr 基合金来说，Cr(VI)的挥发问题尤其严重，在应用过程中，阴极 Cr 中毒会降低阴极的催化活性，同时还会增加连接体和阴极之间的接触电阻，使电性能退化。Larring 等[43]研究了 Cr5FelY$_2$O$_3$ 和阴极材料 LSM 之间在 900℃空气气氛(含 2%水蒸气)下的接触电阻，发现在 Cr5FelY$_2$O$_3$ 表面用等离子喷涂法制备 La$_{0.9}$Sr$_{0.1}$CrO$_3$ 之后，再制备一层 La$_{0.8}$Sr$_{0.2}$CoO$_3$ 功能层，样品和 LSM 之间的接触电阻变化很小，10000h 以后约为 0.066Ω·cm^2；在 Cr5FelY$_2$O$_3$ 表面用等离子喷涂法制备 MnCr$_2$O$_3$ 尖晶石层后，再制备一层 La$_{0.8}$Sr$_{0.2}$CoO$_3$ 作为功能层，样品和 LSM 之间的接触电阻变化更小，10000h 以后为 0.04~0.06Ω·cm^2。但 Cr5FelY$_2$O$_3$ 的广泛应用存在着工艺复杂、成本高的障碍，限制了其商业化的发展。

此外，Cr 的高含量使其挥发的问题尤为严重，当温度高于 700℃时，Cr 的扩散速度显著增大，从而使氧化层增长加快，电阻增大，从而无法保证工作稳定性[43]。

2) Ni 基合金

相比之下，Ni 基合金具有更高的耐热温度(可高达 1200℃)和耐高温强度，且具有良好的耐高温氧化性[44]，如表 5-2 所示。Ni-Cr 基合金氧化后的产物一般为 NiO 和 Cr$_2$O$_3$，两者都能显著降低氧扩散速度，是良好的抗氧化保护层。

从 20 世纪 60 年代以来，人们不断研发出不同配比的含 Ni 合金，并研制出抗热腐蚀性能较好、组织稳定、工作温度由 700℃不断提高到 1100℃的高 Cr-Ni 基合金。镍基在高温合金中应用最为广泛，主要是由于 Ni 基合金有以下几个优点。

(1)合金组织稳定性好。由于配置性能良好的 Ni 基合金，在合金中溶解较多合金元素，使得合金组织晶体结构排列整齐，不易出现畸变、应力集中等情况。

(2)合金高温强度好。通过添加不同元素，可以形成 A$_3$B 型金属间化合物，其作为强化相，使合金得到有效的强化，即使工作温度不断升高，也会保持优良的机械强度，这满足 SOFC 的工作条件。

(3)合金具有优良的抗氧化和抗燃气腐蚀能力。在 SOFC 运行环境中，电池各组件都必须具有抗腐蚀性能，所以作为连接体这一重要构件必须具有强抗氧化性与抗腐蚀能力。

大多数 Ni-Cr 基合金在潮湿的环境中都表现出优良的抗氧化性，原因是生成了一层以 Cr$_2$O$_3$ 和(Mn，Cr，Ni)$_3$O$_4$ 为主要成分的薄膜。Hsu 等[45]报道了含有 W 和 Mo 的 Ni 基合金显示了抗氧化能力和相稳定性。

然而，对于 SOFC 重要组件而言，Ni 基合金材料必须与其他组件之间的热膨胀系数匹配，否则会造成元件破坏，最终导致电池破坏，造成经济损失。Ni-Cr 基合金最大的缺点就是热膨胀系数与电池其他组件不匹配，如表 5-2 所示，Ni 基合金的热膨胀系数为 $(14\sim19)\times10^{-6}\,\mathrm{K^{-1}}$，远高于 SOFC 电极材料和电解质的热膨胀系数。由于 Ni 基合金材料制成的连接体热膨胀系数与两电极的不匹配，因而在连接体与两电极界面上出现裂缝，每次热循环后会出现电压下降，并导致电池在热循环过程中由于组件之间过多的热应力，而影响电池的循环稳定性。

在 Ni 基合金家族中 Haynes 242 是唯一具有低热膨胀系数的合金，其热膨胀系数与 Ebrite 及 Crofer 22APU 等 Fe 基合金差不多，能够和 LSM 阴极及 Ni/YSZ 阳极兼容，并具有较好的抗氧化能力和电性能。而且 Haynes 242 合金含有较低的 Cr 含量，在 SOFC 阴极环境下会生成保护性的 NiO 层和 Cr_2O_3 内层，这会明显减少 Cr 挥发。Liu 和 Zhu[46]的工作表明 Haynes 242 在 SOFC 工作条件下，会在合金中形成 Ni-Mo 金属间化合物相，这种金属间化合物的形成虽然对合金抗氧化能力及电性能的影响并不明显，但有助于 NiO 的形成，以减少 Cr 挥发。

Ni 基合金具有较高的耐高温性能和高温抗氧化性，但是其合金中含有一定量的 Cr，存在 Cr 挥发的问题[42]。England 和 Virkar[44]研究了 Ni 基合金在 800~1100℃ 范围内的氧化动力学行为。800℃时，合金在 H_2/H_2O 气氛下的氧化速率远大于在空气中的氧化速率；1000℃时，合金在 H_2/H_2O 气氛下的氧化速率明显低于在空气中的氧化速率，这可能是 Cr 挥发导致的结果。合金 Haynes 230 在氧化 10000h 后具有较低的 ASR（约为 $1.08\Omega\cdot\mathrm{cm^2}$），但是，仍高于 SOFC 对金属连接体 ASR 的要求[44,47]。

Hsu 等[45]制备了具有 Topologically closed packed (TCP) 的 Ni 基合金，合金中较高含量的 Mo 和 W 有助于形成这种 TCP 相。而 TCP 相的形成，有助于降低合金的热膨胀系数，并且提高合金的高温稳定性。研究结果表明，这种结构的 Ni 基合金显示了较低的 CTE、ASR 和较高的抗铬毒化能力。

图 5-12 显示了不同时间下各种合金的铬沉积情况。由图 5-12 中可以看出，具有 TCP 结构的 Ni 基合金 CMH-1、CMH-2 和 CMH-3，显示出比常用 Fe 基合金 Crofer 22H 和 ZMG232 G10 更好的抗氧化和抗铬毒化能力。

从价格、性能等方面考虑，目前在中温平板式 SOFC 连接体材料中 Ni 基合金较少采用。

3）Fe 基合金

Fe 基合金具有适当的抗氧化能力且资源丰富、制造成本低，成为最具发展潜力的 SOFC 金属连接体材料，如表 5-2 所示。为在合金表面形成保护性的 Cr_2O_3 膜，Fe 基合金中通常添加 16.26%（质量百分数）的 Cr，在 SOFC 工作气氛中，合金中的 Cr 优先被氧化在表面形成连续致密的 Cr_2O_3 保护膜，阻碍合金的进一步氧化，达到抗氧化的目的。

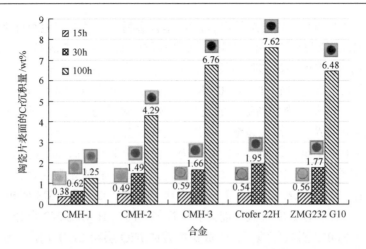

图 5-12　具有 TCP 结构的 CMH-1、CMH-2 和 CMH-3 Ni 基合金，以及 Crofer 22H 和 ZMG232 G10 Fe 基合金，分别在 15h、30h、100h 的铬沉积情况对比

　　Fe 基合金主要分为四类：铁素体不锈钢、奥氏体不锈钢、马氏体不锈钢、沉淀物强化钢。其中，铁素体不锈钢具有体心立方结构，热膨胀系数与相邻 SOFC 组件相匹配。

　　SUS430 铁素体不锈钢具有一般金属连接体的诸多优点，同时由于世界上不锈钢的总产量中铁素体不锈钢占总体的 30% 左右，相对生产成本较低，与同为大量生产的奥氏体不锈钢比较而言，铁素体不锈钢具有热膨胀系数小、导热系数高、加工硬化倾向低、耐氯化物应力腐蚀性能优良等优点。

　　目前研究的几种 Fe 基合金中都含有 16% 左右的 Cr，从而能在合金表面形成抗氧化的 Cr_2O_3 保护层，但 Cr 挥发是影响含 Cr 合金作为金属连接体的主要问题。Fe 基合金中含有一些活性元素，可以帮助形成相对稳定的氧化层，从而可降低 Cr 的挥发。

　　大量的实验观察表明，添加少量的活性元素如 Y、La、Ce、Hf 等或其弥散形式的氧化物可以有效降低合金的高温氧化速率，且极大程度地改善合金表面形成的 Al_2O_3 和 Cr_2O_3 氧化层与基底的黏附性[48]。目前，通过添加活性元素改善高温合金抗氧化性的机理没有得到完全清楚的解释。文献中的多种机理表明合金中的杂质(如 S)能分离金属与氧化物层界面从而影响氧化层与金属的黏附性。高熔点的活性元素与 S 形成稳定的化合物可以阻止 S 的迁移和界面的分离[49]。另外，活性元素离子具有很强的亲氧性，在氧活性很高的情况下可以阻碍氧离子穿过氧化层边界到达基底表面。在氧化层晶粒晶界迁移的过程中，相对较大的活性离子富集在氧化层晶粒的晶界处，起到分隔作用，阻断了形成氧化物阳离子的短程扩散通道，阻碍了阳离子的外部扩散，同时阻碍了空位到达界面和界面空隙的形成。含有活性元素的合金可以有效地改善氧化层和金属的黏附性，同时降低氧化层的厚度,从而降低金属连接体的 ASR,这是由于 ASR 与氧化层的厚度和氧化层的电导率呈正比例关系,且和表面氧化层与金属的接触有关。

研究表明,Y 可以明显延迟 Fe 基合金氧化动力学曲线,Fe-25Cr-0.2Y 和 Fe-17Cr-0.2Y 合金在 800℃暴露 1000h 后氧化增重很少。这些现象与 Cr 基合金相似,少量活性元素的添加对于抑制氧化层的增长非常有效。在 Fe-17Cr-0.4Y-2Ni 合金中添加 Ni 能消除合金中活性元素 Y 对于 Cr_2O_3 层的影响,导致合金在 800℃氧化小于 100h 时质量显著增加。Ti 的添加同样能促进氧化层的增长,这在 Fe-25Cr-0.1Y-2.5Ti 合金氧化中可以体现。从抗氧化的能力来看,Fe-Cr-Ni 和 Fe-Cr-Ti 合金由于具备快速的氧化增重,因此都不可能成为理想的连接体材料。

在 SOFC 工作条件下,加入 Mn 合金元素的铁素体不锈钢(如 441HP)会形成双氧化层,包括富 Cr 氧化物内层和(Fe,Mn,Cr)$_3O_4$ 尖晶石外层。$MnCr_2O_4$ 尖晶石在基层 Cr_2O_3 上面形成,可能是由 Mn 离子在 Cr_2O_3 中扩散得比 Cr 离子快所致。表面氧化层会阻碍氢渗入不锈钢中,确保了燃料气体与空气分开。Fe-Cr 合金中 Mn 低于 1wt%时会得到双层氧化结构(Mn,Cr)$_3O_4$ 和 Cr_2O_3,这将有望改善表层的导电性能并且抑制铬的挥发,因为与 Cr_2O_3 相比,(Mn,Cr)$_3O_4$ 具有高导电性和低挥发性。

Jo 等[7]报道了一种采用传统铸造方法制备的新型 Fe-Cr 合金 460FC,这种合金不含有稀土元素,成本低廉,但是显示较高的导电性和较低的铬挥发性。460FC 合金在湿空气中的铬挥发速率如图 5-13 所示。

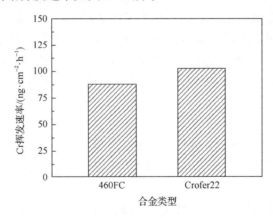

图 5-13　460FC 和 Crofer22 合金在湿空气中的铬挥发速率

这种新型合金和广泛应用的 Crofer22 合金相比,显示出更好的抗铬挥发能力。研究表明,在合金 460FC 表面生成了双层氧化结构,包括外层(Mn,Cr)$_3O_4$ 和内层 Cr_2O_3。此外,合金中还含有一定的 Nb,在金属和氧化层之间形成了 Nb_2O_5,也帮助抑制 Cr 的挥发和扩散。

目前，主要有 Fe-Cr-Mn 和 Fe-Cr-W 两种类型的 Fe 基合金被开发用于 SOFC 连接体材料，其具有相对低的 CTE。这两种类型合金的 Cr 含量在 17%左右，能够在合金表面形成抗氧化的 Cr_2O_3 保护层。

对于 SUS430 和 Crofer22 APU 来说，在 Cr_2O_3 上面生成的 $(Mn，Cr)_3O_4$ 尖晶石的双氧化层结构已经降低了铬挥发，然而，长期在高温下，不锈钢表面铬化物仍然会挥发，引起燃料电池中毒及连接体导电性能降低。另外，挥发的铬化物会与玻璃密封材料发生反应，增加反应气体的泄漏概率，也会降低电池的性能。

虽然铁素体不锈钢可以作为连接体使用，但实验表明，长期工作中电池堆的输出功率衰减过快，在运行 10000h 后其衰减了 2%～25%。虽然易加工且成本较低的合金材料可以作为 SOFC 连接体材料，但电池在长时间复杂工作环境下，合金连接体的氧化不可避免，这主要是因为合金表面氧化生成了电阻率较高的 Cr_2O_3，导致合金接触电阻变大，使合金材料导电性能大大降低，影响了 SOFC 的使用寿命，这就需要在合金连接体表面涂覆保护层来解决此问题。

5.3.2　金属连接体保护层

使用金属材料作为连接体的缺点是对环境的抗氧化、抗硫化、抗积碳能力不足，相对于与其接触的组件，其热膨胀系数过大，金属材料的力学性能也随着温度的增加急剧下降。因此，使用金属作为连接体材料必须解决两个关键问题：第一是在 SOFC 工作状态下，金属连接体材料的腐蚀问题；第二是金属连接体材料的热膨胀系数和 SOFC 其他组件的失配问题。金属材料在 SOFC 工作温度下的氧化几乎是不可避免的。在 SOFC 工作温度下，金属材料表面会生成一层半导体，甚至是绝缘性质的氧化膜，导致连接体和相邻组件的接触电阻急剧增加，从而使得整个电池堆的电效率急剧下降，使 SOFC 电池堆不能维持正常的工作电流。

氧化物涂层可以降低不锈钢表面的氧分压，从而抑制氧化铬层增长[26]。为了有效抑制金属连接体的氧化，降低与 SOFC 电极的界面电阻，隔绝 Cr 在阴极表面的挥发、沉积与毒化，保证电池堆能够长期稳定工作，需要连接体涂层材料具有以下几个特点[50]。

(1)可以有效抑制 Cr 和 O 的扩散，降低合金长时间在高温下的氧化速率。

(2)拥有较高的电子电导率，有效降低连接体与电极之间的接触电阻，提高合金导电性。

(3)材料和金属基体的热膨胀系数匹配性要好，防止开裂。

(4)涂层材料应该致密，和金属基体之间兼容性好，结合牢固。

(5)在 SOFC 气氛(空气、湿燃气)运行时有较好的化学稳定性。

不同保护涂层对合金连接体的抗氧化力和电导率的改善得到了广泛研究，但是由于 SOFC 工作条件较为苛刻，所施加的涂层既需要降低合金的氧化速率，改善氧化膜的传导能力，又要能抑制 Cr 在阴极挥发产生的毒化现象，但可以同时满足以上要求的涂层材料较少。

目前，常见的涂层材料主要包括三类：活性元素及其氧化物(REOs)、镧系稀土钙钛矿类[如(La, Sr) MnO₃、(La, Sr) CoO₃ 等]及尖晶石类(如 Mn-Co、Cu-Mn-Co 等)。几种涂层材料的导电性能、抑制 Cr 挥发和抗氧化性对比，如表 5-3 所示。

表 5-3　活性元素及其氧化物(REOs)，稀土钙钛矿类以及尖晶石类涂层材料的导电性能、抑制 Cr 挥发和抗氧化性对比

涂层材料	电导率	抑制铬转移	降低氧化速率	可加工性
活性元素及其氧化物	一般	差	好	好
稀土钙钛矿	好	一般	差	一般
复合尖晶石	好	好	一般	好

1) REOs 涂层

研究发现，施加 REOs 涂层后 Fe-Cr 合金的氧化层与基体之间的结合强度得到提高，且高温氧化速率大大降低，如表 5-3 所示。Qu 等[51]采用溶胶-凝胶法分别在合金连接体上涂覆 Y/Co、Ce/Co 两种不同涂层材料，实验表明，没有涂层保护的合金连接体在 750℃空气条件下进行循环氧化 1000h 后，合金的氧化层厚度为 3μm 左右，而涂覆 Y/Co 和 Ce/Co 后合金在相同氧化条件下，氧化层厚度仅为 1～1.5μm，这是因为 Y 和 Ce 的存在，有效抑制了 Cr 的扩散，防止高 ASR 的氧化物生成，因此活性元素保护涂层可以有效提高合金材料的抗氧化性能。Cabouro 等[52]通过化学气相沉积法在铁素体合金表面施加 Y₂O₃ 涂层后，合金的抗氧化性大大提高，同时较小的涂层晶粒填补了氧化层 Cr₂O₃ 的孔洞，从而有效提高了合金与氧化层之间的黏附性与连接体的导电性。

孙克宁团队[1,53]采用等离子喷涂的方法制备了金属 Ni 保护层。金属 Ni 在 SOFC 阳极气氛下具有良好的稳定性和较高的电导率，同时由于 SOFC 的阳极基体多为 Ni/YSZ，因而，采用金属 Ni 作为合金连接体阳极侧的保护层与阳极具有良好的化学相容性。

等离子喷涂 Ni 层的 SUS430 合金及 SUS430 合金在 800℃流动的 H₂/H₂O 气氛下氧化增重随氧化时间的变化如图 5-14 所示。

等离子喷涂 Ni 层合金的氧化增重速率低于合金材料本身的氧化增重速率，并且有 Ni 保护层的 SUS430 合金在氧化时间延长到 100h 时，氧化增重速率减缓，基本达到平台，说明合金本身具有较好的抗阳极气氛腐蚀性，Ni 保护层可以在一定程度上提高 SUS430 合金的抗高温腐蚀性。

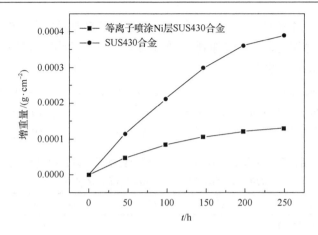

图 5-14 800℃、H_2/H_2O 气氛下 SUS430 合金和有 Ni 保护层的 SUS430 合金氧化增重曲线

图 5-15 为等离子喷涂 Ni 层在 800℃和流动的 H_2/H_2O 气氛下氧化 100h(a)和 250h(b)时，涂层与合金的断面微观结构照片。

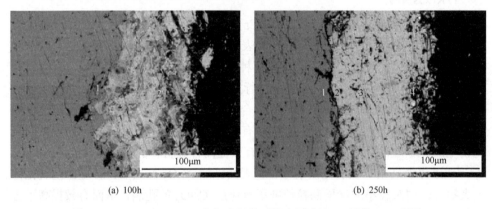

(a) 100h   (b) 250h

图 5-15 800℃和 H_2/H_2O 气氛中氧化后等离子喷涂 Ni 层的 SEM 照片

从图中可以看出，Ni 涂层与合金结合紧密，经高温氧化后涂层内没有可以观察到的显气孔。从能谱测试的结果可知，经 H_2/H_2O 下氧化 100h，涂层内及合金与涂层的界面发生极弱的氧化及元素的互扩散现象；当氧化时间延长至 250h 时，喷涂层的外侧出现了黑色圆形区域。由元素分布可知，黑色圆形区域主要是由 Fe 和 Cr 的氧化物组成的，由此说明有喷涂层合金的质量和界面电阻的增加主要是由 Fe 和 Cr 元素从基体向涂层外侧扩散并在涂层外侧氧化形成氧化层造成的。但是氧化物在 Ni 涂层表面并没有形成连续的氧化层。从基体扩散出来的 Fe 和 Cr 元素在涂层内部含量极少，但在涂层外侧明显增多，说明 Ni 涂层能够有效地抑制氧的内扩散，但不能完全抑制合金中 Fe 和 Cr 元素的外扩散。

带有等离子喷涂 Ni 层的 SUS430 合金在 800℃阳极工作气氛中，ASR 随氧化时间的变化关系曲线如图 5-16 所示。

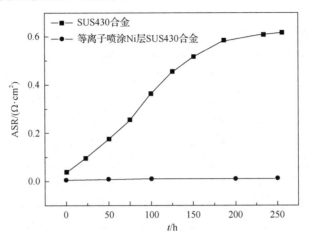

图 5-16　等离子喷涂 Ni 层 SUS430 合金和 SUS430 合金的 ASR 随氧化时间的变化

从图中可以看出，等离子喷涂 Ni 层的 SUS430 合金在阳极工作气氛中氧化 250h，ASR 虽然有所增加，但 ASR 的最大值仅为 $12m\Omega\cdot cm^2$，仍然可以满足合金连接体对 ASR 的要求。

尽管活性元素涂层在改善氧化层黏附性和降低氧化速率及 ASR 方面有显著的作用，但活性稀土元素及其氧化物涂层厚度过小且涂层致密性不高，因此往往无法有效阻止 Cr 挥发引起的阴极中毒现象。

2) 钙钛矿涂层

稀土元素钙钛矿材料的分子式为 ABO_3，结构如图 5-17 所示。

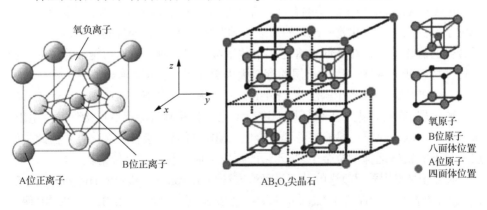

(a)　　　　　　　　　　　　　　　　(b)

图 5-17　钙钛矿(a)和尖晶石(b)结构示意图

A 为半径大的三价稀土元素阳离子(如 La 或者 Y),B 通常为过渡区的三价金属阳离子(如 Cr、Ni、Fe、Co、Cu、Mn)。稀土元素钙钛矿材料在氧化气氛下表现为 p 型电子导电,且在低氧分压情况下稳定。当氧分压低时,其电子导电性下降,这是由低的氧分压导致氧空位的形成,留下的电子消耗了电子空穴。碱土阳离子(Sr、Ca)离子半径较大,能够在 A 位取代稀土元素阳离子。同样地,钙钛矿能够在 B 位掺杂电子受体(如 Ni、Fe、Cu)。掺杂可以增加 2 个数量级的导电性,适当的掺杂可以改善导电钙钛矿材料的 CTE[6]。除了导电性和合适的 CTE 优势外,稀土钙钛矿涂层可以给底部增长的氧化层提供活性元素,改善其氧化行为。钙钛矿涂层的应用可以降低合金氧化速率,改善界面的黏附性,且更进一步降低 ASR。

目前应用在 SOFC 金属连接体上的钙钛矿涂层大多选用镧系材料,如 $LaCrO_3$、$LaMnO_3$、$LaCoO_3$、$(La,Sr)MnO_3$ 等。常用的钙钛矿陶瓷涂层大致可以分为两类,一类为含 Cr 钙钛矿,如铬酸镧($LaCrO_3$)、掺杂的铬酸镧($La_{1-x}Sr_xCrO_3$);另一类为不含 Cr 的钙钛矿,如掺杂的锰酸镧($La_{1-x}Sr_xMnO_3$)、掺杂的钴酸镧($La_{1-x}Sr_xCoO_3$)。

$LaCrO_3$ 钙钛矿为典型的陶瓷连接体材料,具有相当高的电子电导率,在 SOFC 工作环境下比较稳定,与 SOFC 其他组件间具有良好的兼容性和热膨胀匹配性,因此被广泛用作金属连接体涂层材料。$La_{1-x}Sr_xMnO_3$(LSM)作为典型的阴极材料,具有良好的热膨胀特性、化学稳定性及较高的电导率,同样可作为金属连接体的涂层材料。目前已经采用多种方法在金属连接体表面制备 LSM 涂层,在降低氧化速率、提高导电性和抑制 Cr 挥发方面取得了一定的成果。另外一种阴极材料 $La_{1-x}Sr_xCoO_3$ 因具有较高的化学稳定性,也被用作金属连接体的涂层材料,研究表明 $La_{1-x}Sr_xCoO_3$ 涂层可有效阻止 Cr 挥发,同时具有较高的导电性[54]。

华斌等[55]采用 Solgal 提拉法成功地在 SUS430 合金表面制备出具有较高导电性的 $LaCoO_3$ 涂层,由于涂层的存在抑制了氧离子和基体中 Mn 离子的扩散,进而阻碍了高面比电阻氧化物 Cr_2O_3 的形成,同时减少了 $MnCr_2O_4$ 的产生,施加涂层后合金的氧化速率相对降低了将近 2 个数量级,在长时间氧化后施加涂层的合金仍然保持较低的 ASR,因此涂层的存在大大提高了 SUS430 合金的导电性。

Tsai 等[56]采用丝网印刷法在 Crofer22 APU 基板上制备出 $La_{0.6}Sr_{0.4}Co_{0.2}Fe_{0.8}O_3$ 钙钛矿涂层,在模拟电池工作环境下进行氧化实验并测量涂层后连接体面比电阻,研究表明,施加涂层材料能够降低合金的 ASR,提高连接体抗氧化性,但此类涂层材料不能很好地抑制合金中 Cr 元素的挥发,而且材料本身价格较高。

孙克宁团队[1]采用改进的等离子喷涂方法(atmospheric plasma spraying,APS)在 SUS430 合金表面制备了 $La_{0.8}Sr_{0.2}FeO_{3-\delta}$(LSF20)和 $La_{0.8}Sr_{0.2}MnO_{3-\delta}$(LSM20)保护涂层[57-58],具体工艺参数如表 5-4 所示。

表 5-4　等离子喷涂工艺参数

工艺参数	LSM20	LSF20
电流/A	520	480
电压/V	41	41
N_2 流速/(L·min^{-1})	4	5
Ar 流速/(L·min^{-1})	2	5.5
进粉速率/(g·min^{-1})	150	160
喷枪距钢板距离/mm	120	80
喷枪移动速率/(mm·s^{-1})	10	10

经过上述工艺喷涂后的试样采用与原料粉体相同摩尔比(La^{3+}：Sr^{2+}：Mn^{2+}(Fe^{2+})=0.8：0.2：1)的硝酸盐溶液(浓度为 1mol·L^{-1})进行浸渍，每次浸渍后的试片首先在室温下缓慢干燥，再经 900℃烧结 2h，原位反应生成 LSM20 和 LSF20，对 APS 涂层进行后封孔处理。采用阿基米德排水法对经过不同浸渍次数处理后的涂层进行显气孔率测定，具体的测试结果如图 5-18 所示。

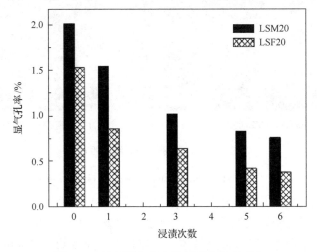

图 5-18　涂层显气孔率随浸渍次数的变化

从图中可以看出，APS 方法制备的合金连接体保护涂层的显气孔率可以控制在 2%以下，采用硝酸盐溶液浸渍和 900℃烧结的方法进行后处理可以明显降低涂层的显气孔率，但随着浸渍次数的增加，涂层显气孔率的降低趋势明显减缓，浸渍 6 次，LSM20 涂层的显气孔率降低了 62%，LSF20 涂层的显气孔率降低了 75%。

图 5-19(a)为喷涂 LSM20 涂层的 SUS430 合金的断面微观结构照片，图 5-19(b)为喷涂 LSF20 涂层的 SUS430 合金的断面微观结构照片，图 5-19(c)为采用硝酸盐

溶液浸渍 6 次原位烧结后的 LSM20 涂层断面微观结构照片，图 5-19(d) 为采用硝酸盐溶液浸渍 6 次原位烧结后的 LSF20 涂层断面微观结构照片。

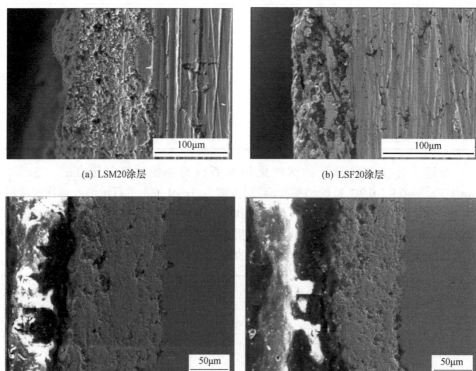

(a) LSM20涂层　　　　　　　　　　　　　　　(b) LSF20涂层

(c) 浸渍后的LSM20涂层　　　　　　　　　(d) 浸渍后的LSF20涂层

图 5-19　涂层断面微观结构照片

从图 5-19 中可以看出，LSM20 涂层与合金基体相互嵌合，结合紧密。通过 SEM 光学显微镜观察其厚度约为 100μm。尽管从 SEM 照片上看，等离子喷涂的 LSM20 涂层内部有明显的气孔，但没有连到合金基体的敞气孔；LSF20 涂层连续、厚度均匀，等离子喷涂层与合金基体结合较紧密，厚度约为 70μm。经过浓度为 $1mol \cdot L^{-1}$ 的硝酸盐溶液浸渍 6 次，在 900℃空气中烧结 2h 后，从 SEM 照片上看，LSM20 涂层致密性明显提高，涂层中看不出有气孔并且涂层与合金基体结合紧密；LSF20 涂层经浸渍、烧结处理后，涂层的断面均匀性和致密性明显改善，因此，采用硝酸盐溶液浸渍、原位烧结的方法对等离子喷涂涂层进行后封孔处理，可以显著降低涂层的显气孔率，有效提高涂层的致密性。

图 5-20 为等离子喷涂的 LSM20 和 LSF20 涂层合金经硝酸盐溶液浸渍原位烧结后，在 800℃空气中氧化 1000h 的 XRD 谱图。经 800℃空气中氧化 1000h，SUS430 合金氧化层的相组成为 Cr_2O_3 和 Fe_3O_4 尖晶石相。而带有 LSM20 和 LSF20 涂层的

合金相组成稳定，经 800℃空气中氧化 1000h，涂层中没有发生任何相变和新相生成，这是由于受 X 射线有限的穿透距离及其探测灵敏度的制约，单纯采用 XRD 方法，还不能检测到涂层和合金界面氧化层的相组成。

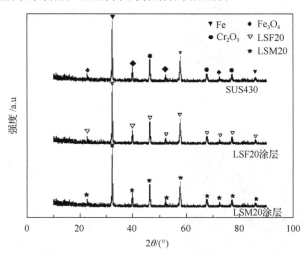

图 5-20   800℃空气中氧化 1000h 的 SUS430 合金及 LSM20 和 LSF20 涂层的 XRD 谱图

　　氧化后涂层合金的断面微观结构如图 5-21 所示。从图中可以看出，界面处形成了一些孔隙并造成了局部金属损失。EDX 线扫描分析进一步确定了氧化层不仅含有 Fe 而且还含有少量的 Cr，因此，可以推断氧化层为 Cr_2O_3 和 Fe_3O_4 及尖晶石相的混合物。在 LSM20 喷涂的合金中，尽管 XRD 没有检测到富含 $(Mn，Cr)_3O_4$ 的尖晶石相，但从能谱分析结果可以看出，LSM20 涂层/合金界面处存在着外界的 O 及涂层中的 Mn 和 Sr 向内扩散，以及合金基体中 Cr 向外扩散，由于基体中 Cr 向外扩散，氧化层向合金基体内部渗透，扩散层厚度大约为 10μm，扩散峰出现在合金基体内距离涂层/合金界面 10μm 处。而对于 LSF20 喷涂的合金，只有 O 向内扩散和 Cr 向外扩散。在 LSF20 喷涂的合金中 Cr 向外的扩散量比 LSM20 喷涂的合金要少得多，这样在 LSF20 涂层/合金的界面处 LSF20 与不锈钢基体间相互扩散的元素较少，形成了较薄的氧化层，扩散峰集中在 LSF20 涂层/合金界面处。因此，LSF20 涂层可以更好地抑制合金中的 Cr 从合金基体向外扩散。

　　LSM20 和 LSF20 涂层合金在 800℃空气中的氧化增重曲线如图 5-22 所示。从氧化增重测试结果可以看出，所有的试样的氧化增重基本符合抛物线规律，说明合金及涂层氧化受扩散(阳离子扩散)控制。对于具有保护性涂层的合金，LSF20 和 LSM20 涂层都能降低合金的氧化速率，其中 LSF20 涂层可以更有效地抑制合金氧化。

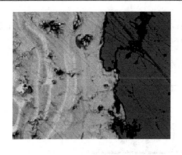

(a) LSM20涂层SUS430合金的断面微观结构

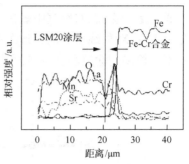

(b) LSM20涂层SUS430合金的 EDX 线性分析

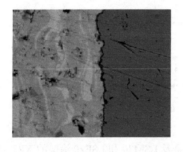

(c) LSF20涂层SUS430合金的断面微观结构

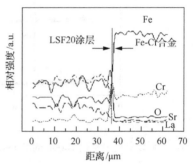

(d) LSF20涂层SUS430合金的 EDX 线性分析

图 5-21　800℃空气中氧化 1000h 的 LSM20 和 LSF20 涂层合金组成和微观结构照片

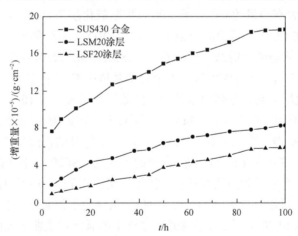

图 5-22　LSM20 和 LSF20 涂层合金在 800℃空气中的氧化增重曲线

　　由于氧化层的厚度很难准确测量,因此,采用 ASR 来表征氧化后涂层合金的电阻,并采用直流四探针法测量 LSM20 和 LSF20 涂层合金的 ASR。图 5-23 为在 800℃空气气氛下,喷涂 LSM20 和 LSF20 保护涂层的 SUS430 合金的 ASR 随氧化时间变化的曲线。

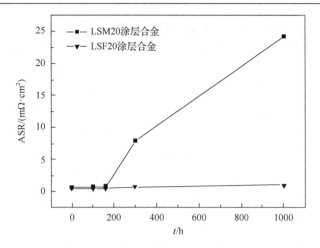

图 5-23　800℃空气中 LSM20 和 LSF20 涂层合金的 ASR 随氧化时间变化的曲线

从图 5-23 中可以看出，在 800℃空气中氧化 160h，LSM20 涂层合金的 ASR 为 0.745mΩ·cm^2，当氧化时间延长至 1000h 时，其 ASR 达到了 24.19mΩ·cm^2。尽管这一结果比 Hou 等近来报道的采用热解喷涂方法制备的 LSM20 涂层在相同条件下的 ASR 降低了近 1 个数量级，但随着氧化时间的延长，其阻值很容易超过连接体材料长期运行的 ASR 极限范围(25～50mΩ·cm^2)。而 LSF20 喷涂的 SUS430 合金 ASR 增长缓慢，并且随着氧化时间的延长，其阻值基本保持不变，经 800℃空气中高温氧化 1000h，ASR 仅为 1mΩ·cm^2。这一结果进一步证明了氧化增重测试和微观结构观察得出的结论，LSF20 和 LSM20 涂层不是通过降低氧化层的电阻，而是通过降低氧化层的增长速率来提高其抗高温氧化性的。

经过 800℃与 200mA·cm^{-2} 的恒定电流密度下恒流极化测试 100h 后的 LSF20 作为保护涂层的 SUS430 合金连接体涂层表面元素能谱分析结果如图 5-24 所示。

(a) LSF20涂层的表面SEM 图

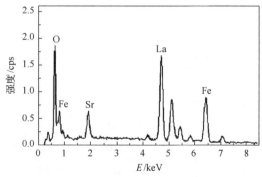

(b) LSF20涂层的表面EDX分析图

图 5-24　极化 100h 后的 LSF20 涂层表面能谱分析

　　从图 5-24 中可以看出,在 LSF20 涂层的表面没有检测到 Cr 元素,这说明 LSF20 涂层不仅具有较高的电导率,可以有效地降低合金的氧化增重速率,而且能够较好地抑制合金中 Cr 元素通过 LSF20 涂层的外扩散,从而大大地降低了 Cr 对阴极的毒化作用。因而,LSF20 是一种很有希望的 SOFC 合金连接体的阴极保护涂层材料。

　　不含 Cr 的钙钛矿陶瓷的氧离子传导性较高,降低了电极材料与合金连接体之间的接触电阻,但较高的氧离子传导性使合金材料的抗氧化性能降低。含 Cr 钙钛矿陶瓷热膨胀系数与基体合金相匹配且能够提高铁素体合金连接体材料的抗氧化性能及导电性能,但 Cr 的存在,不可避免地会引起 Cr 的挥发与中毒,因此钙钛矿陶瓷作为 Fe-Cr 合金连接体涂层材料的可行性仍需继续研究。

3) 尖晶石涂层

　　尖晶石氧化物也是一类可供选择的涂层材料。尖晶石的结构如图 5-17(b) 所示,由阳离子占据四面体和八面体间隙位置的密排氧晶格组成。一半的八面体间隙和 1/8 的四面体间隙被有秩序地占据。八面体位置在空位和填充之间交替。

　　几种典型尖晶石在 800℃ 的热膨胀性和导电性如表 5-5 所示[3]。

表 5-5　几种典型尖晶石的热学和电学性质对比

	Mg	Mn	Co	Ni	Cu	Zn
Al	$MgAl_2O_4$	$MnAl_2O_4$	$CoAl_2O_4$	$NiAl_2O_4$	$CuAl_2O_4$	$ZnAl_2O_4$
	$\sigma^a = 10^{-6}$	$\sigma = 10^{-3}$	$\sigma = 10^{-7}$	$\sigma = 10^{-4}$	$\sigma = 0.05$	$\sigma = 10^{-6}$
	$\alpha^b = 9.0$	$\alpha = 7.9$	$\alpha = 8.7$	$\alpha = 8.1$	—	$\alpha = 8.7$
Cr	$MgCr_2O_4$	$MnCr_2O_4$	$CoCr_2O_4$	$NiCr_2O_4$	$CuCr_2O_4$	$ZnCr_2O_4$
	$\sigma = 0.02$	$\sigma = 0.02$	$\sigma = 0.02$	$\sigma = 0.73$	$\sigma = 0.40$	$\sigma = 0.01$
	$\alpha = 7.2$	$\alpha = 6.8$	$\alpha = 7.2$	$\alpha = 7.3$	—	$\alpha = 7.1$
Mn	$MgMn_2O_4$	Mn_3O_4	$CoMn_2O_4$	$NiMn_2O_4^c$	$Cu_{1.3}Mn_{1.7}O_4$	
	$\sigma = 0.97$	$\sigma = 0.1$	$\sigma = 0.97$	$\sigma = 1.4$	$\sigma = 225(750℃)$	
	$\alpha = 8.7$	$\alpha = 8.8$	$\alpha = 8.7$	$\alpha = 8.5$	$\alpha = 12.2$	
Fe	$MgFe_2O_4$	$MnFe_2O_4$	$CoFe_2O_4$	$NiFe_2O_4$	$CuFe_2O_4$	$ZnFe_2O_4$
	$\sigma = 0.08$	$\sigma = 8.0$	$\sigma = 0.93$	$\sigma = 0.26$	$\sigma = 9.1$	$\sigma = 0.07$
	$\alpha = 12.3$	$\alpha = 12.5$	$\alpha = 12.1$	$\alpha = 10.8$	$\alpha = 11.2$	$\alpha = 7$
Co	—	$MnCo_2O_4$	$Co_3O_4^d$		$CuCo_2O_4$	
		$\sigma = 60$	$\sigma = 6.7$		$\sigma = 27.5$	
		$\alpha = 9.7$	$\alpha = 9.3$	—	$\alpha = 11.4$	

注:a 为电导率$(S \cdot cm^{-1})$;b 为 CTE$(\times 10^{-6}℃^{-1})$;c >700℃分解;d >900℃分解。

对于尖晶石的热膨胀行为来说，相变是不容忽视的。随着温度在 20～800℃ 区间变化，$Mn_{1.5}Co_{1.5}O_4$ 尖晶石的热膨胀行为表现出良好的线性。另外，尖晶石热膨胀同铁素体不锈钢基体及钙钛矿阴极材料相匹配。

尖晶石结构的通式为 AB_2O_4，其中 A 和 B 均为过渡金属元素，A 为在四面体位置的二价、三价阳离子，B 为八面体位置的四价阳离子，且四面体与八面体数之比为 1∶2，在面心立方晶格位置是氧离子，其他位置则是 A、B 过渡元素。调整尖晶石结构中 A、B 离子的类型和比率，可以改变其导电性。

尖晶石导电普遍被认为是由八面体间电荷转移造成的，因此在八面体间隙位置阳离子的不同价态对导电是很有利的。许多 $Mn_{1+\delta}Co_{2-\delta}O_4$ 尖晶石都是良好的导体。如表 5-5 所示，$MnCo_2O_4$ 尖晶石具有良好的中温导电性能，其电导率比 $MnCr_2O_4$ 尖晶石高约 2 个数量级，比 Cr_2O_3 氧化膜高 3 个数量级以上。

研究表明，在铁素体不锈钢基体涂覆尖晶石材料可以获得高的电子导电性、好的热膨胀系数匹配性，而且对 Cr 有吸收作用，阻止 CrO_3 的扩散和防止 Cr 中毒现象。

合金氧化时，表面形成一层$(Mn，Cr)_3O_4$尖晶石氧化物层，可以改善合金的抗氧化性和导电性，曾有研究者认为$(Mn，Cr)_3O_4$可用于金属连接体的保护涂层[59]。但是由于其中的 Cr 挥发使电池性能迅速衰减，因此只有不含 Cr 的尖晶石才是 SOFC 金属连接体的最佳涂层材料。

Petric 和 Ling[60]研究了一系列尖晶石氧化物的电导率和 TEC，如表 5-5 所示，认为 Co_3O_4、$MnCo_2O_4$、$Cu_xMn_{3-x}O_4(1<x<1.5)$最适合作为铁素体不锈钢的涂层材料，其中 Co_3O_4 的电导率最高，且与 SOFC 其他组件及金属连接体有良好的热膨胀匹配性，$MnCo_2O_4$ 在 800℃的电导率为 $60S\cdot cm^{-1}$，$Cu_{1.3}Mn_{1.7}O_4$ 在 750℃的电导率为 $225S\cdot cm^{-1}$。Burriel 等[61]在 Fe-22Cr 合金表面沉积 Co_3O_4，但制备的 Co_3O_4 涂层比较疏松，与基体的黏附性较差。Deng 等[62]在 430 表面电镀 Co 后通过氧化反应生成 Co_3O_4，可提高 SS430 的抗氧化性，有效降低接触电阻并阻止 Cr 挥发。

Larring 和 Norby[43]的研究表明，$(Mn，Co)_3O_4$ 尖晶石能有效抑制 Cr 的迁移，可作为金属连接体涂层材料。Chen 等[63]采用喷浆法在 SS430 表面制备出致密的 $(Mn，Co)_3O_4$ 涂层，结果表明显著降低了 SS430 基体的氧化速率，使氧化膜的电导率有所增加。

Garcia-Vargas 等[64]采用等离子喷涂技术制备出均匀致密的 $MnCo_2O_4$ 保护涂层，长时间氧化后，该涂层合金的 ASR 低至 $0.05\Omega\cdot cm^2$，有效降低了 Cr 在阴极的毒化作用。Yang 等[65]在 Crofer22 APU 合金表面上制备出了 $Mn_{1.5}Co_{1.5}O_4$ 膜层，其厚度大约为 $0.5\mu m$ 且致密性良好，连接体保护膜层在长时间循环氧化后，未检测到 Cr 元素存在且 ASR 较低，涂层未出现脱落，从而证明 $Mn_{1.5}Co_{1.5}O_4$ 尖晶石涂层可以在 SOFC 复杂气氛长时间工作中抑制 Cr 的迁移。

Hu 等[66]采用气溶胶技术在 T441 合金表面制备 $Mn_{1.5}Co_{1.5}O_4$ 保护膜。在 1000h 的循环氧化之后，没有保护膜的 T441 合金被氧化，在表面生成厚度 4μm 的铬氧化膜，而带有 $Mn_{1.5}Co_{1.5}O_4$ 保护膜的连接体表面，仅生成厚度 0.75μm 的铬氧化膜，如图 5-25 所示。这说明 $Mn_{1.5}Co_{1.5}O_4$ 保护膜有效地抑制了 T441 合金连接体中铬的高温氧化，使氧化膜的厚度大大降低。

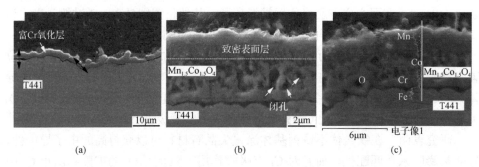

图 5-25　T441 合金连接体(a)、MCO 膜保护的 T441 氧化 1000h 的 SEM 图(b)和氧化 1000h 的氧化膜 EDS 图(c)

Xu 等[67]制备出掺杂 Cu 元素的 Cu-Mn-Co 涂层材料，其不仅具有 Mn-Co 系涂层材料的优点，Cu 的加入还起到以下作用：①改善了涂层的热膨胀率，提高与基体材料的匹配性；②降低了涂层材料烧结温度，防止温度过高引起涂层开裂现象，利于获得致密的涂层。

Miguel-Pérez 等[68]采用尖晶石相$(Mn，Co，Fe)_3O_4$作为合金连接体的保护涂层[66,68]，有效地降低了连接体与阴极之间的接触阻抗，其 ASR 对比如图 5-26 所示。

涂层 MCF10$(MnCo_{1.9}Fe_{0.1}O_4)$显示了比涂层 MC$(MnCo_2O_4)$更低的接触阻抗和更好的电化学性能。研究表明，在涂层 MCF10 和连接体之间形成的 $Mn(Co, Fe, Cr)_2O_4$，比涂层 MC 形成的 $MnCoCrO_4$ 的电导率要高。此外，尖晶石导电普遍被认为是由八面体间电荷转移造成的，因此在八面体间隙位置阳离子的不同价态对导电是很有利的。MCF10 中含有少量可以变价的 Fe，有助于提高尖晶石氧化物的电导率。

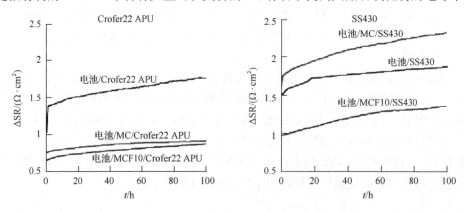

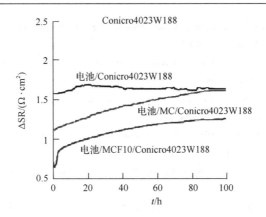

图 5-26　在 800℃100h 条件下，Crofer 22 APU、SS430 和 Conicro4023W188
连接体在有保护膜和无保护膜时的 ASR 测定结果

5.4　SOFC 连接体研究的展望

SOFC 发展到今天，电池长期运行稳定性对于电池技术尽快走向商业化至关重要。电池堆连接体及其涂层技术的发展是解决 SOFC 衰减问题的重要途径。综合考虑材料的热膨胀匹配性能、抗氧化性能、导电性能、化学稳定性、力学性能及加工性能等因素，铁素体不锈钢材料是目前 SOFC 连接体材料的常用选择，但是铁素体不锈钢也存在高温抗氧化能力不足和 Cr 元素挥发的问题。调整优化材料的化学组成可以一定程度上缓解上述问题，但是该方法对铁素体不锈钢连接体材料的性能改善有限。研发高质量、高性能的连接体陶瓷涂层则是解决上述问题的一种更为直接有效的方法。尖晶石和钙钛矿材料是目前应用最多的涂层材料，且已经开始用于商业化电池堆连接体的涂层制备，但其抗氧化性能和长期稳定性能需要进一步验证。添加稀土元素及其他微量元素改善涂层材料的性能是今后涂层材料及技术研究的重要方向。

参 考 文 献

[1] 付长璟. 中温平板式 SOFC 合金连接体的制备及其性能研究. 哈尔滨: 哈尔滨工业大学, 2007.

[2] Singhal S C. Solid oxide fuel cells for stationary, mobile, and military applications. Solid State Ionics, 2002, 152-153: 405-410.

[3] Mah J C W, Muchtar A, Somalu M R, et al. Metallic interconnects for solid oxide fuel cell: a review on protective coating and deposition techniques. International Journal of Hydrogen Energy, 2017, (42): 9219-9229.

[4] 付长璟, 张乃庆, 孙克宁, 等. SOFC 合金连接体材料的研究进展. 材料科学与工艺, 2005, 13(2): 123-126.

[5] Fergus J W. Metallic interconnects for solid oxide fuel cells. Materials Science and Engineering A, 2005, 397: 271-283.

[6] Zhu W Z, Deevi S C. Development of interconnect materials for solid oxide fuel cells. Materials Science and Engineering:A, 2003, 348(1-2): 227-243.

[7] Jo K H, Kim J H, Kim K M, et al. Development of a new cost effective Fe-Cr ferritic stainless steel for SOFC interconnect. International Journal of Hydrogen Energy, 2015, 30(40): 9523-9529.

[8] Paolo P, Roberta A, Sebastien F, et al. Interconnect materials for next-generation solid oxide fuel cells. Journal of Applied electrochemistry, 2009, 39: 545-551.

[9] Hirota K, Kunifusa Y, Yoshinaka M, et al. Formation sintering and electrical conductivity of $(Nd_{1-x}Ca_x)CrO_3$ $(0 \leqslant x \leqslant 0.25)$ using citric acid as a gelling agent. Material Research Bulletin, 2002, 37: 2335-2344.

[10] liu X M, Su W H, Lu Z. Study on synthesis of $Pr_{1-x}Ca_xCrO_3$ and their electrical properties. Materials Chemistry and Physics, 2003, 82: 327-330.

[11] 曾程. 不锈钢表面电沉积钴镍合金及高温抗氧化性. 大连: 大连海事大学, 2013.

[12] Hosseini N R, Sammes N M, Chung J S. Manganese-doped lanthanum calcium titanate as an interconnect for flat-tubular solid oxide fuel cells. Journal of Power Sources, 2014, 245: 599-608.

[13] Gopalan S. Bi-layer p-n Junction Interconnections for Coal Based Solid Oxide Fuel Cells. DOE Report, 2005.

[14] Huang W, Gopalan S. Bi-layer structures as solid oxide fuel cell interconnections. Solid State Ionics, 2006, 177: 347-350.

[15] Deshpande K, Mukasyan A, Varma A. Aqueous combustion synthesis of strontium-doped lanthanum chromite ceramics. Journal of the American ceramic Society, 2003, 86(7): 1149-1154.

[16] Simner S P, Hardy J S, Stevenson J W. Sintering and Properties of mixed lanthanide Chromites. Journal of the Electrochememical Society, 2001, 148: A351-A360.

[17] Yang Y J, Wen T L, Tu H, et al. Characteristics of lanthanum strontium chromite prepared by glycine nitrate process. Solid State Ionics, 2000, 135: 475-479.

[18] Fu Y P, Wang H C. Preparation and characterization of ceramic interconnect $La_{0.8}Ca_{0.2}Cr_{0.9}M_{0.1}O_{3-\delta}$ (M = Al, Co, Cu, Fe) for IT-SOFCs. International Journal of Hydrogen Energy, 2011, 36: 747-754.

[19] Wang S L, Lin B, Chen Y H, et al. Evaluation of simple, easily sintered $La_{0.7}Ca_{0.3}Cr_{0.97}O_{3-\delta}$ perovskite oxide as novel interconnect material for solid oxide fuel cells. Journal of Alloys and Compounds, 2009, 479: 764-768.

[20] Wei T, Liu X J, Yuan C, et al. A modified liquid-phase-assisted sintering mechanism for $La_{0.8}Sr_{0.2}Cr_{1-x}Fe_xO_{3-\delta}$-A high density redox-stable perovskite interconnect for solid oxide fuel cells. Journal of Power Sources, 2014, 250: 152-159.

[21] Hashimoto T, Nakamura T, Matsui Y, et al. the crystal structure and structural phase transition of $La_{1-x}Ae_xCrO_3$. Electrochemical Society Proceeding, 2001, 820-827.

[22] Heidarpour A, Choi G M, Abbasi M H, et al. A novel approach to co-sintering of doped lanthanum chromite interconnect on Ni/YSZ anode substrate for SOFC applications. Journal of Alloys and Compounds, 2012, 512: 156-159.

[23] Park B K, Lee J W, Lee S B. La-doped $SrTiO_3$ interconnect materials for anode-supported flat-tubular solid oxide fuel cells. International Journal of Hydrogen Energy, 2012, 37: 4319-4327.

[24] Yokokawa H, Sakai N, Horita T, et al. Recent development in solid oxide fuel cell materials. Fuel cells, 2001, 1(2): 117-131.

[25] Mori M, Sammes N M. Sintering and thermal expansion characterization of Al-doped and Co-doped lanthanum strontium chromites synthesized by the Pechini method. Solid State Ionics, 2002, 146(3-4): 301-312.

[26] Azegami K, Yoshinaka M, Hirota K, et al. Formation and sintering of $LaCrO_3$ prepared by the hydrazine method. Materials Research Bulletin, 1998, 33(2): 341-348.

[27] 杨勇杰, 杨建华, 屠恒勇, 等. 铬酸锶镧材料的制备和性能研究. 无机材料学报, 1999, 14(5): 739-744.

[28] Fergus J W. Lanthanum chromite-based materials for solid oxide fuel cell interconnects. Solid State Ionics, 2004, 171: 1-15.

[29] Tolochko S P, Kononyuk I F. Preparation and electrical-properties of solid-solutions of $La_{1-x}Ca_xCr_yCo_{1-y}O_3$ ($0 \leqslant x \leqslant 0.3$, $0 < y \leqslant 1$). Inarganic Materials, 1986, 22: 1485-1490.

[30] Armstrong T R, Hardy J S, Simner S P, et al. Optimizing lanthanum chromite interconnects for solid oxide fuel cells Honolulu, Hawaii. Proceedings of the Sixth International Symposium on Solid Oxide Fuel Cells. Pennington: The Electrochemical Society Incorporate, 1999: 706.

[31] Zhuk P P, Vecher A A, Samokhval V V, et al. Properties of iron-doped lanthanum of chromite. Inorganic Materials 1988, 24: 88-91.

[32] Setz L F G, Santacruz I, Colomer M T, et al. Fabrication of Sr- and Co-doped lanthanum chromite interconnectors for SOFC. Materials Research Bulletin, 2011, 46: 983-986.

[33] Yoon K J, Stevenson J W, Marina O A. High performance ceramic interconnect material for solid oxide fuel cells (SOFCs): Ca- and transition metal-doped yttrium chromite. Journal of Power Sources, 2011, 196: 8531-8538.

[34] Mehta V, Cooper J S. Review and analysis PEM fuel cell design and manufacturing. Journal of Power Sources, 2003, 114: 32-53.

[35] Zhou X L, Wang P, Liu I M, et al. Improved electrical performance and sintering ability of the composite interconnect $La_{0.7}Ca_{0.3}CrO_{3-\delta}/Ce_{0.8}Nd_{0.2}O_{1.9}$ for solid oxide fuel cells. Journal of Power Sources, 2009, (191): 377-383.

[36] Zhou X L, Sun K N, Wang P. Preparation and electrical behavior study of the ceramic interconnect $La_{0.7}Ca_{0.3}CrO_{3-\delta}$ with CeO_2-based electrolyte $Ce_{0.8}Sm_{0.2}O_{1.9}$. Materials Research Bulletin, 2009, (44): 231-236.

[37] Gupta S, Mahapatra M K, Singh P. Phase transformation thermal expansion and electrical conductivity of lanthanum chromite. Materials Research Bulletin, 2013, 48(9): 3262-3267.

[38] Zhong Z. Stoichiometric lanthanum chromite based ceramic interconnects with low sintering temperature. Solid State Ionics, 2006, 177(7-8): 757-764.

[39] 华斌. SOFC 金属连接体材料的氧化和导电机理及其表面改性. 武汉: 华中科技大学, 2007.

[40] Wongpromrat W, Thaikan H, Chandra-ambhorn W, et al. Chromium vaporisation from AISI 441 stainless steel oxidised in humidified oxygen. Oxidation of Metals, 2013, 79: 529-540.

[41] Jiang S P, Zhen Y D, Zhang S. Interaction between Fe-Cr metallic interconnect and (La,Sr)MnO$_3$/YSZ composite cathode of solid oxide fuel cells. Journal of The Electrochemical Society, 2006, 153(8): A1511-1517.

[42] Li J, Pu J, Xie G Y, et al. Heat resistant alloys as interconnect materials of reduced temperature SOFCs. Journal of Power Sources, 2006, 157(1): 368-376.

[43] Larring Y, Norby T. Spinel and perovskite functional layers between plansee metallic interconnect(Cr-5 wt%Fe-1wt%Y_2O_3) and Ceramic $(La_{0.85}Sr_{0.15})_{0.91}MnO_3$ cathode materials for solid oxide fuel cells. Journal of the Electrochemical Society, 2000, 147(9): 3251-3256.

[44] England D M, Virkar A V. Oxidation kinetics of some nickel-based superalloy foils in humidified hydrogen and electronic resitance of the oxide scale formed part II. Journal of the Electrochemical Society, 2001, 148(4): A330-A338.

[45] Hsu C M, Yeh A C, Shong W J, et al. Development of advanced metallic alloys for solid oxide fuel cell interconnector application. Journal of Alloys and Compounds, 2016, 656: 903-911.

[46] Liu Y, Zhu J. Stability of Haynes 242 as metallic interconnects of solid oxide fuel cells (SOFCs). International Journal of Hydrogen Energy, 2010, 35 (15): 7936-7944.

[47] Zhu W Z, Deevi S C. Development of interconnect materials for solid oxide fuel cells. Materials Science and Engineering A, 2003, 348: 227-243.

[48] Pint B A. Experimental observations in support of the dynamic-segregation theory to explain the reactive-element effect. Oxidation of Metals, 1996, 45 (1-2): 1-37.

[49] Lees D G. The influence of sulphur on the adhesion and growth mechanisms of chromia and alumina scales formed at high temperatures: the "sulphur effect". Proceedings of the Royal Society A: Mathematical, Physical and Engineering Sciences, 2003, 459: 1459-1466.

[50] Alman D E, Jablonski P D. Effect of minor elements and a Ce surface treatment on the oxidation behavior of an Fe-22Cr-0.5Mn (Crofer 22 APU) ferritic stainless steel. International Journal of Hydrogen Energy, 2007, 32 (16): 3743-3753.

[51] Qu W, Li J, Ivey D G. Sol-gel coatings to reduce oxide growth in interconnects used for solid oxide fuel cells. Journal of Power Sources, 2004, 138 (1-2): 162-173.

[52] Cabouro G, Caboche G. Chevalier S, et al. Opportunity of metallic interconnects for IT-SOFC: reactivity and electrical property. Journal of Power Sources, 2006, 156 (1): 39-44.

[53] Fu C J, Sun K N, Chen X B, et al. Effects of the nickel-coated ferritic stainless steel for solid oxide fuel cells interconnects. Corrosion Science, 2008, 50: 1926-1931.

[54] Korb M A, Savaris I D, Feistauer E E, et al. Modification of the $La_{0.6}Sr_{0.4}CoO_3$ coating deposited on ferritic stainless steel by spray pyrolysis after oxidation in air at high temperature. International Journal of Hydrogen Energy, 2013, 38 (11): 4760-4766.

[55] 华斌, 张建福, 卢双凤, 等. $LaCoO_3$ 涂层对 SUS430 合金连接体中温氧化行为的影响. 金属学报, 2009, 45 (5): 605-609.

[56] Tsai M J, Chu C L, Lee S. $La_{0.6}Sr_{0.4}Co_{0.2}Fe_{0.8}O_3$ protective coatings for solid oxide fuel cell interconnect deposited by screen printing. Journal of Alloys and Compounds, 2010, 489 (2): 576-581.

[57] Fu C J, Sun K N, Zhang N Q, et al. Evaluation of lanthanum ferrite coated interconnect for intermediate temperature solid oxide fuel cells. Thin Solid Films, 2008, 516: 1857-1863.

[58] Fu C J, Sun K N, Zhou D R. Effects of $La_{0.8}Sr_{0.2}Mn (Fe) O_{3-\delta}$ protective coatings on SOFC metallic interconnects. Journal of rare earths, 2006, 24: 320-326.

[59] Lu Z, Zhu J, Payzant E A, et al. Electrical conductivity of the manganese chromite spinel solid solution. Journal of the American Ceramic Society, 2005, 88 (4): 1050-1053.

[60] Petrie A, Ling H. Electrical conductivity and thermal expansion spinels at elevated temperatures. Journal of the American Ceramic Society, 2007, 90 (5): 1515-1520.

[61] Burriel M, Garcia G, Santiso J, et al. Co_3O_4 protective coatings prepared by pulsed injection metal organic chemical vapour deposition. Thin Solid Films, 2005, 473 (1): 98-103.

[62] Deng X, Wei P, Bateni M R, et al. Cobalt plating of high temperature stainless steel interconnects. Journal of Power Sources, 2006, 160 (2): 1225-1229.

[63] Chen X, Hou P Y, Jacobson C P, et al. Protective coating on stainless steel interconnect for SOFCs: oxidation kinetics and electrical roperties. Solid State Ionics, 2005, 176 (5-6): 425-433.

[64] Garcia-Vargas M J, Zahid M, Tietz F, et al. Use of SOFC metallic interconnect coated with spinel protective layers using the APS technology. ECS Transactions, 2007, 7(1): 2399-2405.

[65] Yang Z G, Xia G G, Li X H, et al. (Mn,Co)$_3$O$_4$ spinel coatings on ferritic stainless steels for SOFC interconnect applications. International Journal of Hydrogen Energy, 2007, 32(16): 3648-3654.

[66] Hu Y Z, Yun L L, Wei T, et al. Aerosol sprayed Mn$_{1.5}$Co$_{1.5}$O$_4$ protective coatings for metallic interconnect of solid oxide fuel cells. International Journal of Hydrogen Energy, 2016, 41: 20305-20313.

[67] Xu Y J, Wei Z Y, Wang S R, et al. Cu doped Mn-Co spinel protective coating on ferritic stainless for SOFC interconnect applications. Solid State Ionics, 2011, 192: 561-564.

[68] Miguel-Perez V, Martinez-Amesti A, No M L, et al. The effect of doping (Mn,B)$_3$O$_4$ materials as protective layers in different metallic interconnects for solid oxide fuel cells. Journal of Power Sources, 2013, 243: 419-430.

第6章　固体氧化物燃料电池的常用研究方法

6.1　阻抗法测量电导[1]

一种离子导体的导电性可以用直流方法或交流方法进行评价。直流方法给出电阻 R 和电容 C。交流方法相应的物理量是阻抗 Z，它是针对电流流动的总阻碍特性进行描述的物理量。阻抗的单位是欧姆(Ω)，阻抗用如下的复数量来表示：

$$Z = R + iX \tag{6-1}$$

式中，R 为阻抗的实部，它与样品的电阻值 R 相等；X 为虚部，它被称为试样的电抗；i 为虚数符号。电抗通常由感抗 X_L 和容抗 X_C 两个分量组成：

$$X_L = 2\pi f L = \omega L \tag{6-2}$$

$$X_C = \frac{1}{2\pi f C} = \frac{1}{\omega C} \tag{6-3}$$

式中，f 为交流电频率；ω 为角频率；L 为试样的电感；C 为试样的电容。

固体电解质的阻抗可以看成是由一个电阻部分和一个与之并联的电抗部分共同构成，这个组合的阻抗是

$$Z = \frac{RX^2}{R^2 + X^2} + \frac{iR^2 X}{R^2 + X^2} \tag{6-4}$$

理想情况下，阻抗只是由各电容分量所组成，在这种情况下，阻抗可以写成

$$Z = \frac{R}{1 + \omega^2 R^2 C^2} - \frac{iR^2 \omega C}{1 + \omega^2 R^2 C^2} \tag{6-5}$$

通常将阻抗实部写作 Z'，将虚部写作 Z''，则

$$Z = Z' - iZ'' \tag{6-6}$$

$$Z' = \frac{R}{1 + \omega^2 R^2 C^2} \tag{6-7}$$

$$Z'' = \frac{R^2 \omega C}{1 + \omega^2 R^2 C^2} \tag{6-8}$$

Z' 与 Z'' 间的图像形成了一个半圆的弧，弧线在 $\omega = 0$ 和 $\omega = \infty$ 时与 Z' 轴分别相交于近点与远点，在 $\omega RC = 1$ 时通过 $\left(\dfrac{1}{2}R, \dfrac{1}{2}R\right)$。

一个典型的陶瓷试样的阻抗来自晶粒、晶界与电极的贡献，每一种贡献均可由一个在 $\omega RC = 1$ 时取最大值的半圆弧线来表征，其中电阻、电容和频率的值直接对应晶粒、晶界与电极/电解质界面，如图 6-1 所示。

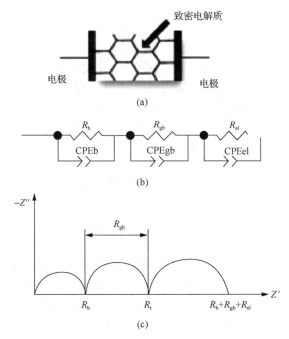

图 6-1　理想固体电解质的结构及等效电路示意图
(a)结构示意图；(b)电化学交流阻抗谱图；(c)等效电路

实际的交流阻抗谱中的圆弧均不是理想的半圆，这是由于样品中存在弥散效应[2]。因此，在拟合等效电路中用常相位角元件 CPE(Q)代替理想电解质等效拟合电路中的电容元件 C。

低温时，晶粒效应所对应的电容值约在 pF 范围内，晶界效应电容值约在 nF 范围内，而电极效应的电容值则大约为 mF 数量级。因此，可以根据拟合所得的电阻和 CPE-C_Q、CPE-n 的数值计算得出对应圆弧的电容值 C，从而判断出晶粒、晶界和电极效应所对应的响应弧：

$$C = \left(R^{1-n}C_{Q}\right)^{\frac{1}{n}} \tag{6-9}$$

式中，参数 n 是一个介于 0 和 1 之间的数，$n=0$ 代表纯电阻，$n=1$ 则代表纯电容。

　　由于晶粒阻抗弧要求的响应频率较高，只有在低温时才能有足够的弛豫时间用于区分晶粒电阻与晶界电阻弧，一般低温时晶界电阻大于晶粒电阻 3 个数量级左右，在晶界附近存在着高阻挡层，这种现象被称为晶界效应，图 6-2 为阻抗模型。随着温度的升高，晶粒电阻与晶界电阻均下降，但晶界电阻的下降幅度更大，直至高温时很难区分出二者的响应弧，仅剩下晶界弧和对应于电极/电解质界面效应的圆弧。

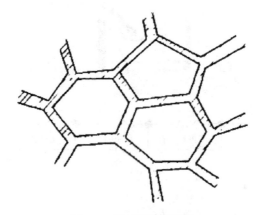

图 6-2　晶界阻抗模型[3]

　　图 6-3 所示为共沉淀法合成的 Gd_2O_3 和 Bi_2O_3 双掺杂 CeO_2（$Ce_{0.9}Gd_{0.08}Bi_{0.02}O_{1.95}$，$GBDC_{0.02}$）样品在 1300℃空气中烧结 6h（记为 $GBDC_{0.02}$-1300℃），在不同测试温度下的阻抗响应及等效电路。其中，R_{e1} 和 R_{e2} 为电极/电解质界面的电荷转移电阻。与电解质的研究相关的电阻为晶粒电阻 R_b、晶界电阻 R_{gb} 及总电阻 R_t。图中 200℃空气气氛中测定的样品阻抗谱，从高频、中频至低频分别对应的是晶粒、晶界、界面响应。阻抗曲线的高频端与阻抗实部的截距为晶粒电阻；阻抗曲线的中频端与高频端的截距之差为晶界电阻。由于晶粒弧的响应频率要求较高，高达几兆赫兹甚至几十兆，因此中温时高频段的晶粒弧很难从阻抗谱中反映出来，并且随着测试温度的升高这种现象变得更明显，一般只有在低的温度下（如前面提到的 200℃条件下），才能够区分晶粒、晶界的贡献，而在中温段 400～550℃时仅区分出晶界弧和对应于电极/电解质界面过程的响应弧，此时，阻抗曲线与实轴在高频交点为晶粒电阻，在中频处的交点与高频交点之差即为晶界阻抗值。当测试温度达到中高温度段 600～800℃时，则只出现电极过程弧，圆弧与实轴的交点为总电阻的大小。随着测试温度的升高，上述的三个电阻值均随温度升高而逐渐减小，电导率增大，所测的交流阻抗谱圆弧的半径逐渐减小[4]。

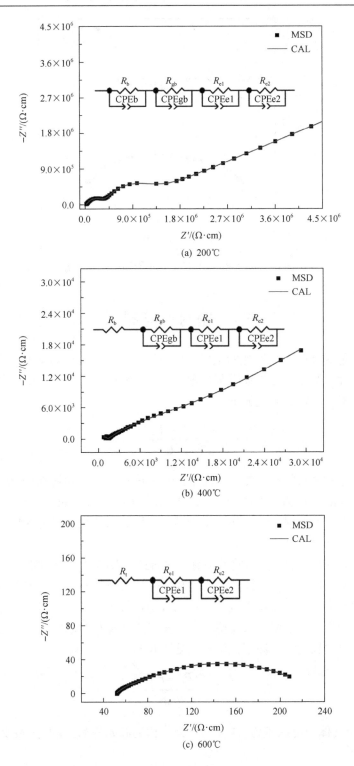

(a) 200℃

(b) 400℃

(c) 600℃

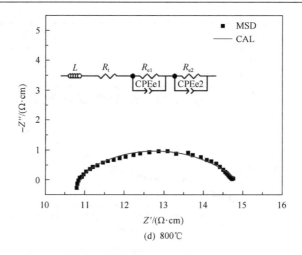

图 6-3　GBDC$_{0.02}$-1300℃在不同温度下阻抗谱

6.2　密封性能测试

气密性是 SOFC 封接性能的主要评价指标之一，可通过测试电池堆的泄漏率来衡量气密性，测量原理为通过测量燃料气(或空气)的进口和出口流量，来计算电池堆的泄漏率，计算公式如下：

$$L = \frac{V_1 - V_2}{C} \tag{6-10}$$

式中，V_1 为燃料气(或空气)侧进口流量，$mL \cdot min^{-1}$；V_2 为燃料气(或空气)侧出口流量，$mL \cdot min^{-1}$；C 为电池周长，cm；L 为泄漏率，$cm^3 \cdot min^{-1} \cdot cm^{-1}$。

测量电池堆泄漏率的装置如图 6-4 所示，固体氧化物燃料电池堆的气密性要求其泄漏率不能大于 $0.1cm^3 \cdot min^{-1} \cdot cm^{-1}$。

对于压实密封材料，亦可将其放置于 SS430 不锈钢板与 SS430 圆柱之间进行简单的测试密封性能。在圆柱外面通过 SS430 钢管连接到体积为 V 的气瓶。给密封材料施加压力，对气瓶压缩气体，关闭气源，气体就从密封材料内部或密封材料与圆柱间的界面间泄漏，气压降低，测量气压变化与时间的关系，根据公式计算密封材料单位长度的泄漏率，示意图见图 6-5。

$$L = \frac{(P_f - P_i)V}{P_i \Delta t C} \tag{6-11}$$

式中，P_f 为气体的终态压力，kPa；P_i 为气体的起始压力，kPa；Δt 为压力变化对应的时间，s；C 为圆柱的周长，cm；V 为气瓶体积，cm^3；L 为泄漏率，$cm^3 \cdot min^{-1} \cdot cm^{-1}$。

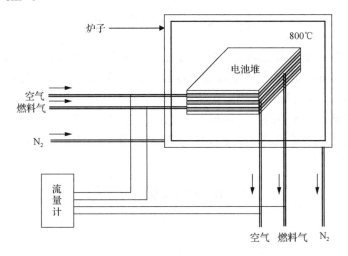

图 6-4　电池堆泄漏率测试装置图

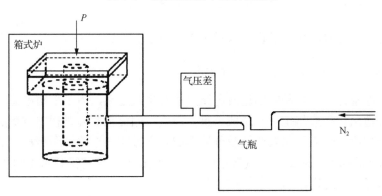

图 6-5　压实密封的泄漏率测试装置示意图[5]

6.3　阴极表征方法

6.3.1　阴极的物理性能表征

1. 碘量法测试阴极中过渡金属离子价态

碘量法是氧化还原滴定比较常用的方法之一。实验采用硫代硫酸钠滴定样品，具体的原理如下所示：

$$B^{x+} + (x-\alpha)I^- \longrightarrow \frac{x-\alpha}{2}I_2 + B^{\alpha+} \tag{6-12}$$

$$2S_2O_3^{2-} + I_2 \longrightarrow S_4O_6^{2-} + 2I^- \tag{6-13}$$

式中，B^{x+} 为样品中过渡金属离子的平均价态，即 B 位离子的平均价态；$B^{\alpha+}$ 为还原后 B 位离子的平均价态。强氧化性的 B^{x+} 离子与碘离子发生反应形成单质碘，用硫代硫酸钠作为标准溶液滴定还原形成碘单质的数目，用淀粉指示剂确定滴定终点。通过硫代硫酸钠的用量便可以确定出反应中电荷的转移量，并最终确定材料中 B 位离子的平均价态和氧非化学计量比 δ。通过下式可以得出电荷转移等于硫代硫酸钠的用量：

$$n(x-\alpha) = n(S_2O_3^{2-}) \tag{6-14}$$

即：

$$\frac{m}{M}(x-\alpha) = n(S_2O_3^{2-}) \tag{6-15}$$

将电荷中性原理和分子量带入式(6-15)便可以计算出 x 和 δ。

2. 热失重(TG)表征氧非化学计量比

在高温条件下，样品中的过渡金属元素发生热还原，为了平衡电荷，氧离子从晶格中逸出，形成氧空位，造成重量的损失。因此在高温过程中重量的损失程度在一定程度上代表了材料中氧空位的形成。通过该方法测试阴极材料的氧含量 δ 在高温下的损失。测试在空气气氛中进行，测试的温度范围从室温到 1000℃，控制测试时的升温速率为 5K·min^{-1}。

3. 热膨胀特性分析

实验采用热膨胀分析仪对块状样品烧结前后的热膨胀性能进行分析。一般阴极材料经 1200℃烧结后，测量其在 30～1000℃的热膨胀性能，升温速率为 5K·min^{-1}[6]。

测试样品的制备：称量适量的阴极粉体，添加 3wt%的 PVB 作为黏结剂，加入适量乙醇混合均匀后干燥，倒入磨具中压制。将样品裁成标准的长条状，进行收缩曲线的测试。热膨胀测试样品的制备：将压制成型的样品进行烧结，控制烧结温度的升温速率为 2K·min^{-1}，第一阶段从室温升到 500℃，在 500℃下保温 60min 除去有机物，然后将煅烧温度以 2K·min^{-1} 的速率升到适宜温度烧结 2h，待冷却后进行热膨胀系数测定。

4. 电极的高温化学相容性

阴极材料与电解质之间的高温化学相容性是衡量电池系统电化学性能的一个重要指标。阴极与电解质粉末一般按质量比 1∶1 混合，进行研磨使二者充分接触，然后在高温下进行烧结，用 XRD 检测其物相组成。

6.3.2　阴极的电化学性能表征

1. 电导率的测试

1）直流四探针法测总电导率

实验采用直流四探针法测试阴极材料的电阻值，进而计算电导率。

添加 3wt% PVB 作为黏结剂，倒入磨具中压制成标准规则长条状（25mm×5mm×2mm）。将样品在 1200～1400℃烧结 24h 后磨平，使表面光滑平整，然后在样品表面涂覆 Pt 电极制成四个电极，放入马弗炉进行热处理。用银浆将银丝黏结到铂表面，高温烧结处理。测试原理如图 6-6 所示。

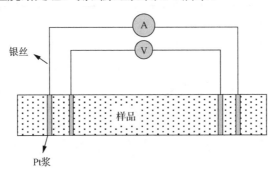

图 6-6　四探针法测电阻原理

从图 6-6 中可以看出，电流从样品的两端的银丝电极中的一侧输入，经过测量样品，另一侧引出的导线测试流过的电流，内侧导线测试电压，由此可以得到电阻，再利用以下公式换算成电导率：

电阻定律：
$$R = \rho \cdot \frac{L}{A} = \frac{1}{\sigma} \cdot \frac{L}{A} \tag{6-16}$$

所以：
$$\sigma = \frac{1}{R} \cdot \frac{L}{A} \tag{6-17}$$

式中，σ 为材料的电导率，$S \cdot cm^{-1}$；R 为试样内侧两点间的电阻，Ω；L 为试样内侧两点间的长度，cm；A 为试样的横截面积，cm^2；ρ 为材料的电阻率，$\Omega \cdot cm^2$。

2) 交流阻抗法测量总电导率[8]

交流阻抗法是指通过控制电化学系统的电流(或系统的电势)在小幅度的条件下随时间按正弦规律变化,同时测量相应的系统电势(或电流)的变化,或者直接测量系统的交流阻抗(或导纳)。电化学阻抗谱(EIS)多用于在某一直流极化条件下,特别是在平衡电势的条件下,研究电化学系统的交流阻抗随频率的变化关系。从获得的交流阻抗数据,可以根据电极的摸拟等效电路计算相应的电极反应参数。若将不同频率交流阻抗的虚数部分(Z'')对其实数部分(Z')作图,可得虚、实阻抗(分别对应于电极的电容和电阻)随频率变化的曲线。图 6-7 为固体电解质 ZrO_2-Y_2O_3 在温度 490℃、氧分压 10^{-2}atm(1 atm=1.01325×10^5Pa)时的电化学阻抗谱,其中,R_1 为电解质欧姆阻抗,R_2 为电解质的晶界阻抗,R_3 为电极/电解质间阻抗。ZrO_2-Y_2O_3 总阻抗 $R=R_1+R_2+R_3$,其总电导率如式(6-18)所示,是 O^{2-} 离子电导率与电子电导率的总和。

$$\sigma = \frac{L}{S} \cdot \frac{1}{R} \qquad (6\text{-}18)$$

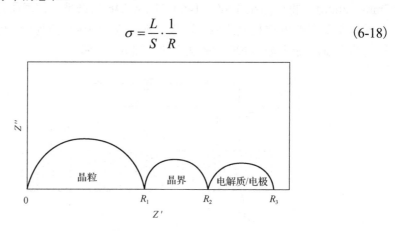

图 6-7　固体电解质 ZrO_2-Y_2O_3 电化学阻抗谱

3) 直流极化法测量电子电导率

离子电子混合传导体的电子传导率测试已有成熟的方法,即利用如图 6-8 所示的 Hebb-Wagner 离子阻塞电极的直流极化法。对于高温 O^{2-} 离子电子混合传导性固体氧化物材料的电子电导率的测试,如何实现 O^{2-} 离子阻塞至关重要[9]。

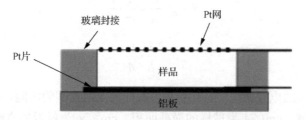

图 6-8　Hebb-Wagner 离子阻塞电极的直流极化测量法

依据电导率与荷电粒子电化学电位梯度及电流的关系即可得

$$J_{O^{2-}} = \frac{1}{2F}\sigma_{O^{2-}}\frac{\partial \eta_{O^{2-}}}{\partial x} = \frac{1}{2F}\sigma_{O^{2-}}\frac{\partial(\mu_O + 2\eta_e)}{\partial x} = 0 \tag{6-19}$$

因此

$$J_e = \frac{1}{F}\sigma_e\frac{\partial \eta_e}{\partial x} = -\frac{1}{2F}\sigma_e\frac{\partial \mu_O}{\partial x} \tag{6-20}$$

对上式进行积分可得

$$\int_0^L J_e \mathrm{d}x = \frac{1}{F}\int_{\eta_{e(2)}}^{\eta_{e(1)}}\sigma_e \mathrm{d}\eta_e = -\frac{1}{2F}\int_{\mu_{O(2)}}^{\mu_{O(1)}}\sigma_e \mathrm{d}\mu_O \tag{6-21}$$

因此

$$J_e \approx -\frac{1}{2FL}\sigma_e \mathrm{d}\mu_O = -\frac{1}{2FL}\sigma_e\left(-2F\mathrm{d}E_{app}\right) = \frac{1}{L}\sigma_e \mathrm{d}E_{app} \tag{6-22}$$

由于 $J_e = \dfrac{I}{A}$，则有 $\sigma_e = \dfrac{L}{A}\left(\dfrac{\mathrm{d}I}{\mathrm{d}E_{app}}\right)$。

式中，L 为样品厚度；A 为电极面积；E_{app} 为施加电压；I 为电流。由此可知，根据电极面积、材料厚度、施加电压与稳定电流的变化关系，可求得电子电导率[10]。

2. 极化曲线的测试

固体电解质与电极构成电池系统，其电极反应一般是利用端电压和电流或电流密度的关系来描述的，电压-电流的关系是电极性能的尺度，也是电极上的反应速度、反应量的尺度。为了研究电极反应，有如图 6-9 所示的 2 电极和 3 电极方法，其中，RE 为参比电极，CE 为对电极，WE 为工作电极。可根据材料的研究需要选择合适的制备电极体系。电解质的制备方法和上述相同，电解质的一侧用丝网印刷涂上阴极作为工作电极，在相应的对面的位置涂上 Pt 浆作为对电极，在工作电极的周围涂上环形 Pt 浆作为参比电极。

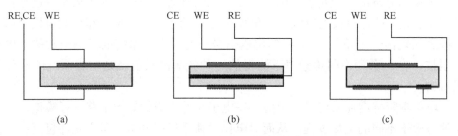

图 6-9　电极反应测量体系[7]

　　电池在工作时电极电位与平衡电位会有偏离，这种现象称为电极的极化，偏离的电压称为电极的过电位。过电位是描述电极性能好坏的重要指标，它的高低直接影响着电池的输出特性和指标。一般来说，过电位随通过电极的电流密度不同而不同。为了反映出整个电流密度范围内电极极化的规律，表达出一个电极过程的极化性能，通常需要通过实验测定过电位随电流密度变化的关系曲线，这种曲线称为极化曲线。极化曲线的测量方法可分为恒电位法、恒电流法、暂稳态法和稳态法。采用恒电位法，通过电压阶梯扫描来测试阴极极化曲线。通常情况下，电流 i 与过电位 η 满足 Butler-Volmer 公式：

$$i = i_0[\exp(-\alpha_a F\eta / RT) - \exp(\alpha_c F\eta / RT)] \tag{6-23}$$

式中，i_0 为反应的交换电流；α_a 为阳极的电荷传递系数；α_c 为阴极的电荷传递系数；R 为气体常量；F 为法拉第常量。

　　当过电位很小时（<10mV），可以看作是线性极化，式(6-23)可以简化为

$$i = i_0(\alpha_a + \alpha_c)F\eta / RT \tag{6-24}$$

　　这时，可以通过线性极化曲线计算得到电化学反应的极化电阻，而极化电阻是衡量电极性能的重要参数，极化电阻越大，电极性能越差，反之越好。

　　当过电位大于 100mV 时，式(6-24)可以简化成强极化的 Tafel 式：

$$\eta = RT / \alpha_a F \ln i - RT / \alpha_c F \ln i_0 \quad (\eta > 100\text{mV}) \tag{6-25}$$

$$\eta = RT / \alpha_c F \ln i - RT / \alpha_a F \ln i_0 \quad (\eta < -100\text{mV}) \tag{6-26}$$

　　在理想状态下，可以通过上述的 Tafel 式计算出交换电流密度 i_0 和电荷传替系数等。

3. 电化学阻抗谱的测试

　　电化学阻抗谱(electrochemical impedance spectroscopy，EIS)的基本原理是用一个角频率为 ω 的振幅足够小的正弦波电流信号对一个稳定的电极系统进行扰动时，与之相应的，电极电位就作出角频率为 ω 的正弦波响应，在被测电极与参比电极之间输出一个角频率为 ω 的电压信号，此时电极系统的频响函数就是电化学阻抗。在一系列不同角频率下测得的这种频响函数值就是电极系统的电化学阻抗谱。

　　电化学阻抗谱通常可以利用由一些电子元件组成的等效电路进行模拟，不同元件对应于不同的电极过程，从而对电化学体系进行分析。常用元件包括：电感

L、电容 C、电阻 R 及常相位元件 CPE(Q)，其中，Q 由 Y_0(量纲是 $\Omega^{-1}\cdot cm^{-2}\cdot s^{-n}$)
及 n(无量纲)两个参数组成，CPE 的导纳表示式为

$$Y(\omega) = Y_0(j\omega)^n = Y_0\omega^n \cos(n\pi/2) + jY_0\omega^n \sin(n\pi/2) \tag{6-27}$$

式中，$0\leqslant n\leqslant 1$，$n=0$ 代表纯电阻；$n=1$ 代表纯电容；$n=0.5$ 代表 Warburg 阻抗；
$n=-1$ 代表电感。

　　SOFC 的阴极过程如图 6-10 所示，包括：①外部供给的分子状态 O_2 向电极的
扩散迁移过程；②分子状态的 O_2 在电极表面的吸附和解离为氧原子的过程；③氧
原子向反应场所(三相反应界面)迁移的过程；④氧原子与电子在三相反应界面反
应生成 O^{2-} 的过程；⑤、⑤'分子状态 O_2 在电极表面反应生成 O^{2-} 的过程；⑥电极
与电解质间 O^{2-} 转移过程。这些步骤具有不同的时间常数，在阻抗谱上表现出不
同特征。通过控制温度、氧分压、电极微观结构等影响电极反应过程的因素，在
阻抗谱上会得到不同形状、不同大小的频率响应变化。固体电解质与电极构成的
电池系统与水溶液电解质体系一样，可以实现稳态极化曲线的测定。当电极反应
速度小时，从电极表面到内部电解质表面的氧分压是一致的。电流密度增大，氧
的吸附和电极表面迁移等就成为电极反应的速度控制步骤。氧分压越低，该表现
越明显。考察在不同温度下，氧分压的变化对阴极电化学性能的影响，从而确定
电极上的反应速率控制步骤。

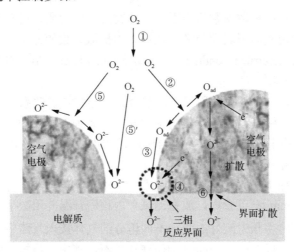

图 6-10　SOFC 的阴极反应过程

　　采用三电极体系分别测定阴极在不同温度和不同气氛中的交流阻抗及阴极极
化性能。以氮气与氧气的混合气体为测试气氛，用质量流量计来控制混合气体流
速，氧化锆微量氧分析仪测定体系中氧气含量。电极体系的测试温度为 600～
800℃。采用电化学综合测试系统对电池进行电化学阻抗谱测试，测试频率范围在

100kHz～100MHz，交流扰动电压振幅为 10mV，测试在电池开路状态下进行。通过 ZsimpWin 拟合软件对阻抗谱进行解析。通过对交流阻抗谱、氧分压及极化曲线的分析，可以得到有关电极的电化学活性与组成的关系及电极反应动力学参数，以此来确定电极上的反应速率控制步骤。同测试温度下阴极极化电阻随氧分压的变化曲线一样，通常电极的极化电阻 R_p 随着氧分压的变化而变化，可以采用下列公式来描述：

$$R_p = R_p^0 pO_2^{-n} \tag{6-28}$$

n 的数值反映了电极上所发生的电化学反应类型，$n=1/10$ 对应着 TPB 处氧离子向电解质传输的过程；$n=3/8$ 对应着 TPB 处的电荷迁移反应；$n=1/4$ 对应着体相电荷迁移反应；$n=1/2$ 对应着氧分子的吸附-解离反应；$n=1$ 对应着氧气分子的吸附反应。

4. 氧离子表面交换系数和体相扩散系数的测定[11]

钙钛矿型复合氧化物由于其较高的混合导电性和较好的催化活性而被越来越广泛地应用于 SOFC 的阴极材料中。这类材料的性能主要由氧在其表面的交换速率及在其体内的扩散速率决定。如果提高这两个速率，固体氧化物燃料电池在较低温度条件下工作时，老化程度将会有所降低，并且寿命会更长。因此，氧离子表面交换系数和体相扩散系数成为固体氧化物燃料电池阴极材料性能测试中的重要参数。目前测定氧离子表面交换系数和体相扩散系数的方法主要有同位素交换法和电导弛豫法(electrical conductivity relaxation, ECR)。由于电导弛豫法所需仪器相对简单，故应用广泛。

电导弛豫法是一种常见的用于测试混合离子导体氧扩散系数 D 及氧交换系数 k 的方法，为准确获得 D 和 k，实验中需测定一系列不同尺寸样品的电导弛豫曲线，并对采集的电导率数据精度及拟合时的迭代次数有一定的要求。如图 6-11 所示，首先用 4 根铂丝捆住条状试样的两端，在样品与铂丝连接的地方涂上铂浆，并于 850℃焙烧 1h 使样品与铂丝间接触良好。将样品用导线连好后装入一段容积为 $\phi 20mm \times 200mm$ 石英管内，放在测试炉内程序升温并用数字万用表实时记录样品的电阻。同时将预先配好的两种不同组分的气体接入气路中。待升温至测试温度后，将 1% O_2 以 $300mL \cdot min^{-1}$ 的流速通入石英管中。待样品电阻在该气氛下趋于稳定后，用二通阀将石英管内的气体由 1% O_2 迅速切换至另一组分 CO/CO_2 （1∶1），此时样品电阻将由一个平衡经过一段时间后到达另一个平衡。已知样品尺寸，根据电导率的计算公式 $\sigma=2l/(R \cdot 2h \cdot 2k)$ 算得电导率随时间的变化曲线。然后对归一化后的电导率-时间曲线进行拟合。

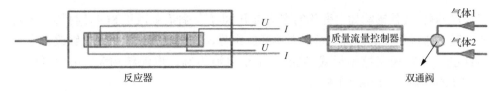

图 6-11　电导弛豫法测试装置示意图

对于一个长度 $2l$、宽度 $2w$、高度 $2h$ 的条状样品,电导弛豫过程的归一化电导率满足如下方程[11]:

$$\frac{\sigma_t - \sigma_0}{\sigma_\infty - \sigma_0} = 1 - \sum_{m=1}^{\infty}\sum_{n=1}^{\infty}\sum_{p=1}^{\infty} \frac{2L_x^2 \exp\left(\dfrac{-\beta_m^2 D_{chem}t}{x^2}\right)}{\beta_m^2\left(\beta_m^2 + L_1^2 + L_1\right)} \frac{2L_y^2 \exp\left(\dfrac{-\gamma_n^2 D_{chem}t}{y^2}\right)}{\gamma_n^2\left(\gamma_n^2 + L_2^2 + L_2\right)}$$

$$\times \frac{2L_z^2 \exp\left(\dfrac{-\delta_p^2 D_{chem}t}{z^2}\right)}{\delta_p^2\left(\delta_p^2 + L_3^2 + L_3\right)} \tag{6-29}$$

$$L_x = x \cdot \frac{k}{D_{chem}}; \quad L_y = y \cdot \frac{k}{D_{chem}}; \quad L_z = z \cdot \frac{k}{D_{chem}} \tag{6-30}$$

$$\beta_m \tan \beta_m = L_x; \quad \gamma_n \tan \gamma_n = L_y; \quad \delta_n \tan \delta_n = L_z \tag{6-31}$$

式中，σ_0、σ_∞ 及 σ_t 分别为试样初始、再次达到新平衡及 t 时刻的电导率；D_{chem} 为氧扩散系数；k 为表面交换系数；β_m、γ_n 及 δ_p 为式(6-30)的非零根。当样品的最小维尺度(厚度)远远小于 D/k 时，式(6-31)可以简化为如下的形式:

$$\frac{\sigma_t - \sigma_0}{\sigma_\infty - \sigma_0} = 1 - \exp\left(\frac{-k_{chem}t}{l}\right) \tag{6-32}$$

实验使用的样品条状试样的厚度约为 0.7mm，远小于 D/k，可以使用归一化电导率方程的简化式(6-32)进行 D、k 的拟合，从而得出相应测试数据。

6.4　纽扣电池及电池组测试

6.4.1　平板式 SOFC 纽扣电池测试[12]

目前，固体氧化物燃料电池正在被许多组织从不同规模上进行测试。一般而言，在研究和开发阶段，电池性能的测试首先从纽扣电池开始，主要目的是提供一种评估电池组件材料(如阳极、阴极、电解质、连接体、集流体、连接体保护涂层等)受测试条件影响如何变化的方法,同时也是一种有效改进 SOFC 材料及工艺的手段。通过这样的方式,可以考察新的组分、工艺及微结构是否能够改善电池的性能。以阳极支撑平板式 SOFC 纽扣电池为例,电池结构为 NiO-YSZ(阳极)/YSZ(电解质)/LSM(阴极)。

SOFC 纽扣电池测试主要测量的是电池的极化曲线和电化学阻抗谱。两者都是材料性质的测量,通过测量结果可以获得材料性能的评价及改进的意见。然而,极化曲线和电化学阻抗谱也会受到一些难以注意的实验变量的影响,如集流材料不适合,密封或电解质中的微小泄漏,两种气流间的压力差,以及电极受到的机械应力。虽然希望获得准确的测试结果,但人们总是把纽扣电池测试作为相对而不是绝对的测试方法。将材料在最优条件下获得的性能较好的极化曲线或电化学阻抗谱作为标准,通过与其进行对比可以对材料性能进行评估。

纽扣电池测试一般在管式炉中进行,电池被同心地放置在两个玻璃或陶瓷管之间,并用密封材料密封好。常用的密封材料包括金环、陶瓷密封胶、玻璃密封胶和银密封胶。为了保证良好的密封,其中一个管是静止的,另一个管用弹簧加载一定的压力。通过更细的内管向电池的阳极和阴极供应燃料气和氧化气。该内管一般放置在电极上方几毫米处。典型的 SOFC 纽扣电池测试设置如图 6-12 所示。

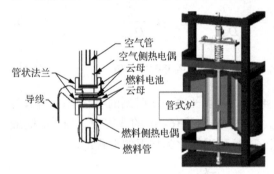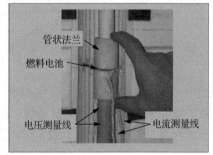

图 6-12 典型的 SOFC 纽扣电池测试装置图

SOFC 纽扣电池通常在 600~800℃恒定温度下测试,必须使用尽可能长的炉子使得反应气体达到规定的工作温度。由于纽扣电池没有设计气体流道,因此燃料和氧化剂的利用率一般低于 5%,并且气体流速需要相对较高。通常,燃料和空气需要通过 25℃的水鼓泡器进行加湿(约 3%的水),并要对起泡器和测试装置之间的气体管线进行保温以防止冷凝。SOFC 纽扣电池测试中的最大挑战之一是消除电解质或密封件中的泄漏,泄漏会导致电池电压降低。一般通过测试电池开路电压并同计算所得理论开路电压(不同气体组成和温度下的能斯特电势)相比来确定电池是否足够密封。

此外,集流材料的选择也会影响电池性能的测试。由于 Pt 材料在高温及氧化还原条件下均具有良好的稳定性和较高的电导率，是目前最常用的集流材料。但是，有报道称 Pt 会挥发并沉积在阴极/电解质界面处，从而影响电池性能。Au 具有比 Pt 低的挥发性，因此是一种更好的"惰性"集流材料。由于在 SOFC 操作温度下具有较高的挥发性，Ag 不是最佳的集流材料，可以作为电池或电池堆测试的候选材料。通常集流体以丝/网的形式使用，通过机械力或 Pt/Au 浆将其压或黏结在电极表面，并用 Pt 导线将电流从测试炉中引出。要注意保证集流体上导线连接处和距离其最远点电极之间的欧姆电阻较小。此外，引线需要尽可能粗和短，这样才能够降低电化学阻抗谱测试中的欧姆电阻和电感效应。为了减轻上述影响，一般建议使用直径为 $0.5\sim1\text{mm}$ 的导线，并使用四电极测试方法。

在电化学性能测试之前，需要对电池进行热和电化学过程调节。首先，在流动空气下以 $1\text{℃}\cdot\text{min}^{-1}$ 的速率加热以烧掉电池当中存在的任何有机黏合剂。其次，当达到操作温度的时候，通入惰性气体将阳极侧的空气排净后，再通入还原气体（氢气含量为 $2\%\sim4\%$ 的氮气或氩气），将阳极当中的 NiO 转化为 Ni 金属。在指定温度和操作条件下，当给 LSM 阴极加载电流后，其性能会有一定程度的提升，因此在进行电池测试前，需要对 LSM 阴极加载一定的电流，使其达到稳定。一般而言，1h 内电池电压变化恒定在 10mV 内被认为是稳定的。

SOFC 纽扣电池最重要的测量是确定电池的电压/电流密度特性曲线或极化曲线。选用恒电位仪测量极化曲线，一般通过调节电流变化，测量电池的电压获得，也可以反过来进行。为了获得实际的极化曲线，电池电流从 0 增加到最大极限电流，以 $20\text{mA}\cdot\text{s}^{-1}$ 的速率记录电池的电压变化（每秒记录 5 个数据点）。取决于电池本身，最大极限电流通常出现在电池电压在 $0.3\sim0.5\text{V}$ 处。类似地，当采用动电位模式时，电流保持给定值，电位以约 $10\text{mV}\cdot\text{s}^{-1}$ 的速度改变。大多数极化曲线会在低电流密度和高电流密度下略微弯曲。

表 6-1 给出了 SOFC 纽扣电池建议的测试条件。

表 6-1　SOFC 纽扣电池建议测试条件

项目	要求
电池尺寸	$2\sim4\text{cm}^2$
管材料	刚玉、氧化锆、石英
密封材料	金
集流材料	金网、金线或铂线
集流方式	作用在集流体上的机械力（$300\sim500\text{g/cm}^2$）金浆或铂浆
燃料利用率	$<5\%$
氧化剂利用率	$<5\%$
湿度	3%水

6.4.2　阳极支撑平板式 SOFC 电池堆测试[13]

SOFC 在实际使用过程中需要将单体电池组装成为电池堆以达到实际的电流及电压需求，本节以德国尤利希研究中心能源与气候研究所（Forschungszentrum-JülichGmbH, Institute of Energy and Climate Research）开发的阳极支撑平板式 SOFC 电池堆为例，对 SOFC 电池堆的测试方式进行简要介绍。

阳极支撑 SOFC 单体电池阳极是 Ni/YSZ，电解质是 YSZ，采用 LSFC 单层阴极。为了阻止 LSFC 与 YSZ 的反应，需要在两者间添加 SDC 阻挡层。单体电池尺寸为 20cm×20cm，阴极有效面积为 360cm²。电池间的连接体材料为 Crofer22APU 不锈钢连接体，厚度为 2.5mm。阳极侧采用镍网连接电池及不锈钢连接体，阴极侧用 LSM 氧化物进行表面处理以防止阴极 Cr 毒化的发生。电池和连接体之间采用玻璃陶瓷材料进行密封。采用氢气（20%水）作为燃料，燃料利用率为 40%。

由 2 个电池组成的电池堆测试装置如图 6-13（a）所示。由 2 个单体电池组成的电池堆被放置在上罩式电炉的中心位置，热量由上罩的四个侧壁提供。电池堆放在炉底上方的耐火黏土砖上，其最下部是转接板，与气体输送系统相连。电池堆底部与转接板之间采用云母或银密封。电池堆上部加载了总重量为 50kg 的堆叠钢板提供机械压力，保障电池堆测试过程中的密封。为了测试单个电池的温度，在每个电池的连接体板中间开了连板深度为 10 mm 的四个孔（每侧两个），并在其中安装了热电偶[图 6-13（b）]。孔被定位在电池所在位置，距离空气和燃料入口均为 10mm。电池堆的温度通常采用置于离燃料入口 10mm 处的热电偶测量得到。每个点的测量误差范围是 ±10℃。测量温度主要用于检查电池堆在操作期间是否发生泄漏。电压测量线（1mm Pt 线）点焊在连接体的中部、电池堆底板和电池堆顶板上面。

 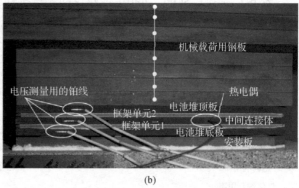

　　　　　　（a）　　　　　　　　　　　　　　　　　　（b）

图 6-13　SOFC 电池堆（2 电池）测试装置（a）和装配图（b）

千瓦级电池堆的功率输出的测试装置需要更为复杂的测试平台，因为有更多的气体需要预热，以及使用甲烷作为燃料时，需要安全的水蒸气供应。图 6-14 为 2.6kW 电池堆的测试流程示意图。如图所示，热废气用于预热在第一步骤中通过同流换热器进入的气体，气体进入电池堆前还需要通过特殊设计的电加热气进行加热。由于从加热器到电池堆底板的管路上会有部分热损失，一般来说，加热器出口温度不低于炉温 50℃。最后，尾气在被释放到环境当中之前，需要被冷却至室温。

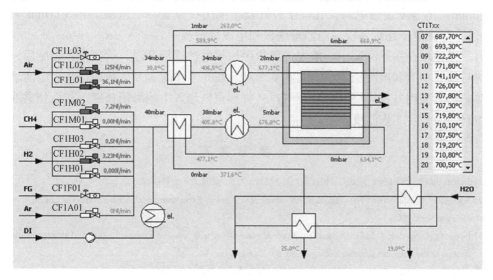

图 6-14　2.6kW 电池堆的测试流程示意图

　　图 6-15 为 2.6kW 电池堆测试装配图。电池堆被放置在上罩型的电炉的中心位置，与上述图 6-13 电池堆类似。电池堆被放置在两个厚的压缩板之间，这也有助

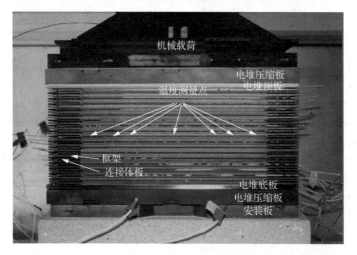

图 6-15　2.6kW 电池堆测试装配图

于测试后将电池堆从电炉当中拆卸并转移到发电系统中。电池堆底板和压缩板之间采用玻璃陶瓷密封。转接板的密封采用云母。电池堆上加载的压力由几块钢板和炉外放置在电池堆顶部总重量为 650kg 的曲柄机构提供。与前面 2 电池电池堆相比，2.6kW 电池堆具有更高的密度，这是因为组件更大会导致公差增加；具有更为复杂的密封工艺。连接体板前侧开有七个孔，后侧开有五个孔，最大深度为10mm，适合安装热电偶。孔位于歧管及电池所在位置。电压测试导线(1mm Pt线)点焊到单个连接体板、电池堆底板和电池堆顶板上。

　　电池堆在实际测试中，需要按照程序加热电炉进行升温，达到设定温度后，进行极化曲线和电池长期稳定性测试。对于独立工作的 SOFC 放电系统，电池堆加热一般采用外部燃烧器加热空气，并将热空气通入电池堆阴极室，从而使电池堆升温至设定工作温度。

参 考 文 献

[1] Richard J D T. 固体缺陷. 刘培生, 田民波, 朱永法译, 北京: 北京大学出版社, 2013.

[2] Barsoukov E, Macdonald J R. Impedance Spectroscopy: Theory, Experiment, and Applications. Ho Boken: John Wiley & Sons, 2005.

[3] Gerhardt R, Nowick A S. Grain-boundary effect in ceria doped with trivalent cations: Ⅰ, electrical measurements. Journal of the American Ceramic Society, 1986, 69(1): 641-646.

[4] 关丽丽. $Ce_{0.9}Gd_{0.1-x}Bi_xO_{1.95-\delta}$ 固体电解质烧结过程与离子传导机理的研究. 哈尔滨: 哈尔滨工业大学, 2016: 64-70.

[5] 乐士儒. 平板式固体氧化物燃料电池阳极系统的研究. 哈尔滨: 哈尔滨工业大学, 2007: 81-82.

[6] 罗燕. SOFC 阴极材料 $BaFe_{1-x}Bi_xO_{3-\delta}$ 的制备和表征. 哈尔滨: 哈尔滨工业大学, 2014: 13-17.

[7] Fu D, Jin F, He T. A-site calcium-doped $Pr_{1-x}Ca_xBaCo_2O_{5+\delta}$ double perovskites as cathodes for intermediate-temperature solid oxide fuel cells. Journal of Power Sources, 2016, 313: 134-141.

[8] Kawada T, Yokokawa H, Dokiya M. Ionic conductivity of mont-morillonite/alkali Salt mixture. Solid State Zonics, 1988, 28-30(1): 210-213.

[9] 贺贝贝, 潘鑫, 夏长荣. 固体氧化物燃料电池的电解质及电极材料的电导率研究方法. 中国工程科学, 2013, 15(2): 57-65.

[10] 张国光, 刘卫, 谢津桥, 等. $SrFe_{1.5-x}Co_xO_y$ 混合导体的制备及氧化扩散研究. 硅酸盐学报, 2000, 1: 004.

[11] Lane J A, Kilner J A. Measuring oxygen diffusion and oxygen surface exchange by conductivity relaxation. Solid State Ionics, 2000, 136: 997-1001.

[12] US Fuel Cell Council's Solid Oxide Fuel Cell Focus Group. Introduction to Solid Oxide Fuel Cell Button Cell Testing, Document No. 07-015 2007. 7. 6.

[13] Blum L, Packbier U, Vinke I C, et al. Long-term testing of SOFC stacks at Forschungszentrum Jülich. Fuel Cells, 2013, 13(4): 646-653.

第7章　SOFC单体电池及电池堆

7.1　引　　言

SOFC 是一种持续供给燃料和氧化剂的电化学能量转换装置，由于它具有燃料灵活性（可以使用天然气、生物质气等碳氢化合物和城市垃圾）、清洁、高效（燃料再生率＞70%）、通过热电联供装置可将综合利用率提高到90%以上等优点，因此它在提供高电效率和改善环境效益方面具有巨大的前景[1-2]。

目前，SOFC 成了一项能源转换的战略高技术，为促进 SOFC 发电系统的应用，世界各主要经济体纷纷出台了各种政策并制定了长期研究发展计划。最早的 SOFC 电池堆可追溯到 20 世纪 30 年代，Baur 等用 8 个单电池串联，组装了第一个电池堆[3]。走在前列的西屋电气公司在 1986 年开发出商用 SOFC 400W 管式电池组，揭开了 SOFC 发电系统商业应用的序幕[4]。此后，SOFC 发电技术迅速发展，尤其在整体发电系统方面。

SOFC 发电系统在人类生活中具有广阔的应用前景，可以应用于电力、交通运输和军事等领域。SOFC 技术的研究和开发受到了世界许多国家的重视。这一技术的成功应用对于缓解能源危机、满足人类对电力数量和质量的需求、保护人类的生存环境以及保障国家安全都具有重大意义。就目前世界水平而言，SOFC 技术还不能满足商业化的要求，在材料、设计、制备和集成等各个领域都有待深入的探索。

7.2　SOFC 单体电池及电池堆结构

SOFC 的输出性能受多方面的影响，如电极材料的组成和性能、电解质的选择、电极极化的影响、电池运行的温度与压力和电池结构。因此，在 SOFC 的研究中，相关材料的选择、SOFC 的结构设计及其制备都十分重要。

目前研发的 SOFC 单体电池结构中，主要分为管式和平板式两种基本结构[5-7]，其主要区别在于电池的燃料通道与氧化剂通道的密封形式以及电池组中单电池的电路连接方式，包括以下四种设计：

（1）圆管式 SOFC：此种结构是最早采用的，也是工艺最成熟的。组件由一端不封闭管上的薄膜组成。电池使用时，氧化剂由注入管引入，穿过支持管与注入管的开放孔隙；燃料气在支持管外流动。电池的开口端排出的氧化气流将与未反应完全的气体进行燃烧反应。

(2)扁管式 SOFC：分为多孔基体上薄带状结构和套筒式结构。优点是效率高，沿气流方向电池电阻损失较小；第一个电池具有较高的输出电压。但是支持管较厚限制了气体的传输，从而限制了电池的性能。

(3)叠层波纹板式 SOFC：由若干个波纹电池组件形成的致密蜂窝状结构组成。分为两类多层陶瓷：阳极/电解质/阴极、阳极/中间层/电解质/阴极。优点在于尺寸小、功率大，不足是制备工艺复杂，加工难度大。

(4)平板式 SOFC：单电池几何形状简单且单个模块完全开放、制备工艺简单，适用于大规模组装，解决了致密烧结的困难，使质量得以保证。其特点是具有较高的能量密度和较佳的性能，各部件可以分开制备，加工简单。

7.2.1　管式 SOFC

图 7-1 为早期管式 SOFC 的剖面图。可以看到电极、电解质和连接器都沉积在支撑管上，厚度为 10～50μm。在这种管式结构中，单电池沿多孔支撑管排列，通过陶瓷连接体可将单电池串联。另一种早期管式 SOFC 设计称为"套管型"，其结构如图 7-2 所示，管式结构由许多管套装组成，其优点是制备方法简单，缺点是密封困难；连接体材料最早选用铬酸钴材料，后改用铬酸镧材料，以电化学沉积(CVD)或电化学气相沉积(EVD)工艺来制备[8]。

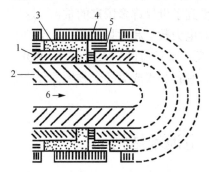

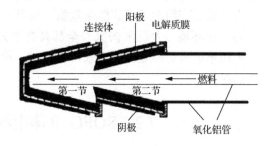

图 7-1　早期管式 SOFC 剖面图　　　　图 7-2　套管型 SOFC 结构示意图
1-阳极；2-微孔支撑管；3-电解质；
4-阴极；5-连接器；6-燃料

后来的管状电池由一端封闭的单体电池采取串联或并联的形式组装而成，其结构如图 7-3 所示，单电池组成结构依次为多孔支撑管、空气电极、电解质和燃料极[9]。采用 CVD 或 EVD 方法制备致密的连接体材料，连接体材料的外围以多孔镍毡作为接触的缓冲和导电材料。多孔管起支撑作用，可使空气顺利到达空气电极。

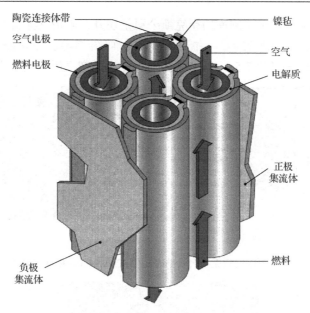

图 7-3　管式 SOFC 结构示意图

　　目前，先进的管式 SOFC 中，多孔管已经由空气电极自身支撑管代替。这不仅使单电池的制备工艺相对简化，还使单管电池的功率提高近 9 倍，同时大大改善了功率密度，最突出的作用是电池稳定性大幅度提高。LSM 空气电极支撑管、YSZ 电解质和 Ni/YSZ 金属陶瓷阳极三部分常见的制备方法通常包括挤压成型、CVD 和喷涂等，再经高温烧结以达到足够的机械强度。管式 SOFC 的一大优势为组装简单，可以避免高温密封这一技术难题以及薄层结构问题。但是，管式SOFC 电池单元制备工艺相当复杂，需要复杂的薄膜制备技术来制备电解质膜和双极连接膜，而且制备设备较昂贵，粉末的利用率也很低，技术的不够完善导致其制备成本很高。掌握这项技术的企业也寥寥可数，仅有美国西屋电气公司和几家日本公司。

　　西屋电气设计的无密封管式 SOFC 单电池长 150cm，直径 1.27cm，电池的功率可以达到 35W。在电池持续恒流输出的情况下，电池电流密度为 $200mA \cdot cm^{-2}$时对应的电池电压为 0.78V，燃料利用率达 58%。根据这些数据可以发现其材料的欧姆损失很大，所以降低连接材料层的厚度或用电导率更高的连接材料可以有效提高电池的输出功率，同时集流电路比较长，也会造成很大的欧姆极化损失，这也是限制 SOFC 性能的一个主要因素[10]。

　　由于最初的管式 SOFC 阴极 LSM 材料的电导率偏低，而且 LSM 与常用电解质材料 YSZ 的高温相间会发生化学反应(高于 1250℃时，二者会发生反应生成低电导率的 $La_2Zr_2O_7$)，国内外的很多学者和研究机构又致力于 Ni/YSZ 阳极支撑管式 SOFC 的研发[11]。美国阿库门崔克斯公司正在开发阳极支撑微管式 SOFC，电池运行温度可以降低到 750℃，并开发了电池堆(图 7-4)。Kyocera(日本)研发了阳极支撑扁管 SOFC(图 7-5)，其合作公司已经在生产家用单元系统。

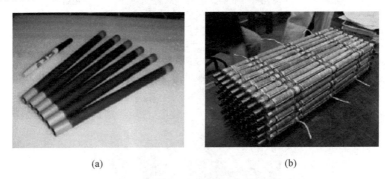

(a)　　　　　　　　　　　　　　　　(b)

图 7-4　阿库门崔克斯公司的小型管式 SOFC(a)和电池束(b)

图 7-5　Osaka Gas 和 Nippon Oil 制造家用 CHP 所采用的 Kyocera 阳极支撑扁管电池

7.2.2　瓦楞式 SOFC

瓦楞式 SOFC 的基本结构如图 7-6 所示[12]。其结构与平板式基本相同，单电池由阳极、电解质、阴极三部分组成，通过连接体可将单电池连接。瓦楞式 SOFC 的电极以及电解质被做成瓦楞状，因此自身便可隔绝燃料气和空气，而平板式 SOFC 需要用双极连接板形成气体通道，所以瓦楞式电池相比于平板式电池，其有效工作面积大、内阻小、效率高、无需高温封接、结构牢固。另外因为不需要支撑结构，所以瓦楞式电池的体积小、重量轻、单位体积功率密度大。瓦楞式电池存在的主要缺点是制备工艺困难，制备过程必须严格控制电极材料和电解质材料的烧结条件，通过共烧结一次成型，目前发展此种类型的 SOFC 仅有美国 Allied Signal 公司和少数几家日本公司。它的连接体材料为平板状，一般是由铬酸镧类的陶瓷或高温合金制备。

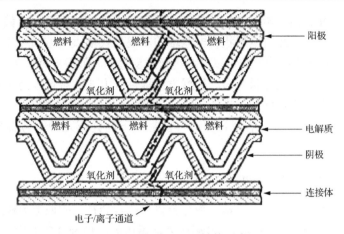

图 7-6　瓦楞式 SOFC 结构示意图

7.2.3　平板式 SOFC

平板式 SOFC 结构如图 7-7 所示[10]。平板式 SOFC 的空气电极/固体电解质/燃料电极经烧结成为一体，形成类似三明治的平板结构，单个平板电池厚度为 0.1～1mm。单电池通过连接体形成串联结构，连接体一般为具有保护涂层的金属或陶瓷材料。连接体主要具有两方面作用，一是连接单体电池构成串联结构，二是隔绝空气和燃料气，通过表面的导气槽为电池阴极和阳极构建气体流通的路径。全陶瓷类的 $LaCrO_3$ 钙钛矿材料成型工艺复杂，成本昂贵，常于 800℃以上的 SOFC 电池堆中使用，为了进一步降低 SOFC 的生产成本，铁素体类金属连接体得到更广泛应用。金属连接体加工工艺简单，通常采用机械加工的方法在连接体两侧形成气体路径，然后采用热喷涂等方法在阴极沉积高温抗氧化涂层。平板式自身结构和陶瓷材料的本征性能使得平板式电池缺乏韧性，这就对单体电池的尺寸有了限制，为了增大 SOFC 的功率，通常采用串联的方式构建电池堆。

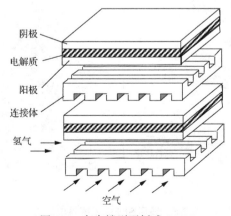

图 7-7　自支撑型平板式 SOFC

平板式 SOFC 由于电池结构简单，密封和导电功能的实现都依赖于电池堆中其他组件的组合，因此电池形状和电池堆的实现形式依供气方式和连接体设计而多种多样。根据支撑体的种类可以分为电解质支撑型、阳极支撑型和金属支撑型。根据电池形状可分为碟形和方形。根据电池堆供气方式大致可分为内流腔式、外流腔式和混合式，其依据在于将气体输送并分配到电池表面结构是否通过在连接体上开孔，且是否以闭合的密封圈进行密封。下面介绍几种较为典型的平板式 SOFC 电池堆[13]。

1. 电解质支撑碟形 SOFC 电池堆

电解质支撑型 SOFC 以日本三菱综合材料株式会社和关西电力株式会社联合开发的采用 $La_{0.8}Sr_{0.2}Ga_{0.8}Mg_{0.2}O_3$ 电解质为支撑体的蝶形 SOFC 为代表，电池堆以 46 片电池的无密封设计提供千瓦级功率输出[14]。

如图 7-8 所示，碟型电池堆内重复排列的 SOFC 单体电池与连接体置于中心部位，其中连接体为三层钢板叠合而成，输气管道连接两个弹性悬臂，从外部将气体输送到连接体中心，连接体中心表面的两侧布置气孔，燃料和空气通过气孔分别被送至阳极和阴极参与电化学反应。该电池堆采用无密封结构，燃料和除湿空气流经电极表面参与反应后，尾气直接从电池边缘排放到环境中并在高温下燃烧，燃烧产生热量用来对电池堆加温。该电池堆燃料采用除湿空气和重整过的城市天然气，燃料利用率为 75%。电池堆以 $0.3A \cdot cm^{-2}$ 的负载恒流放电，运行了 40个热循环，其中前 15 个热循环中电压基本维持稳定，后 25 个热循环中工作电压开始衰减。

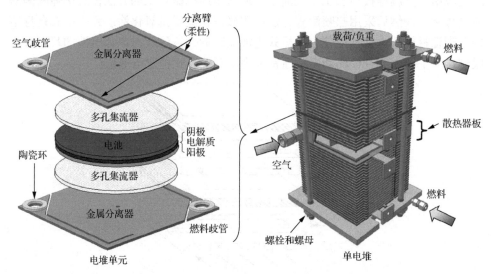

图 7-8　碟形 SOFC 无密封电池堆

2. 阳极支撑方形平板式 SOFC 电池堆

Fuel Cell Energy 公司开发的阳极支撑型平板式电池堆是一种典型的内流腔式电池堆[15]。如图 7-9 所示,单体电池结构为方形阳极支撑型。为了防止电池由于受压过大或不均而破裂,电池堆由螺栓紧固的上下端板提供压力。该电池堆在电池层外围布置一个厚度和电池接近的钢板圈以支撑电池所需要的空间,并用在常温下具备一定压缩性的陶瓷密封材料进行密封。采用 28 片反应区面积为 $121cm^2$ 的电池实现了 1kW 的功率输出,并可以方便地实现 4 个电池堆的串联。在测试中,电池堆以 75% 的燃料利用率运行,输出 $0.388A \cdot cm^{-2}$ 电流,平均每片电池电压高于 0.7V,每次热循环电池输出电压衰减小于 0.006V。

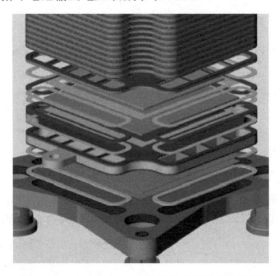

图 7-9　Fuel Cell Energy 公司的内流腔式电池堆

HTceramix-SOFCpower 公司的 R 型电池堆是另一类内流腔式电池堆,其特点是电池堆的燃料和空气进气歧管通过电池表面的两个开孔以及开孔周围的密封材料叠合构成,如图 7-10 所示[16]。该型电池堆没有设置出气歧管,和碟型无密封电池堆一样,反应的尾气被直接排放到环境中,但与其区别主要在于 R 型电池堆通过 U 型密封将燃料尾气和空气尾气的排气口布置在电池堆相对的两个侧面,使燃料和空气在电极表面形成对向流向,电池堆的密封和接触压力由测试台向两端较厚的钢板施加压力提供。由于燃料尾气在堆芯一侧燃烧会导致电池堆温度分布严重不均衡,该侧被火焰升温膨胀后引起电池堆热应力分配不均,破坏了密封完整性,同时热应力会导致密封压力的不均衡,从而使进气歧管的密封出现渗流泄漏,在电池堆内部产生燃料泄漏燃烧,加剧电池堆内的热分布不均现象,因此该型电池堆容易出现电池破裂的问题而失效。

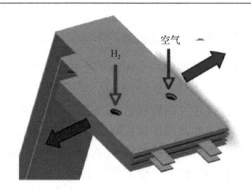

图 7-10　HTceramix-SOFCpower 公司的 R 型电池堆

3. 阳极支撑椭圆形平板式 SOFC 电池堆

HTceramix-SOFCpower 公司的 S 型电池堆对 R 型电池堆进行了大幅改进。在电池结构方面，如图 7-11 所示[17]。将两个开孔置于电池反应区域两端，且此两组开孔仅组成燃料的输入和输出歧管，从而实现了对燃料尾气的收集。电池以开孔为圆心将方形的两边设计为半圆形以方便密封材料布置铺设在电池开孔周围。空气气路则使用外流腔设计，从半圆形端面进入堆芯，与燃料气体流向形成同向或对向流动。该设计即为内流腔和外流腔混合式结构，电池堆工作在 770℃，反应区面积为 $50cm^2$，最高燃料利用率为 60%，最高电流效率为 32.7%，氢气流量为 $5.14mL \cdot min^{-1} \cdot cm^{-2} \cdot cell^{-1}$，氮气流量与氢气流量相同，空气流量高达 $61mL \cdot min^{-1} \cdot cm^{-2} \cdot cell^{-1}$，72 片电池电池堆输出功率约为 1.1kW。

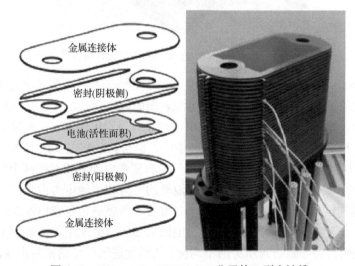

金属连接体

密封(阴极侧)

电池(活性面积)

密封(阳极侧)

金属连接体

图 7-11　HTceramix-SOFCpower 公司的 S 型电池堆

不同的电池堆设计在提供气体隔绝密封和收集电流的功能上要求是一致的，只是具体实现形式不同，而不同的设计中气流在电极表面的不同流向则会直接影响电池堆的运行状态。对于方形 SOFC 电池，气流流向可以分为同向流向、对向流向和交叉流向。工作状态下，由于气流在流经电极表面时会发生反应，空气中的氧气会经由吸附吸收过程变成氧离子，穿过电解质层与阳极侧的燃料气体反应，从而导致空气侧氧分压降低；同时阳极侧的燃料与氧离子反应，生成 H_2O 或 CO_2，使燃料侧氧分压升高，从而降低局部 OCV。此外电化学反应放热会加热气体，预热气流下游的电池区域，造成电池堆的热、电和应力的不均匀分布。因此，实际的 SOFC 设计与操作还有很多的技术问题需要解决。

7.3　平板式 SOFC

阳极支撑型平板式 SOFC 是目前 SOFC 研究开发的主要方向[18-20]。作为支撑体的阳极厚度一般为 0.5～1mm，典型的电解质薄膜厚度约为 10μm。由于阳极支撑体和电解质的热膨胀系数存在一定的差别，并且在制备过程中两者的烧结收缩特性也不同，为了避免运行中热应力造成的电池弯曲甚至失效的问题，电解质厚度一般不超过 20～30μm。同时，由于电解质厚度减小和内阻的降低少，电池可以在较低温度（700～800℃）下运行，功率密度高。孙克宁团队在阳极支撑型中温平板式 SOFC 单体电池及系统开发方面开展了大量的研究工作。

对于 SOFC 阳极的研究，目前大多数围绕着 Ni/YSZ 体系进行。研究的重点，一方面是探索其低成本、大面积的制备方法；另一方面则是研究阳极的性能、微结构、组成与制备工艺之间的关系。近期的研究结果表明，相对于固体电解质，电极主要由非均质的材料构成，其性能不仅受到其组成，如 Ni 含量的影响，而且严重依赖混合组分的均一性能及微观组织结构。一般说来，Ni/YSZ 阳极微结构中 Ni 在电解质基体中分布越均匀，阳极性能就越好。

Ni/YSZ 阳极的制备一般是采用 NiO 和 YSZ 粉体机械混合或者通过采用化学合成的方式，获得 NiO/YSZ 复合粉体，然后通过一定的成型工艺成型、烧结得到 NiO/YSZ 阳极坯体，其中 NiO 在电池工作时通过燃料气体的原位还原反应再转变成金属 Ni。制备 Ni/YSZ 金属陶瓷阳极膜的成型方法有多种，包括传统的陶瓷成型技术、涂膜技术和沉积技术等，表 7-1 为目前平板式 SOFC 阳极支撑体的主要成型工艺。

通过表 7-1 可以发现，流延成型法具有工艺简单、生产周期短、成本较低等优点，因此在阳极支撑型平板式 SOFC 中，可以采用流延法制备阳极/电解质复合层，随后通过共烧结实现最终成型；而阴极则可以选用最为普遍的丝网印刷法，此方法工艺简单、成本低，但存在致密性及厚度难控制且易开裂的缺点，还需进一步完善[24]。

表 7-1　平板式 SOFC 制备工艺[21-23]

支撑类型	支撑阳极电极/电解质	阴极	性能及特点
阳极支撑	流延法(共烧结)	丝网印刷	易实现自动化生产,成本低,致密性较难控制,素坯易产生裂纹
	丝网印刷(共烧结)	涂布法	成本较低,生产效率低,素坯易出现裂纹,不适合批量生产
	流延法(共烧结)	溶胶-凝胶	成本较低,电解质致密性及厚度较难控制,易开裂,生产效率低
	流延法(共烧结)	浸渍法	
	等离子喷涂	等离子喷涂	素坯厚度易控制、成膜质量高,但生产成本高
	辅助气相沉积	辅助气相沉积	工艺较简单,成膜技术要求较高
	热解喷涂	热解喷涂	成本适中,易实现自动化生产,需热处理,对技术要求较高
	脉冲激光沉积(PLD)	脉冲激光沉积	成膜质量高,成本高,生产速率低,难以大规模生产
	静电辅助气相沉积	静电辅助气相沉积	成本适中,成膜均匀,技术要求较高
	磁控溅射(RFS)	磁控溅射	成膜质量高,成本高,技术要求高,生产速率低,难以大规模生产
	压延法(tape calendaring)	丝网印刷	素坯易出现裂纹,成本较低,易实现大规模生产

7.3.1　流延法制备 SOFC 半电池

流延成型(tape casting)是薄片陶瓷材料的一种重要成型方法,该工艺是由 G. N. Howatt 首次提出并应用于陶瓷成型领域,并于 1952 年获得专利授权[25]。流延成型自出现以来就用于单层或多层薄板陶瓷材料的生产,易于制造各种尺寸和形状的坯体,而且可以保证坯体质量[26]。流延成型已成为生产多层电容器和多层陶瓷基片的支柱技术,同时也是生产电子元件的必要技术。此外,流延成型工艺还可用于造纸、塑料和涂料等行业。

图 7-12 为流延机的工作示意图。流延成型的具体工艺过程是将陶瓷粉末与分散剂、有机黏结剂、塑性剂等添加剂在有机溶剂中混合,形成均匀稳定悬浮的浆料。成型时浆料从料斗下部流至基带上,通过基带与刮刀的相对运动形成素坯,在表面张力的作用下形成光滑的上表面,坯膜的厚度由刮刀高度控制。

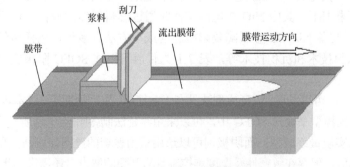

图 7-12　流延机工作示意图

　　流延浆料的基本组成包括粉料、溶剂、分散剂、黏结剂和塑性剂五大部分。

　　溶剂的主要作用是溶解黏结剂、塑性剂及其他有机添加剂,分散颗粒,并使浆料具备适合的黏度。溶剂的分散能力主要与其表面张力有关,由于有机溶剂的表面张力比水低得多,因此孙克宁团队选用了非水基流延浆料体系。混合溶剂具有较好的表面张力和介电常数等综合性能[24],且沸点较低,同时对分散剂、黏结剂和塑性剂的溶解性能也较佳。为确保混合溶剂同时挥发,流延浆料中通常选择二元共沸混合物。最常用的有乙醇/丁酮、乙醇/三氯乙烯和三氯乙烯/甲乙酮等。在综合考虑溶剂的化学稳定性、黏度、分散能力和沸点后,最终选定乙醇/丁酮二元体系作为溶剂。

　　分散剂的分散效果是决定流延制膜成败的关键。流延工艺中常用的分散剂按类型可分为非离子、阴离子、阳离子和两性离子四种[27],通常在选择过程中需考虑原料粉体颗粒表面带电类型及浆料 pH。研究表明,各商用分散剂中磷酸酯、乙氧基化合物和鲱鱼油在陶瓷粉料浆液中的分散效果最佳,孙克宁团队选用三油酸甘油酯为分散剂。

　　黏结剂分子中都含有相互交联的链结构,因此其玻璃化转变温度 T_g 往往高于室温,使得黏结剂能够保证素坯的强度却不能使素坯具有足够适合于加工的韧性[28],选用聚乙烯醇缩丁醛(PVB)作为黏结剂。

　　塑性剂的加入可以保证素坯的柔韧性,同时对粉体颗粒还起润滑和桥联作用,有利于料浆的分散稳定,但加入塑性剂会使素胚膜的强度降低[29]。选用聚乙二醇(PEG)、邻苯二甲酸二乙酯(PHT)作为塑性剂,两者在浆料中发挥的作用有所区别,PHT 主要用来润滑粉体颗粒,而 PEG 则主要在粉体颗粒间形成有机桥梁。

　　此外,为了在 SOFC 阳极中构造多孔结构,为气体的输送提供通道,因此还需要在阳极浆料中添加造孔剂,主要采用淀粉作造孔剂。

　　一般的流延过程可分为以下三个阶段(图 7-13)。

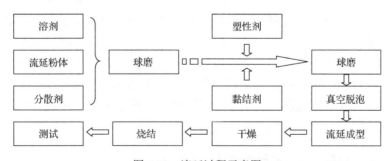

图 7-13　流延过程示意图

第一阶段以球磨分散为主,目标是打碎陶瓷颗粒的团聚体并湿润粉料。因此,本阶段的浆料只包含粉料、溶剂及分散剂。在搅拌过程中,分散剂将有充分的时间占据颗粒表面的大部分位置,这是发挥它们最佳效果的必要条件。

第二阶段主要是将浆料与增塑剂和其他功能添加剂相混合。此阶段球磨的时间应足以使浆料达到均一稳定条件。

第三阶段是浆料混合后,其中会有一定量的空气,流延前必须经真空除去。因此,在制定浆料组成时必须考虑到由溶剂损失而引起的浆料黏度增加。除气必须持续达到理想的浆料黏度值为止。流延前还必须通过细筛除去浆料中的有机或无机残渣,如黏结剂块或球磨介质的小残屑等。

SOFC 阳极一般由支撑层和功能层两层构成,每一层的厚度及设计如图 7-14 所示。支撑层主要起支撑作用,要求有一定的强度以及阳极所需的电导率和孔隙率。功能层为反应层,需要有高的反应活性和合理的组成。采用共流延方式制备电解质/阳极半电池,先流延一层 YSZ 电解质膜,随后通过多层流延方式,在电解质层上面制备 NiO-YSZ 阳极层。

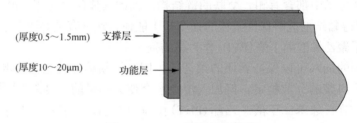

(厚度0.5～1.5mm)　支撑层 →

(厚度10～20μm)　功能层 →

图 7-14　SOFC 阳极结构设计

7.3.2　电解质的研究

电解质是 SOFC 最核心的部分。它的性能(包括电导率、稳定性、热膨胀系数、致密化温度等)不但直接影响电池的工作温度及转换效率,还决定了所需要的与之相匹配的电极材料及其制备技术的选择。总的来说,一种好的电解质材料必须具有以下条件[30]:①有足够高的氧离子电导率和可以忽略不计的电子电导率;②致密,防止氧气和燃料气的相互渗漏,发生直接燃烧反应;③具有良好的化学、结构及尺寸形状稳定性;④与阴极和阳极有良好的热匹配性,即相同或相近的热膨胀收缩行为;⑤有较高的机械强度和抗热震性能及较低的价格等。

1. 流延浆料黏结剂对电解质致密性的影响

流延浆料当中黏结剂的含量对于电解质层成型影响较大[31]。聚乙烯醇缩丁醛

(PVB)是一种应用广泛的高分子黏结剂。在流延过程中，由于分子量大，PVB 分子间相互交联，具有很好的黏结性，使流延过程易于实现。在流延之后，电解质形成薄膜，其中有机溶剂迅速挥发，大分子量的 PVB 包裹在 YSZ 颗粒表面，并相互交联，形成空间网络结构，如图 7-15 所示。可以看出，由于有机溶剂挥发，素坯表面形成大量气孔，孔径大小为 1～5μm，会导致电解质在高温烧结的过程中难以实现致密化。右上角嵌入图中白色颗粒为 YSZ，粒径尺寸在 0.2 μm 左右。YSZ 颗粒被 PVB 大分子包裹，干燥后形成海绵状疏松网络结构。因此，溶剂挥发后形成的大量孔隙，以及 PVB 的包裹和交联形成的疏松网络结构，都将严重影响电解质在烧结过程中的致密化。

图 7-15　电解质素坯表面形貌

将不同 PVB 含量所制备的电解质素坯经过 1400℃烧结，采用 SEM 观察烧结后电解质的断面结构，如图 7-16 所示。可以看出，PVB 含量为 12%时，所制备的电解质疏松多孔，并且电解质与阴阳极界限不显著。图 7-17 当降低 PVB 含量至 8%时，电解质致密度大幅提高，但与右侧阳极的界限清晰，电解质左侧部分还有一定孔隙，与阴极界限模糊。随着 PVB 含量降低至 4%，电解质致密度最高，无明显孔隙，与两侧多孔阴阳极的界限都很清晰，能够较好地隔绝气体。因此，减小 PVB 黏结剂的含量，有助于提高烧结后电解质的致密度。但是，当 PVB 含量小于 4%时，流延后的电解质素坯会出现大量裂缝。PVB 黏结剂的最佳含量为 4%。

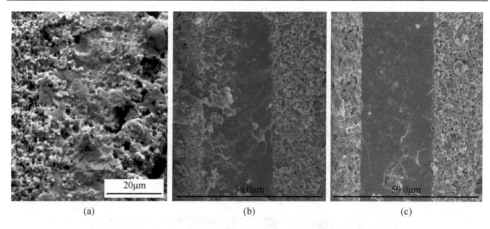

图 7-16　半电池 1400℃烧结后的断面图(m 为 PVB 的质量分数)
(a) m=12%;　(b) m=8%;　(c) m=4%

　　将不同 PVB 含量的 SOFC 半电池样品组装单体电池，测试了电池在 800℃下的放电性能，如图 7-17 所示。当 PVB 含量为 12%时，单体电池的开路电压仅为 0.98V，远低于理论开路电压 1.17V，原因是电解质存在疏松的不致密多孔，导致阴阳极两侧氧离子浓度降低，与图 7-16 所示的电解质的致密程度一致。PVB 含量为 8%和 4%的样品电解质更致密化，具有较好的隔绝气体的效果，开路电压为 1.0V左右。其中 PVB 含量为 4%的单体电池，电解质最致密，功率密度最高。SEM 照片和单体电池放电数据均表明 PVB 最佳含量为 4%时，所制备的 SOFC 半电池的电解质最致密。

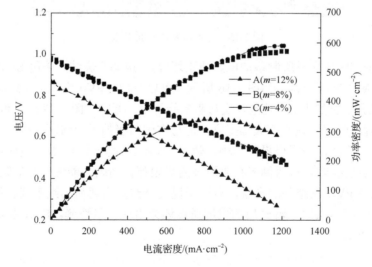

图 7-17　不同 PVB 含量电池 I-V 和 I-P 曲线

2. 烧结制度对电解质致密性的影响

电解质的烧结过程对于最终电解质的致密程度有影响。考察了两种不同烧结制度对于电解质致密性的影响。图 7-18 为 YSZ 电解质膜的两种烧结制度[32]。

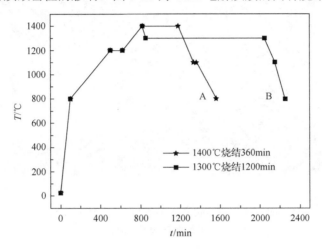

图 7-18　YSZ 电解质膜两种烧结制度

图 7-19 为 A、B 两种烧结制度下制备的电解质膜表面 SEM 照片。

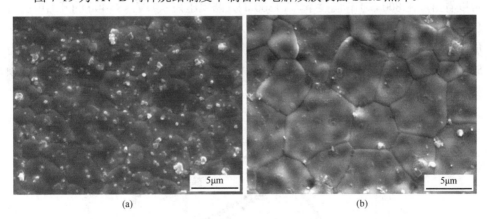

(a)　　　　　　　　　　　　　　　　(b)

图 7-19　不同烧结制度制备的 YSZ 电解质膜表面的 SEM 照片
(a) A 制度；(b) B 制度

从两照片当中可以看出，两种烧结制度均可以实现 YSZ 电解质膜的致密化，不存在烧结不足的现象，膜的表面没有气孔，也没有裂纹，YSZ 颗粒呈不规则形状且排列紧凑。并且 YSZ 晶粒随着最高烧结温度的升高，有明显长大的趋势。1300℃烧结 20h 的电解质晶粒平均粒径在 2～3μm，而 1400℃烧结 5h 的电解质平均粒径增大到 5～6μm。图 7-20 是在 A、B 两种烧结制度下制备的 YSZ 电解质膜断面的 SEM 照片。与表面形貌进行对比,可以看出不同烧结制度制备的 YSZ 电解质膜断面内均存在一定数量的闭合微孔,出现一定程度的不完全烧结,但没有出现通孔或者裂缝等缺陷。

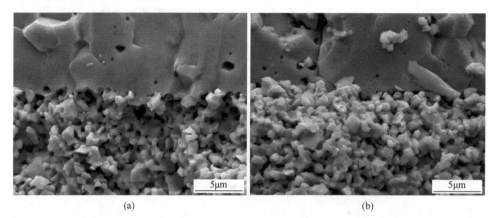

图 7-20   不同烧结制度制备的半电池断面的 SEM 照片

(a) A 制度;(b) B 制度

进一步将两种烧结制度制备的半电池组装成模拟电池并测试了其放电性能,如图 7-21 所示。1300℃烧结的样品编号记为 Y1300,1400℃烧结的样品编号记为 Y1400。可以看出,在 800℃工作温度下,Y1300 的开路电压为 0.99V,Y1400 的开路电压为 1.0V,表明两种烧结制度所制备的电解质薄膜比较致密,能够达到要求。两个样品的放电曲线显示,Y1300 的最大功率密度为 460mW/cm^2,Y1400 的最大功率密度为 520mW/cm^2。前者最大功率密度较低的原因可能是烧结时间过长(20h),导致 NiO 颗粒长大,团聚更为严重,因此模拟电池的放电性能下降,与图 4-30 所示阳极一致。

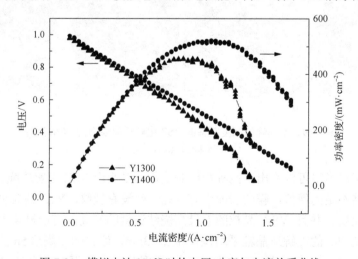

图 7-21   模拟电池 800℃时的电压-功率与电流关系曲线

7.3.3　阳极功能层的研究

SOFC 的阳极可分为阳极支撑层(anode supported layer，ASL)和阳极功能层(anode functional layer，AFL)。阳极支撑层主要起到支撑、传输气体及传输电荷的作用。阳极功能层是燃料发生反应的主要场所，具有较多的三相反应位点。目前，SOFC 的阳极主要由 NiO-YSZ 组成，在进行电化学反应前将 NiO 还原为金属 Ni 催化剂，YSZ 起离子导电和支撑骨架的作用。SOFC 阳极功能层的性能主要受 NiO、YSZ 原料含量、粒度，造孔剂类型、含量，有机添加剂等的影响[31,33]。

1. 阳极功能层中 NiO 含量的研究

在 SOFC 阳极功能层中，NiO 会被还原为金属 Ni，金属 Ni 具有很好的催化活性。一般而言，阳极中 NiO 质量含量应大于 50%，这样才能够形成连通的导电网络并具有较多的活性催化位点。对阳极功能层中 NiO 含量进行了研究，分别制备了 NiO 含量为 55%、60%、65% 和 70% 的半电池。

观察不同 NiO 含量阳极样品 1300℃烧结后的表面形貌，如图 7-22 所示。图中表面白色为电解质薄膜，薄膜下面为阳极功能层。NiO 含量为 55% 和 60% 的样品，电解质薄膜与阳极结合良好。随着 NiO 含量增加到 65%，样品表面部分电解

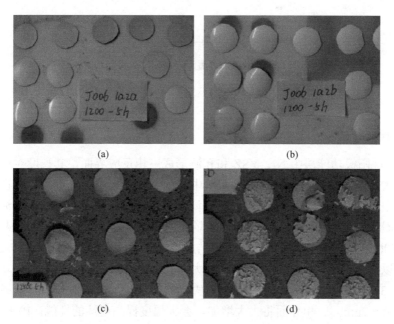

图 7-22　NiO 含量不同时样品的表面形貌
(a) 55%；(b) 60%；(c) 65%；(d) 70%

质薄膜脱落，结合程度变差。当 NiO 含量达到 70%，电解质薄膜基本上完全脱落。随着 NiO 含量的增加，功能层和电解质的结合强度下降，最终完全脱落。由于电解质为纯 YSZ 材料，而阳极功能层为金属 NiO 和 YSZ 的复合材料，随着功能层中 NiO 含量的增加，电解质和功能层的热收缩性差别变大，收缩率的不一致会造成电解质薄膜从阳极表面脱落。因此，阳极功能层中 NiO 含量的上限为 60%。

　　将 NiO 含量为 55% 和 60% 的两组样品涂覆阴极并封装电池后，进行了放电性能测试。图 7-23 为阳极功能层中 NiO 含量分别为 55% 和 60% 的单体电池经过 1400℃烧结后的放电数据。可以看出，在不同氢气流速下，NiO 含量为 60% 的电池放电性能均明显高于 Ni 含量为 55% 的样品。以上数据可以表明，功能层中 NiO 含量最佳值为 60%。

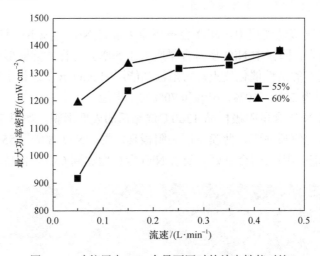

图 7-23　功能层中 NiO 含量不同时的放电性能对比

2. 阳极功能层中造孔剂的影响

　　SOFC 阳极功能层中 Ni、YSZ 和孔洞形成三相反应界面，其长度对于电池性能有很大影响。一般而言，SOFC 阳极中的孔洞主要采用造孔剂制备。在高温烧结过程中，造孔剂挥发或者燃烧生成气体，留下孔洞。常用的造孔剂有淀粉、炭黑、石墨粉等。淀粉因价格便宜而被大量使用。但是淀粉分子量很大，从 100000 到 200000 不等。使用淀粉做造孔剂烧结成型后，功能层孔隙状况如图 7-24(a) 所示。可以看出，淀粉燃烧后生成的孔较大，孔径达 30μm 左右，而整个功能层厚度仅为 30μm，因此淀粉产生的孔洞过大，使得三相反应界面较小。如果将孔洞减小至 1～2μm，三相界面将大大增加，会大幅度提高电池的性能。PVB 分子量在 10000 左右，并且分布均匀，还是一种良好的流延黏结剂。将淀粉换为 PVB，既可以减少孔径，又有助于流延过程的实现。因此，使用 PVB 做造孔剂的功能层孔洞结构如图 7-24(b)所示。可以看出,阳极功能层的孔径均小于 5μm,并且分布均匀、结构精细,三相界面远远大于使用淀粉做造孔剂的样品。

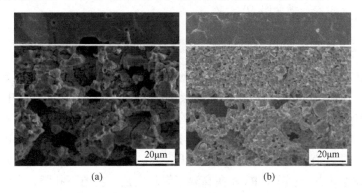

(a) (b)

图 7-24 功能层使用不同造孔剂的微观结构

(a)淀粉; (b)PVB

分别将在功能层中使用淀粉和 PVB 做造孔剂的电池进行放电性能测试,如图 7-25 所示。800℃时使用淀粉做造孔剂的电池最大功率密度为 $322mW \cdot cm^{-2}$,而使用 PVB 做造孔剂之后,性能提高至 $574mW \cdot cm^{-2}$。

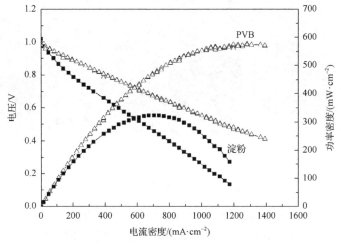

图 7-25 使用不同造孔剂的电池放电性能对比

7.3.4 阳极支撑层的研究

SOFC 阳极支撑层主要有三个作用:机械支撑、传输电荷、传输气体。因此,就要求阳极支撑层必须有足够的机械强度来支持上面的阳极功能层、电解质和阴极;同时阳极功能层上发生反应释放的电荷,需要经过支撑层导至外电路,所以支撑层需要有尽量高的电导率;燃料气体需要通过支撑层进入功能层,反应生成的废气也需要经过支撑层导出，所以，支撑层还需要有尽量大的孔隙率以提供顺畅的气体通道。通常采用 NiO 和 YSZ 混合物来做支撑层，可以将三相界面进一步由功能层延伸至支撑层[31, 33]。

1. 阳极支撑层中 NiO 粒径对素坯成型的研究

图 7-26 为干燥后 NiO-YSZ 流延素坯的外观照片。图 7-26(a)是流延素坯裁剪出的圆片，直径 20mm，可以看出支撑层表面细腻，无裂缝，此样品中 NiO 平均粒径为 1.21μm。图 7-26(b)中素坯使用的 NiO 是粒径为 6.26 μm，随着粒径急剧变大，表面出现大量裂缝。在图 7-26(a)素坯的基础上，增加 1/3 的 PVB 用量后，流延素坯如图 7-30(c)所示，表面细腻，无裂缝。因此，流延浆料中固体颗粒越大，PVB 用量也会增加。另外，PVB 在高温下燃烧之后，会留下孔隙，也同时起到造孔剂的作用，并且 PVB 为直链，造出来的孔大部分为长条形通孔，有利于气体的传输。所以在流延浆料中可以适当多加入一些 PVB。但是，如果 PVB 含量过大，会导致浆料黏度太大，气体夹裹在浆料之中，很难去除，导致流延素坯中出现宏观气孔，使产品的机械性能和电化学性能均降低。

(a)　　　　　　　　　　(b)　　　　　　　　　　(c)

图 7-26　不同 NiO 和 PVB 含量对流延素坯的影响

阳极支撑层的厚度占整个电池厚度的 90%以上。为了气体顺畅地传输，要通过设计使其孔隙呈梯度分布。支撑层靠近表面处采用淀粉造孔，由外到内用量逐渐减少，功能层完全采用 PVB 造孔。形成梯度结构：靠近支持层表面大孔最多，孔隙率最大，有利于气体的快速输运；在支撑层内侧，大孔减少，小孔增大，孔隙率居中，使气体输运的同时，有一个较大三相反应界面，部分气体发生反应；功能层无大孔，完全是小孔，拥有最大的三相反应界面，有利于气体在此快速发生反应；其实际结构如图 7-27 所示。从上到下依次为电解质、功能层、支撑层。图 7-27(a)为均匀设计的阳极支撑层，阳极孔隙均匀分布，(b)为梯度设计的阳极支持层，阳极从上到下，孔隙率逐渐增大。

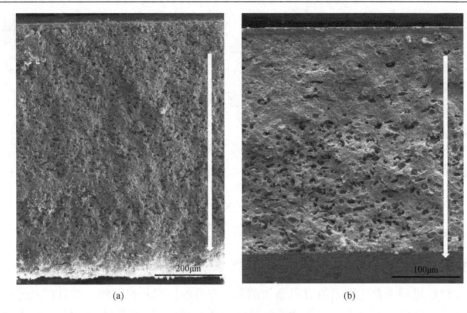

(a)　　　　　　　　　　　　　　　　　(b)

图 7-27　造孔剂的梯度分布
(a)均匀设计；(b)梯度设计

2. 阳极支撑层中 NiO 含量的研究

阳极支撑层中 Ni 的含量对于电池整体性能具有一定程度的影响。阳极支撑层中的 Ni 主要有两个作用：①吸附并催化转化氢气为氢离子，延伸功能层的三相界面；②将氢释放的电子，通过金属 Ni 形成的网络传导至外电路。对阳极支撑层 NiO 含量进行了研究，分别制备了 NiO 含量为 55%、60% 和 65% 的阳极支撑层。图 7-28 给出了还原后 Ni/YSZ 阳极支撑层的表面形貌。图 7-28(a) 中 NiO 含量为 55%，还原后的金属 Ni 颗粒被 YSZ 包围，形成孤立的小岛，没有形成明显的网络结构，导电性和催化活性均较差；随着 NiO 含量增加至 60%，从图 7-28(b) 中可以明显看出部分金属 Ni 形成网络，导电性和催化活性有了一定程度的提高，但仍然有部分金属 Ni 颗粒被孤立成小岛；进一步将 NiO 含量增加至 65%，从图 7-28(c) 可以看出导电网络结构已经形成，同时粒径小于 1μm 的 YSZ 小颗粒覆盖在金属 Ni 表面，也形成了细密的网络结构。所以，NiO 含量为 65% 的样品既有金属 Ni 形成的网络结构传导电子，又有 YSZ 颗粒形成的网络结构传导氧负离子，同时金属 Ni 颗粒和 YSZ 颗粒混合均匀，具有大面积的三相界面，从而具有较好的催化活性，对功能层起到一定的延展作用。支撑阳极除了应具有较高的电子导电之外，还需要具有一定的结构强度。因此，综合考虑阳极的电导率与机械强度，阳极支撑层当中 NiO 的含量为 60% 较为合适。

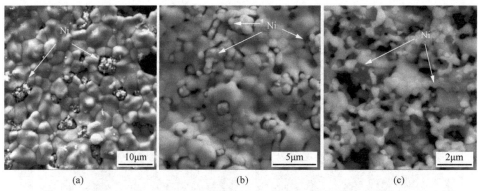

图 7-28　阳极支撑层表面不同 NiO 含量还原后的表面形貌

(a) 55%;　(b) 60%;　(c) 65%

7.3.5　阳极/电解质复合基体烧结方法研究

烧结过程中首先需要将有机添加剂发生充分的挥发和热分解，并且在此过程中还需保证电池不会因为有机物的分解而造成结构破坏。图 7-29 是淀粉、PVB 和 PEG 的 TG-DTA 曲线。从图中可以看到淀粉和 PVB 在 300~600℃发生分解和挥发，淀粉在 100℃左右发生物理吸附水的挥发，而 PEG 则在 180~300℃发生分解。

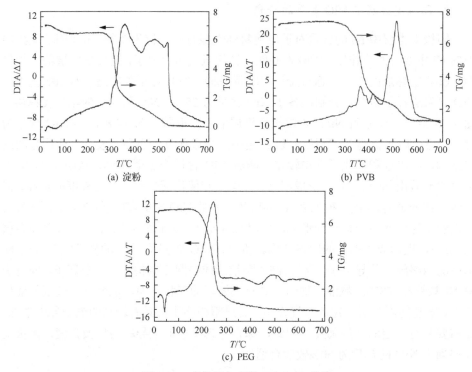

图 7-29　有机添加剂的 TG-DTA 曲线

　　图 7-30 是升温速率对阳极和电解质的收缩性能的影响。从图中可以看出，收缩曲线可以分为三部分：室温至 600℃为烧结第一部分，这一阶段发生有机物的挥发和分解，收缩率很小，大约为 1.5%；600~1000℃，没有明显的收缩，但此时发生晶粒的生长，为孔隙的消除过程；1000~1400℃是烧结的第三部分，此时阳极和电解质都发生快速的收缩，发生晶粒的重排与生长，并且当温度达到 1300℃左右时，电解质和阳极的收缩速率达到最大。不同升温速率对阳极与电解质的收缩性能有明显的影响。从图 7-30(a)中的电解质收缩性能可以看出，升温速率降低，收缩量增加，但是最大收缩速率降低，对阳极也有相同结论。这是因为升温速率低时，要达到相同温度，素坯需经受更长的升温时间。

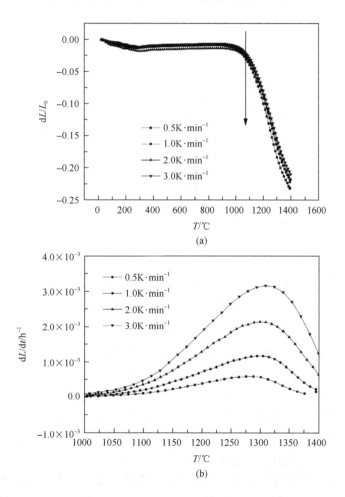

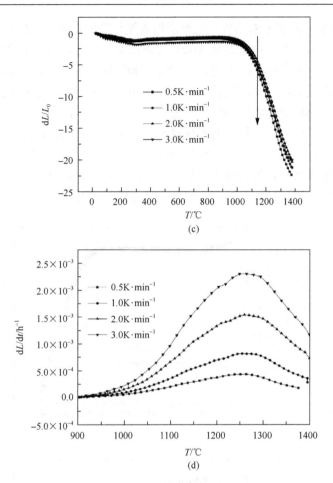

图 7-30　升温速率对电解质和阳极的收缩性能的影响

电解质：(a)收缩量，(b)收缩速率；阳极：(c)收缩量，(d)收缩速率

　　升温速率的变化使得阳极与电解质之间收缩速率的差值发生了改变，其具体差值如图 7-31。从图中结果可以看出当升温速率降低时，阳极与电解质的收缩速率差值降低明显，从升温速率为 3℃·min^{-1} 时的 $9×10^{-4}$h^{-1} 降低到 0.5℃·min^{-1} 时的 $1.2×10^{-4}$h^{-1}。因此当对阳极/电解质复合基体进行共烧结时，应尽量将升温速率控制在 1℃·min^{-1} 以下，避免由两者收缩速率差别过大而导致的电解质开裂及剥落现象。

　　Cai 等[36]通过实验发现氧化铝/氧化锆混合陶瓷基体在烧结过程中往往会在 1300～1400℃产生裂缝，并且这种裂缝通常都是有贯通性的，大部分产生这种裂缝的陶瓷片在烧结完成后都发生了碎裂。结合以上测试结果，可以认为当烧结温度达到 1300℃时，阳极及电解质的收缩速率差值达到最大，此温度下两者之间由收缩速率而造成的内应力也相应达到最大值，此内应力在后续升温过程中将对复合基体的结构造成破坏，这也是复合基体在 1300～1400℃产生裂缝的主要原

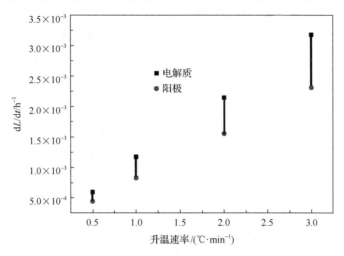

图 7-31　升温速率对阳极与电解质收缩速率差值的影响

因。为了避免这种情况的发生，本书提出了"阶梯烧结法"，即首先进行预烧，最高温度为 1300℃，然后将复合基体自然冷却，释放内应力，待其冷却到室温后再进行终烧，烧结温度为 1400℃。为了确定具体烧结程序，分别对电解质和阳极进行了烧结收缩测试，测试中使用了这种烧结方法，升温速度为 $0.5℃ \cdot min^{-1}$，测试结果如图 7-32 所示。

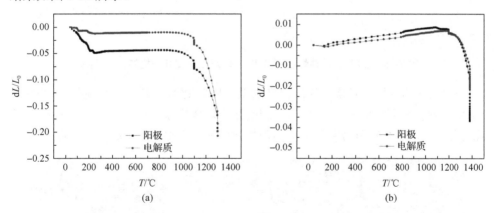

图 7-32　升温速率为 $0.5℃ \cdot min^{-1}$ 时的阳极和电解质烧结收缩曲线
(a)预烧；(b)终烧

从图 7-32 中曲线可以看到，预烧过程中电解质和阳极都在大约 1100℃开始产生较大收缩，而在终烧过程中类似的情况发生在 1200℃左右，因此两个烧结过程中需在这两个温度设置恒温平台，考虑到 700℃以下要发生有机添加剂的分解和挥发，因此从室温到 700℃之间需要缓慢升温以保证有机物的充分分解。结合前期实验中使用的烧结程序，制定了"阶梯烧结法"的具体烧结程序，如图 7-33 所示。

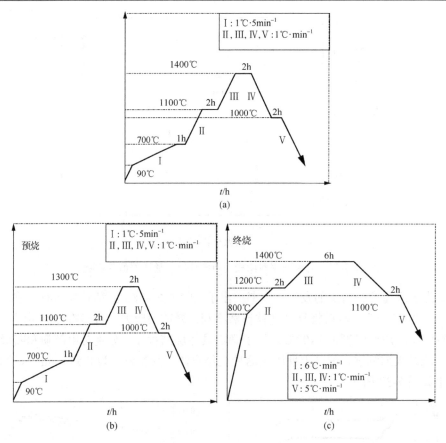

图 7-33　(a)复合基体烧结制度Ⅰ；(b)烧结制度Ⅱ预烧结；(c)终烧

图 7-34 为使用两种烧结制度得到的电解质/阳极复合基体,使用制度Ⅰ的复合基体完成烧结后整体开裂,而使用了制度Ⅱ的复合基体完整无缺陷,说明使用"阶梯烧结法"可以解决复合基体内应力而导致的开裂现象,实现复合基体的共烧结。

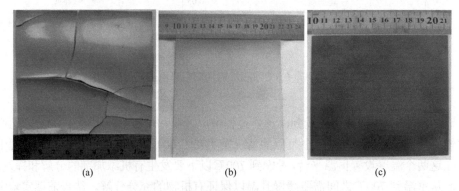

图 7-34　电解质/阳极复合基体照片
(a)原烧结程序；(b)1300℃预烧结 2h 后；(c)1400℃烧结 6h

对两种烧结制度进行烧结曲线研究，结果见图 7-35。可以看出制度 I 下阳极和电解质进行大幅度的收缩，并且最大收缩速率差值达到 2.43×10⁻⁶s⁻¹，而制度 II 下两者之间的收缩速率差值仅有 6.7×10⁻⁸s⁻¹，仅为制度 I 的 3%。

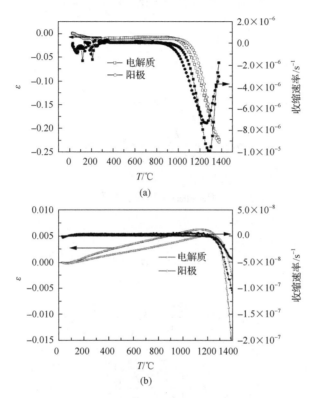

图 7-35　两种烧结制度下阳极和电解质的收缩性能
(a)烧结制度 I；(b)终烧制度 II

对受到阳极收缩限制的电解质，应变 $\dot{\varepsilon}$ 有如下公式[37]：

$$\dot{\varepsilon}_x = \dot{\varepsilon}_f + \frac{1}{E_p}[\sigma_x - \dot{\upsilon}_p(\sigma_y + \sigma_z)] \tag{7-1}$$

$$\dot{\varepsilon}_y = \dot{\varepsilon}_f + \frac{1}{E_p}[\sigma_y - \dot{\upsilon}_p(\sigma_x + \sigma_z)] \tag{7-2}$$

$$\dot{\varepsilon}_z = \dot{\varepsilon}_f + \frac{1}{E_p}[\sigma_z - \dot{\upsilon}_p(\sigma_x + \sigma_y)] \tag{7-3}$$

　　假设形变只发生在 x-y 平面，则有 $\dot{\varepsilon}_x = \dot{\varepsilon}_y = 0$。对于连续体，烧结过程满足如下方程：

$$E_{\mathrm{p}}(x) = 3\pi x^2 \eta \tag{7-4}$$

$$\nu_{\mathrm{p}}(x) = \frac{2\sqrt{2}x}{\pi} \tag{7-5}$$

$$\sigma_x = \sigma_y = -E_{\mathrm{p}}\dot{\varepsilon}_{\mathrm{free}} / (1 - \nu_{\mathrm{p}}) \tag{7-6}$$

$$\sigma_{\mathrm{free}} = \frac{E_{\mathrm{p}}}{3 \times (1 - 2\nu_{\mathrm{p}})} \times 3 \times (-\dot{\varepsilon}_{\mathrm{free}}) \tag{7-7}$$

$$\sigma_{\mathrm{constrained}} = \sigma_{\mathrm{free}} - \sigma \tag{7-8}$$

式中

$$\sigma = (\sigma_x + \sigma_y) / 3 \tag{7-9}$$

$$\dot{\sigma}_{\mathrm{free}}(x) = -\frac{(3\pi)^{\frac{1}{3}}}{6} K \frac{2 - 3cx}{x^{\frac{1}{3}}(1 - cx)^{\frac{2}{3}}} \tag{7-10}$$

$$K = \left(\frac{\gamma}{\eta l_0}\right)\left(\frac{\rho_{\mathrm{s}}}{\rho_0}\right)^{\frac{1}{3}} \tag{7-11}$$

其中，E_{p} 为单轴模量；x 为收缩率；η 为材料的高温黏度；ν_{p} 为泊松比；σ_{free} 和 $\sigma_{\mathrm{constrained}}$ 分别为自由烧结和受限烧结的应力；$\dot{\varepsilon}_{\mathrm{free}}$ 为自由烧结的应变；γ 为自由能[38]。

　　制度 II 预烧时降温的残余应力计算可用式 (7-12) 来表示：

$$\sigma = \frac{E_{\mathrm{s}}}{6(1 - \nu_{\mathrm{s}})} \frac{t_{\mathrm{s}}^2}{t_{\mathrm{f}}}\left(\frac{1}{R_1} - \frac{1}{R_0}\right) \tag{7-12}$$

　　由式 (7-12) 可以计算出电解质在自由烧结与受限烧结下的应力，以及受限烧结情况下两种制度的应力变化，结果见图 7-36。从图中可以看出，制度 I 下温度低于 1000℃时，应力为 0，而温度在 1000～1400℃，应力增加到 13.1MPa，而制度 II 下应力保持在 3.0MPa 不变，从而通过计算验证了阶梯法烧结制度可以获得平整无缺陷的大面积电解质/阳极复合陶瓷。

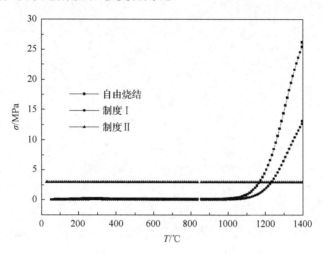

图 7-36　两种烧结制度下的应力变化

7.3.6　新型阳极结构的研究

1. 连续梯度阳极功能层的研究

梯度阳极结构不仅能够改善电池的放电性能，还能减缓由界面突变引起的性质差异，提高了阳极和电解质之间的化学相容性和热力学匹配性，从而能保证电池长期稳定运行。对于制备阳极组分连续变化的结构，寻求一种有效的制备方法是目前面临的主要问题。孙克宁团队首次提出了采用恒压电泳沉积的方法，在阳极支撑体上制备了连续梯度阳极功能层[39, 40]。

图 7-37 为恒压 40V 下电泳沉积制备 NiO-YSZ 功能层素坯的表面 SEM 照片。从图中可以看出未烧结时素坯的表面均是由许多细小的颗粒沉积而成，颗粒的粒径在几纳米到几十纳米之间，且分散均匀，没有粒径较大的团聚体沉积的现象。这表明选用的分散体系对于 NiO 和 YSZ 都具有良好的分散性，并且沉积电压为40V 时能够形成均一的沉积层。

图 7-38 为电泳沉积制备 NiO-YSZ 功能层与未沉积功能层的阳极表观形貌的SEM 图。由图可见，未沉积功能层的阳极表面颗粒较粗，孔径较大，见图 7-38(a)、(c)。电泳沉积的功能层，颗粒尺寸明显降低，孔径细密，分布更加合理，从而可以有效地增大比表面积，改善阳极的催化性能，见图 7-38(b)、(d)。

图 7-37　电泳沉积制备 NiO-YSZ 功能层的表观形貌

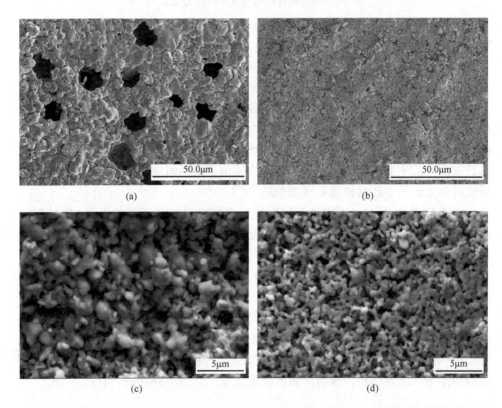

图 7-38　电泳沉积制备 NiO-YSZ 功能层(b、d)与未沉积功能层(a、c)阳极表观形貌对比

　　功能层表面各元素的面分布如图 7-39 所示，可以看出 Ni、Y 和 Zr 三种元素

分布均匀，不存在局部聚集现象。这表明电泳共沉积得到的 NiO-YSZ 两种组分在
膜层中呈现出良好的分散性。

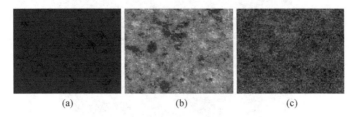

图 7-39　阳极功能层表面元素分布图
(a) Ni；(b) Y；(c) Zr

　　为了进一步研究功能层沉积过程中 NiO 与 YSZ 的成分随厚度的变化，将恒压
40V 下沉积不同时间的样品分别进行了 SEM 和 EDS 测试。沉积时间为 1min、2min、
5min、10min 和 20min 的功能层分别记为 A-1、A-2、A-5、A-10 和 A-20，样品截
面如图 7-40 所示。随着沉积时间的延长，功能层厚度逐渐增加，分别为 2.5μm、

(e)

图 7-40　不同沉积时间制备的样品截面 SEM 照片

(a) A-1；(b) A-2；(c) A-5；(d) A-10；(e) A-20

4.5μm、6.8μm、9.8μm 和 13.3μm。采用 EDS 测试了沉积不同时间时功能层表面的 NiO 及 YSZ 的含量，图 7-41 给出了功能层中 NiO 与 YSZ 的质量分数与功能层厚度的关系。功能层中 NiO 含量随厚度的增加逐渐降低，从距阳极基体 2.5μm 厚度处的 64%降低至 13.3μm 处的 50%，YSZ 含量则由 36%增加至 50%。这表明功能层内部组分呈现连续梯度的变化。

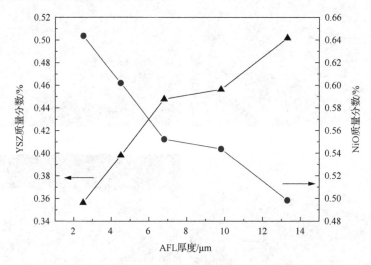

图 7-41　功能层中 NiO 与 YSZ 的质量分数与功能层厚度的关系

　　在电泳共沉积两种不同粉体时，制备的膜层中两种组分的比例与悬浮液中的比例不一定相等，这是因为电泳沉积速率与粉体的粒径等因素密切相关。根据电泳沉积的 DLVO（Derjaguin-Landau-Verwey-Overbeek）理论，可以认为在恒压电泳 NiO 与 YSZ 初期，两种荷电粒子在电场作用下获得较高能量，即使是较大颗粒的

NiO 也可以越过势垒，到达电极表面形成沉积。此时，NiO 与 YSZ 的沉积比例应与悬浮液比例相当。随着沉积过程的进行，沉积层电阻增大，使有效沉积电压逐渐降低，整个沉积速率都随之降低。并且悬浮液中的较大颗粒因有效场强降低而不能获得足够能量，无法越过势垒，形成沉积，这就使得悬浮液中含有较大颗粒的组分沉积速率降低更显著。也可以说是有效沉积电压的降低使能够越过势垒的临界颗粒尺寸降低了。由于采用的 NiO 粒径较大，平均粒径为 2.34μm，YSZ 颗粒的平均粒径为 0.63μm，因此随沉积的进行，YSZ 的沉积速度超过了 NiO，表现为 NiO 含量随厚度的增加逐渐降低。

为优化功能层厚度及进一步研究阳极功能层对电池电化学性能的影响，利用浸渍涂覆法在阳极功能层表面制备 YSZ 电解质膜，并组装单电池进行放电测试。图 7-42 为不同沉积时间制备功能层的电池放电曲线。与不加功能层的电池相比，电泳沉积功能层后电池的性能有了不同程度的提高。不加功能层的电池 800℃时最大输出功率密度为 $0.62W \cdot cm^{-2}$；恒压电泳 5min、10min 和 20min 的电池最大功率密度分别为 $0.88\ W \cdot cm^{-2}$、$1.15W \cdot cm^{-2}$ 和 $1.10W \cdot cm^{-2}$，可以看出，恒压沉积 10min 的电池具有最好的输出性能。功能层的厚度是影响电池性能的重要因素。对于阳极支撑型 SOFC，为提高电池性能，需要在增大 TPB 的同时降低由此带来的浓度极化。因此，功能层的厚度应选择在一个最佳的范围，采用电泳沉积的方法制备功能层，其最佳厚度应为 9.8μm。

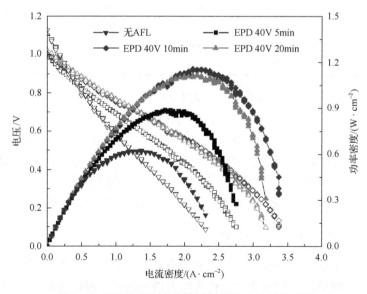

图 7-42 不同沉积时间制备功能层的电池放电曲线

为进一步研究功能层对电池性能的影响机制，对沉积不同时间制备的功能层组装的电池进行了 EIS 测试，如图 7-43 所示。

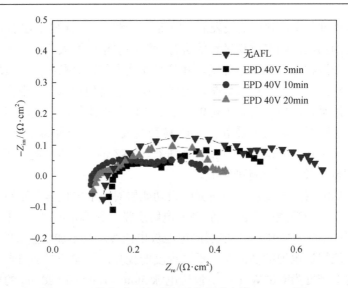

图 7-43　不同沉积时间制备功能层的电池 Nyquist 图

采用等效电路 "$LR_s(R_1Q)(R_2Q)$" 拟合，其中各电池的欧姆电阻 R_s 和极化电阻 R_p 数值见表 7-2。

表 7-2　不同沉积时间制备功能层的电池 Nyquist 图的拟合结果

$R/(\Omega \cdot cm^2)$	无 AFL	EPD 5min	EPD 10min	EPD 20min
R_s	0.116	0.135	0.089	0.075
R_p	0.574	0.409	0.288	0.348
R_s+R_p	0.690	0.544	0.377	0.423

从表 7-2 的拟合结果可以看出，上述四个电池的欧姆电阻变化不大。与不带功能层的电池相比，电泳沉积功能层的电池的极化电阻 R_p 有不同程度的降低，在电泳时间为 10min 时，R_p 达到最小值 $0.288\Omega \cdot cm^2$，表明功能层的加入扩大了催化反应区域，有效地降低了电化学极化电阻。继续延长电泳时间至 20min，R_p 增大到 $0.348\Omega \cdot cm^2$，说明进一步增大功能层厚度使得电池的浓度极化显著增大，对电池的负面影响超过了其对增大三相界面的贡献，表现为电池最大功率密度降低，如图 7-43 所示。

2. 双孔道阳极的设计及性能研究

阳极支撑平板式 SOFC 的性能主要受电池中三相反应界面处不可逆电化学反应造成的活化极化和电极当中质量传递阻力造成的浓差极化的影响。阳极作为阳极支撑型 SOFC 中最厚的组件，其结构对电池性能具有较大的影响。一般认为，具有从电解质/阳极界面到阳极基底逐渐增大的孔隙率和孔径的梯度阳极结构是较为理想的阳极构型，因为该结构能够增加阳极反应区的三相反应界面长度并且降低燃料气在阳极基底扩散过程中的传质阻力。一般主要采用多层流延技术制备梯度阳极，通过向各层当中添加不同质量的造孔剂来获得梯度结构。这样的制备过程复杂、耗时，并且还存在多层共烧结问题。另外，采用上述方法所制备的梯度阳极当中的孔道是曲折和不连续的，燃料气在这些孔道当中扩散依然会产生较高的传质阻力。采用相转化法制备了具有不对称结构的平板阳极，该结构是一种连续过渡的结构，其中包含一个厚的由大孔构成的多孔层和一个薄的由小孔构成的多孔层，这样的结构是一种理想的 SOFC 支撑阳极构型[41-43]。

图 7-44 为相转化法制备的 NiO-YSZ 平板式 SOFC 阳极素坯的照片。从图中可以看出，所制备的平板式阳极素坯表面光洁平整，直径约为 15mm。光洁平整的阳极素坯表面有利于预烧处理后在预烧阳极表面涂覆制备电解质膜。通过改变模具的尺寸和形状，采用相转化法能够制备具有各种尺寸和形状的 SOFC 平板阳极膜。

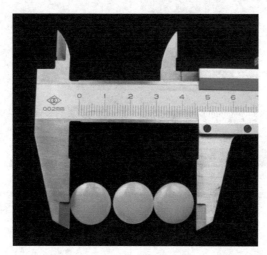

图 7-44　相转化法制备的 NiO-YSZ 平板式 SOFC 阳极素坯数码照片

将所制备的平板式 SOFC 阳极素坯在 1400℃高温烧结 6h 后，通过 SEM 观察所制得的平板式 SOFC 阳极微观形貌，图 7-37 为高温烧结后平板式 SOFC 阳极的 SEM 照片。

从图 7-45(a)可以看出，采用相转化法所制备的平板阳极具有不对称结构。可以观察到在这种不对称结构当中有两种类型的孔存在，位于阳极上部的海绵状孔和占据阳极下部的指型孔。同采用传统陶瓷制备工艺制作的梯度阳极(图 7-27)相比，能够很容易发现该结构与其有着显著的不同。将这种具有海绵状孔和指型孔的不对称结构阳极称为"双孔道阳极"。

图 7-45(b)显示了海绵状孔道层的表面形貌。从图中可以看出，海绵状孔的尺寸要远小于指型孔，海绵状孔道层能够提供丰富的三相反应界面(three phase boundaries，TPBs)，可以作为阳极的电化学反应区。在海绵状孔道层的下面是指型孔道层，与海绵状孔道层相比，指型孔道层的孔隙率较高。从图 7-45(a)中可以看出，指型孔道层占据了整个阳极的绝大部分，并且指型孔垂直于海绵孔道层，这种独特的孔道结构有利于燃料气在阳极反应区(海绵状孔道层)的扩散。结合图 7-45(a)和(c)可以看出，单一指型孔的孔径是连续梯度变化的，从 5μm 逐渐增大到 80μm。此外，指型孔道层作为支撑阳极，为燃料气的快速扩散提供了便捷通道，这有助于降低单电池的浓差极化。为了进一步观察指型孔的表面形貌，去除了指型孔表面的皮层结构。图 7-45(d)显示了指型孔的表面形貌，可以看出，指型孔呈现了一种类似蜂窝状的结构，单一的指型孔呈圆形并且连通到阳极的内部。从以上的分析可以看出，双孔道阳极是一种比较理想的 SOFC 阳极，该构型有助于降低燃料气在阳极当中的扩散阻力并提高阳极的三相界面长度。

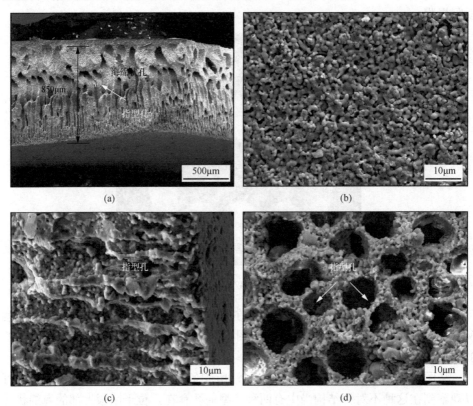

图 7-45　(a)双孔道阳极截面 SEM 照片；(b)海绵状孔表面 SEM 照片；
(c)指型孔表面 SEM 照片；(d)指型孔截面 SEM 照片

多孔介质的气体透过性与其内部的孔结构密切相关。SOFC 阳极作为一种多孔介质，为了使燃料气能够扩散到反应区域，必须具有足够大的孔隙率、孔径和贯通孔。为了考察阳极结构对燃料气扩散速率的影响，测试了具有不同结构阳极的气体透过率。图 7-46 为双孔道阳极、指型孔道层（去除海绵孔道层）和采用流延法制备的传统结构阳极的气体透过率。

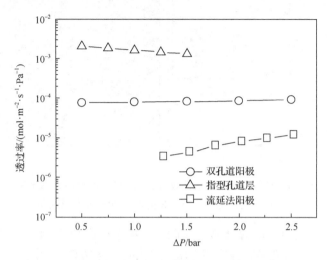

图 7-46　双孔阳极、指型孔道层和传统阳极的气体透过率

从图 7-46 中可以看出，指型孔道层的气体透过率最高，说明指型孔有利于燃料气在阳极当中的快速扩散。在不同的测试压力下，双孔道阳极的气体透过率低于指型孔道层的气体透过率。指型孔表现出了快速的气体传输能力，因此双孔道阳极气体透过率的降低，主要是因为具有精细结构的海绵孔道层阻碍了燃料气的扩散。这就会使得更多的燃料气被"锁定"在阳极反应区中，参与阳极的电化学反应，有利于电池性能的提升。从图 7-46 中还可以观察到双孔道阳极的气体透过率要高于传统阳极的气体透过率。

将双孔道阳极制备成 SOFC 单体电池，图 7-47 为该半电池截面的 SEM 照片。图 7-47（a）显示了还原后双孔道阳极的截面形貌,插图给出了阳极当中的海绵状孔与指型孔的界面形貌。从图中可以看出，在优化条件下，所制备的阳极依然具有典型的双孔道结构。指型孔占据了整个阳极的大部分，指型孔道层的厚度约为 765μm。在指型孔道层之上是海绵孔道层，海绵孔道层的精细结构有助于扩展阳极/电解质界面处的三相反应界面，并且指型孔垂直于海绵孔道层，这样的独特结构有助于燃料气在海绵孔道层当中的扩散。从插图当中可以看出，海绵孔道层的厚度约为 45μm。与前面几节所制备的阳极相比，优化条件下所制备阳极的海绵孔道层厚度最薄，因此电池的性能会进一步提高。图 7-47（b）显示了双孔道阳极制备成电池后电解质/阳极的界面形貌。从图中可以看出，电解质膜厚度为 14μm，电解质致密无通孔，并且与阳极紧密结合。

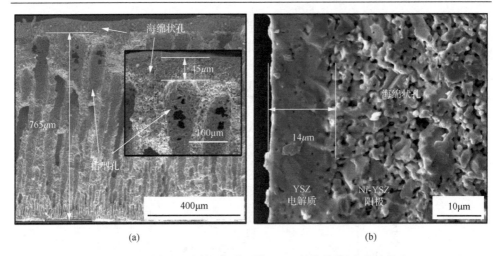

(a)　　　　　　　　　　　　　　　　　(b)

图 7-47　还原后双孔道阳极截面的 SEM 照片(插图为海绵状孔
与指型孔的界面形貌)(a)和电解质/阳极界面形貌(b)

图 7-48 给出了不同温度下双孔道阳极支撑平板式 SOFC 的 *I-V* 和 *I-P* 曲线。从图中可以看出,双孔道阳极支撑平板式 SOFC 在 650℃、700℃、750℃和 800℃时的最大功率密度分别是 0.52W·cm^{-2}、0.72W·cm^{-2}、0.87W·cm^{-2} 和 1.15W·cm^{-2}。在 650~800℃电池测试温度范围内,电池的开路电压均在 1.0V 以上,结合图 7-47(b)进行分析,说明电池电解质膜致密无通孔,并且气体从电解质处的泄漏可以忽略不计。

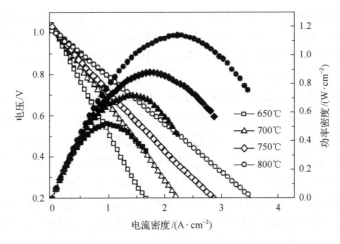

图 7-48　双孔道阳极支撑平板式 SOFC 的 *I-V* 和 *I-P* 特性曲线

为了进一步分析双孔阳极结构对平板式 SOFC 性能的影响,对该单电池进行了电化学阻抗谱测试,图 7-49 为开路下 650~800℃测试所得的平板式 SOFC 单电池的电化学阻抗谱图,插图为从阻抗谱中获得的阻抗值。

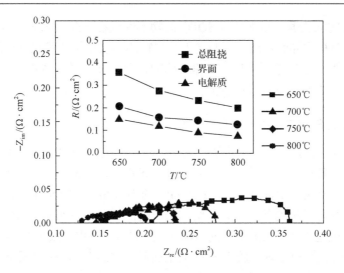

图 7-49　开路下双孔道阳极支撑平板式 SOFC 的阻抗谱图

在图 7-49 中，高频段阻抗曲线与实轴的截距值是单电池的欧姆阻抗 (R_Ω)，低频区域阻抗曲线与实轴的截距值为单电池的总阻抗 (R_T)。阻抗曲线与实轴所形成的阻抗圈即总阻抗与欧姆阻抗之间的差值，归结为单电池的极化阻抗 (R_P)，包含活化极化和浓差极化。从图中可以看出，随着电池测试温度由 650℃升到 800℃，单电池的 R_T、R_P 和 R_Ω 均减小。单电池的 R_T 由 $0.358\Omega \cdot cm^2$ 减小到 $0.2\Omega \cdot cm^2$，R_Ω 由 $0.208\Omega \cdot cm^2$ 减小到 $0.125\Omega \cdot cm^2$，相应的 R_P 由 $0.15\Omega \cdot cm^2$ 减小到 $0.075\Omega \cdot cm^2$。这是因为随着测试温度的升高，电解质的离子电导率和电极的动力学均增大，从而单电池的阻抗值减小。在 800℃时对所制备的双孔道阳极支撑型 SOFC 进行了短时间的稳定性测试，如图 7-50 所示。当测试温度为 800℃、测试电流为 100mA

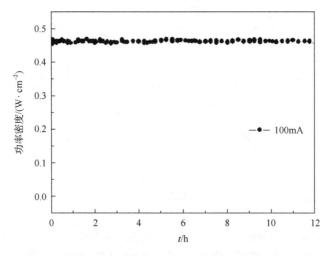

图 7-50　800℃时双孔道阳极支撑型 SOFC 短时间稳定性测试

时，所制备的双孔道阳极支撑型 SOFC 的功率密度在 12h 内未见衰减。双孔道阳极支撑型 SOFC 优异的性能主要归功于其独特的阳极结构和优化的电解质/电极界面形貌。指型孔道层起到了快速传输气体的作用，减小了气体传质阻力；海绵孔道层则提供了丰富的三相反应界面。

7.3.7　平板式 SOFC 单体电池及电池堆

目前，孙克宁团队已掌握了大尺寸阳极支撑型平板式 SOFC 单体电池共流延制备技术、高温低氧化连接体表面涂层处理技术以及高温刚性、柔性密封材料合成制备技术，已经能够制备出功率超过 500W 的小型 SOFC 电池堆样机。图 7-51(a) 为采用电解质与阳极的共流延共烧结方法成功制备出的 100mm×100mm 平整的大尺寸单体电池。两个电池组成的电池堆在 750℃下放电曲线见图 7-51(b)，电池堆放电功率达到 51.2W，放电开路电压达到 2.22V[34]。根据固体氧化物燃料

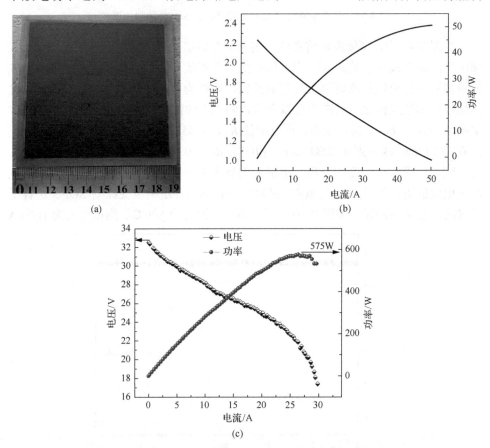

图 7-51　(a) 100mm×100mm 平整大尺寸单体电池；(b) 750℃小型电池堆的放电曲线；
(c) 30 个电池组成的 SOFC 电池堆在 750℃的放电曲线

电池发电系统各个部件的热需求，完成了燃料电池发电系统的热量衡算。在此基础上，结合全新的连接体结构设计和独有的保护涂层技术成功组装了由 30 个阳极支撑单体电池构成的电池堆，750℃时电池堆的最大功率达到 575W，如图 7-51(c) 所示。孙克宁团队在阳极支撑型 SOFC 方面的研究成果获得了 2010 年度黑龙江省自然科学奖一等奖，并被《科技日报》头版报道。

7.4　管式 SOFC

管式 SOFC 表现出了许多比平板式 SOFC 更优越的性能。与平板式 SOFC 相比，管式 SOFC 的功率密度略低，但它具有高机械强度、高抗热冲击性能、简化的密封技术、高模块化集成性能等特点，更适合于建设大容量电站[44]。管式 SOFC 更适应于在电池负载和运行温度快速变化条件下的热循环。根据 Kendall、Palin 和 Yashiro 等的研究，小型的管式 SOFCs 更能容忍快速升温到工作温度时所带来的热应力问题[45]。无密封管式构型最大的优点是无须使用专门的密封材料，从而简化了电池堆的结构。另外，由于管状支撑体的存在，它的机械强度比较高。孙克宁团队采用浸渍涂覆工艺在管式 NiO-YSZ 阳极支撑体上制备致密的 YSZ 电解质薄膜，并以此为基础组装电池及电池堆，并测试其放电性能[40]。

7.4.1　管式阳极支撑体的制备

管式 NiO-YSZ 阳极支撑体采用冷等静压成型方法制备。首先，按比例称取 NiO、YSZ 和淀粉，加入适量的无水乙醇后球磨 24h，烘干。其次，称取 10g NiO-YSZ 阳极粉，加入适量 PVA 作黏结剂，研钵中研磨后装入磨具中，然后进行袋封。最后，放入冷等静压机内，在 200MPa 的压力下静压 5min，脱模后将阳极管素坯在 1200℃温度下预烧 2h。图 7-52 给出了制备好的管式 NiO-YSZ 阳极支撑体的照片，阳极管长度为 10cm，内径 ϕ 8mm，管壁厚 0.8mm。

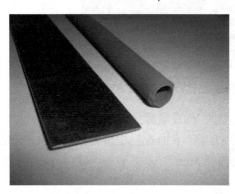

图 7-52　管式 NiO-YSZ 阳极支撑体照片

7.4.2 电解质薄膜的制备

YSZ 电解质薄膜采用浸渍涂覆法制备[46]。首先，将预烧过的多孔阳极支撑体浸没在 YSZ 浆料中，再以一定的提拉速度将其取出，由于毛细吸引作用使浆料均匀地涂在阳极支撑体表面，得到 NiO-YSZ/YSZ 素坯。将素坯置于空气中干燥后再放于箱式电阻炉中 1400℃烧结 5h，以实现 YSZ 电解质薄膜的致密化。图 7-53 给出了浸渍涂覆后的管式 NiO-YSZ 阳极支撑的 YSZ 电解质素坯照片。

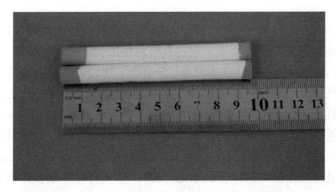

图 7-53　管式 NiO-YSZ 阳极支撑的 YSZ 电解质素坯照片

图 7-54 为样品烧结后的照片，从图中可以看出烧结后 YSZ 电解质薄膜表面光滑、细致、无缺陷。

图 7-54　烧结后管式 NiO-YSZ 阳极支撑 YSZ 电解质薄膜照片

图 7-55 给出了管式 NiO-YSZ 阳极支撑的 YSZ 电解质薄膜表面 SEM 照片。由图可以看出，YSZ 电解质薄膜的致密程度较高，表面存在少量的闭合微孔。YSZ 颗粒呈不规则形状且排列紧密，平均粒径约为 5μm。

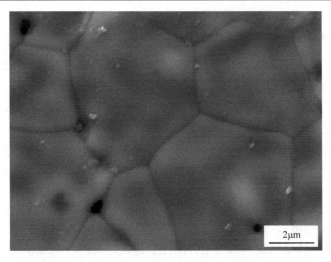

图 7-55　管式 NiO-YSZ 阳极支撑的 YSZ 电解质薄膜表面 SEM 照片

7.4.3　管式 SOFC 单体电池的组装

管式 SOFC 单体电池阴极采用复合 $La_{0.8}Sr_{0.2}MnO_3$ 阴极。将阴极粉体与 YSZ 按比例混合，加入一定量的松油醇研磨后，采用刷涂的方法将制成的浆料涂在电解质表面。银浆涂在阴极表面作为集流体，银丝作为引出导线，然后采用银导电胶将管式 SOFC 单体电池封接在氧化锆管的一端。图 7-56 给出了管式 SOFC 单体电池组装后照片。其中，单体电池长度为 30mm，阴极长度为 15mm，长度为 15mm，阴极面积为 $3.768cm^2$。

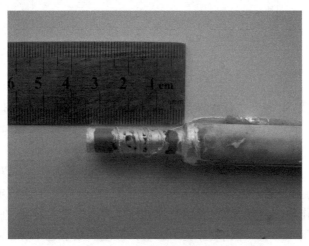

图 7-56　管式 SOFC 单体电池组装后样品照片

7.4.4　管式 SOFC 单体电池的放电性能

图 7-57 给出了管式 SOFC 单体电池在 800℃时的放电曲线。由图中曲线可以看出阴极面积为 3.768cm^2 的管式 SOFC 单体电池在 800℃放电时，其开路电压为 1.0V，接近理论开路电压，说明电解质膜的气密性符合要求。最大功率为 0.42W，最大功率密度为 110mW·cm^{-2}。从 *I-V* 曲线中可以看出，在整个电流范围里，电压电流基本呈线性关系。这说明管式 SOFC 单体电池的极化作用以欧姆极化为主。*I-V* 曲线斜率：$\dfrac{\mathrm{d}V}{\mathrm{d}I} \approx 常数 = R_i$，代表电池的内阻。电池内阻越大，电压随着电流下降得越快，反之越慢。通过拟合可以得到电池的内阻为 0.595Ω，折算成面积比电阻为 2.241Ω·cm^{-2}。这个数值与前面几章的电池相比增大了将近一个数量级，这是造成管式单体电池功率密度不高的主要原因。另外，电池在大电流放电时没有出现明显的浓差极化现象，也说明电极的孔隙率，特别是阳极孔隙率满足要求。

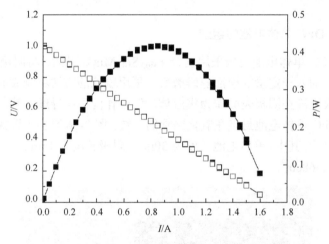

图 7-57　管式 SOFC 单体电池在 800℃时的放电曲线

为考查管式 SOFC 单体电池的长期运行稳定性，我们对电池进行了恒流放电性能的测试，测试中保持输出电流为 0.65A，电池工作电压随时间变化曲线如图 7-58 所示。

由图可知，在 0.65A 恒流放电的初始阶段，电池的工作电压为 0.59V，并且在 2h 内没有明显的降低趋势，输出功率约为 0.38W。随着恒流放电时间的延长，单体电池的工作电压逐渐降低，表明电池的性能逐渐发生了衰减，在 7h 放电末期，工作电压降低到 0.35V，输出功率为 0.23W，性能衰减了近 40%。对工作 7h 后的电池进行放电测试，如图 7-59 所示。

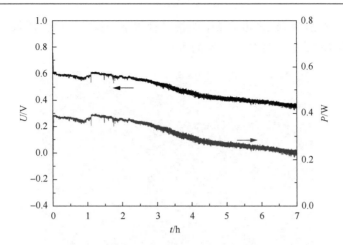

图 7-58　管式 SOFC 单体电池在 800℃和 0.65A 条件下恒流放电曲线

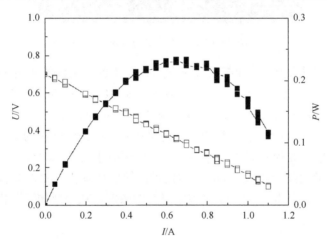

图 7-59　管式 SOFC 单体电池 0.65A 恒流 7h 后的放电曲线

对图 7-59 中 I-V 曲线进行拟合，计算出电池的内阻为 0.540Ω，表明在恒流放电后，电池的内阻没有明显变化。电池在经历 7h 的恒流放电后，开路电压降低明显，从 1.0V 降低到 0.7V。对该电池进行气密性检查发现，在 800℃工作 7h 后，银导电胶与氧化锆管密封处出现了漏气现象，这可能是由银导电胶与氧化锆的热膨胀系数不匹配造成的。在电池工作过程中氢气的泄漏会产生电池内部电流，从而导致了电池的性能的衰减。

7.4.5　管式 SOFC 电池堆的制备及其性能

管式 SOFC 电池堆由两根并列单管构成，两管之间是并联关系。气体从一端进入，平行经过两根单管进行反应，再从两根管的另一端排出。电池堆的连接材料选用铁素体不锈钢 SUS430 合金，两根单管与不锈钢的连接处用银导电胶密封。图 7-60 为组装的管式 SOFC 电池堆的照片。

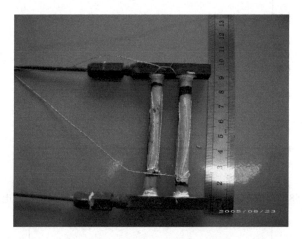

图 7-60　管式 SOFC 电池堆照片

管式 SOFC 电池堆在 800℃、不同氢气流量下的放电性能如图 7-61 所示。由图可以看出，氢气流量越大，开路电压越高。通 $100\text{mL}\cdot\text{min}^{-1}$ 的氢气，开路电压为 0.72V；$500\text{mL}\cdot\text{min}^{-1}$ 的氢气对应的开路电压为 0.79V，这是更大的氢气流量加大了电解质两侧的氧分压差导致的。但是总体看来，开路电压的数值远远低于理论值，说明电池堆的气密性还需要改进。从图中还可以看出，氢气流量从 $100\text{mL}\cdot\text{min}^{-1}$ 增大到 $300\text{mL}\cdot\text{min}^{-1}$，电池堆的输出功率从 0.52W 提高到 0.65W，这说明增大氢气的流量，加大了气室中氢气的浓度，从而增加了阳极中的气体扩

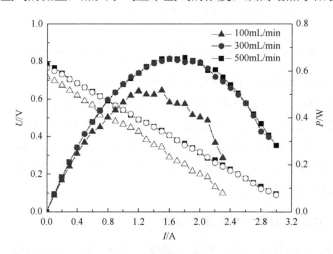

图 7-61　管式 SOFC 电池堆在不同氢气流量下的放电曲线

散速率。但继续增大氢气流量到 500mL·min^{-1}，电池堆的输出功率没有发生太大变化，这是因为阳极的厚度及气体有效扩散系数为定值，在氢气流量从 300mL·min^{-1} 增加到 500mL·min^{-1} 时，阳极/电解质界面处的氢气分压 $p'_{H_2(j)}(j)$ 并没有增大。因此电池堆运行时最佳氢气流量应为 300mL·min^{-1}。

通过对管式 SOFC 电池堆放电性能的研究，可以看出，整个电池堆的宏观设计及结构是可行的。燃料气分配不存在问题，电流的汇流采用并联方式，没有短路现象。但从电池堆的运行上看，主要还存在两个问题：

(1) 测试时开路电压低，仅 0.8V。导致开路电压偏低的原因主要有以下两点：一个原因是在电解质薄膜中存在反应气体泄漏的通道；另一个原因是银导电胶在电池管与 SUS430 合金连接处的密封性不好。由管式单体电池的开路电压可以看出，电解质薄膜的气密性良好，因此银导电胶的密封问题是影响电池堆性能的主要因素。

(2) 放电功率不理想。在整个电流范围里，电压电流基本呈线性关系，说明管式 SOFC 电池堆的极化作用仍以欧姆极化为主，电池内阻 R_i 主要包括电解质的电阻、电极电阻、电解质与电极的界面电阻、电极与集流体的界面电阻等。因此，改善电解质与电极之间和电极与集流体之间的接触，降低界面电阻是提高电池输出性能的有效途径。

对阳极支撑性管式 SOFC 电池堆的长期工作稳定性进行了初步的研究。在 800℃下恒流 0.65A 测试其工作电压随时间的变化曲线，如图 7-62 所示。

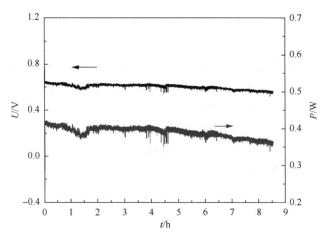

图 7-62　管式 SOFC 电池堆在 800℃时 0.65A 恒流放电曲线

在恒流放电初始阶段，电池堆工作电压维持在 0.64V 左右，输出功率约为 0.42W。在整个工作时间内电池堆的性能下降比较平缓，至 8.5h，工作电压为 0.55V，输出功率为 0.36W，性能衰减率为 14%。

对恒流放电 8.5h 后的电池堆微观形貌进行了研究,图 7-63 给出了电池堆电解质表面及阳极/电解质截面的 SEM 测试结果。

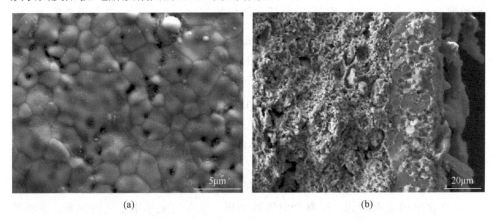

(a)　　　　　　　　　　　　　　(b)

图 7-63　恒流放电后电池堆电解质表面及阳极/电解质截面的 SEM 照片

从图 7-63(a)可以看出,YSZ 电解质膜较致密,有少量闭孔,没有产生裂缝;图 7-63(b)阳极/电解质截面显示,电解质与阳极接合紧密。在恒流放电后阳极结构并没有发生显著变化,颗粒仍较细致,金属 Ni、YSZ 陶瓷及孔隙分布非常均匀。这充分说明电池堆中阳极和电解质组件具有良好的长期工作稳定性。

7.5　扁管式 SOFC

扁管式 SOFC 综合了平板式 SOFC 和管式 SOFC 的特点,燃料电池单元在垂直于管轴方向的截面上具有平板部分和两侧的弧形或矩形部分。该结构保留了管式 SOFC 容易密封的特点,其结构坚固,电池组装相对简单,容易通过电池单元之间并联和串联组合成大功率的电池组,同时扁管式 SOFC 又兼具平板式 SOFC 功率密度高的优点,扁管式燃料电池单元排列形成电池组时可以有效减小各个电池之间的空隙,增大接触面积,实现增大电池功率密度的目的。孙克宁团队首次在国内成功开发出扁管式固体氧化物单体电池,并开展了千瓦级扁管式 SOFC 发电系统研究工作,本节对该课题组在扁管式 SOFC 电池开发中取得的工作经验进行介绍。

7.5.1　扁管式 SOFC 阳极支撑体的制备

扁管式 SOFC 阳极支撑体主要采用挤出成型法制备[47]。挤出成型工艺中,泥料的优劣是影响挤出工艺完成后陶瓷生坯形貌的关键因素。泥料必须具有良好的可塑性、延展性和保水性。因此挤出成型开始前,必须对泥料进行多次混炼,其目的就在于把较粗的陶瓷粉料在塑性剂的作用下制备成可塑性较强的陶瓷泥料，达到改善泥料的性能和成型稳定的目的。一般来说，泥料中的脊性材料越多，颗粒越大，则泥料的塑性就越差，挤出成型相对就越困难。而通常用于制备多孔陶瓷材料的泥料中，脊性材料所占的质量分数较大，一般在 80% 以上（质量分数），颗粒粒径一般大于 50μm，而塑性黏土的质量分数较低，通常小于 10%。因此泥料的可塑性较差，为制得高塑性的坯体泥料，通常在泥料制备过程中加入大量的有机塑化剂及成型助剂，以提高坯料的成型性能。

称取一定质量的 NiO 和 YSZ 粉体，加入适量玉米淀粉和糊精作为塑化剂，其中，淀粉可作为陶瓷粉料的黏结剂与阳极造孔剂。加入一定量酒精在球磨机中充分混合 24h，得到分散良好的 NiO 与 YSZ 混合浆料，将此浆料在恒温干燥箱中干燥，待浆料完全干燥后，磨碎并用 200 目筛网过筛。将过筛后的粉料重新加入适量的酒精、桐油、油酸，并在室温封闭的环境下陈化 72h。

在陶瓷泥料的制备过程中，泥料的混合是重点，首先将粉体通过球磨机混合，可以使泥料混合均匀，混合后粉体在恒温干燥箱干燥，其温度不宜超过 50℃，否则会使干燥的泥料过硬，不利于研细。过筛可以保证粉体的颗粒度。而液相溶剂、酒精、桐油、油酸通过搅拌混合达到均匀，再与粉体进行混合。陈化过程可使陶瓷中的塑化剂与液相溶剂及粉料更好地混合，激发塑性使之相互渗透均匀，提高了泥料的可塑性。

同时，在挤出过程中，天气原因（空气温度、空气湿度）会对挤出物料的性质造成比较大的影响。在空气湿度和温度相对较高的时候物料相对柔软。湿度适合，所获得的物料搅拌后可以很好地呈团状；湿度过大，物料搅拌后容易呈泥状，不具备挤出的塑性。因此为了提高产品的稳定性需严格控制实验环境，经过大量实验证明，室温控制在 24℃ 左右，湿度控制在 30% 以下时能够有效地提高产品品质；另外，挤出时的工艺参数也很重要，实验过程中需要严格控制挤出机内泥料的温度，一方面保证泥料塑形的一致，另一方面防止挤出时温度升高，泥料硬化损伤机器，因此采用加注循环水冷系统的方法，控制挤出物料为 12℃。

将陈化过的泥料加入挤出成型机的进料仓，首先将泥料在机仓内真空混炼 60min，除去泥料中的气泡，保证泥料的均匀。真空混炼后，即可进行挤出，最后得到长管式阳极素坯。图 7-64 为挤出的阳极支撑扁管素坯，可以看出其表面平整，无缺陷。

将挤出的阳极支撑扁管静置阴干后，1100℃ 进行预烧处理，去除素坯当中的黏结剂、造孔剂，使阳极支撑扁管获得一定的强度。预烧结后的阳极支撑扁管如图 7-65 所示。从图中可以看出，经过高温烧结后，获得了表面光洁平整、径向无弯曲的阳极支撑扁管。

图 7-64 挤出的阳极支撑扁管素坯

图 7-65 预烧结后的阳极支撑扁管照片

7.5.2 扁管式 SOFC 电解质与连接体的制备

将 YSZ、溶剂和分散剂按照一定比例混合球磨 24h，使得 YSZ 颗粒减小并均匀分散，随后加入黏结剂和塑性剂继续球磨 24h，获得电解质涂覆液。将经过预烧结后的阳极支撑扁管截成 25cm 长，在其平面一侧及两边涂覆浸渍电解质层，涂覆长度为 20cm。为了防止电解质涂覆液进入管内及另一平面，需要提前进行封堵处理。每涂覆一次后，均需要将涂覆后的阳极支撑扁管干燥后再进行下一次涂覆。多次涂覆后的阳极支撑扁管照片如图 7-66 所示。可以看出，阳极支撑体表面全部被白色的电解质层覆盖，表面无明显缺陷，光滑平整，涂覆效果良好。

图 7-66 涂覆电解质层的阳极支撑扁管照片

在电解质涂覆层干燥后的阳极支撑扁管另一侧平面丝网印刷陶瓷连接体层。该层主要起两大作用，一方面起到导电的作用，将相邻扁管电池中一侧电池阳极电流传导到另一侧电池的阴极当中；另一方面起到密封作用，防止相邻扁管电池中的燃料气与燃料气互混。正是陶瓷连接体层的存在，才使得扁管式 SOFC 能够像平板式 SOFC 一样进行堆叠设计，实现串联结构，降低了成组难度，提高了电池堆输出功率。

目前，常用的陶瓷连接体材料主要是改性 $LaCrO_3$ 氧化物，还原及氧化气氛下其电导率极低、烧结活性差、致密化困难，长期高温工作还存在 Cr 扩散问题。为了克服 $LaCrO_3$ 氧化物的上述问题，我们提出了全新的双层陶瓷连接体设计策略[48]。首先，在支撑扁管阳极外侧丝网印刷一层 $La_{0.4}Sr_{0.6}Ti_{0.6}Mn_{0.4}O_3$(LSTM) 陶瓷氧化物，利用其高温烧结活性强、易致密化、与阳极热匹配性好、电导率较高、稳定性好的特点，提高陶瓷连接体的电导率和致密性。其次，在 LSTM 陶瓷连接体层外侧丝网印刷一层 $La_{0.8}Sr_{0.2}MnO_3$(LSM) 氧化物，利用其与 LSTM 相近的热膨胀系数、高电导率和高烧结活性，进一步改善陶瓷连接体的电导率和致密性。图 7-67 为丝网印刷 2 层陶瓷连接体后的阳极支撑扁管照片。可以看出，阳极表面全部被黑色的 LSM 陶瓷材料覆盖，表面无明显缺陷，光滑平整。

图 7-67　涂覆陶瓷连接体层的阳极支撑扁管照片

将干燥后的带有电解质层与陶瓷连接体层的阳极支撑扁管于 1400℃烧结 4h，使电解质与陶瓷连接体完全致密。高温烧结后电解质层的表面形貌、电解质/阳极界面的微观形貌如图 7-68 所示。可以看出，经过高温烧结后，获得的致密 YSZ 电解质膜中 YSZ 颗粒间晶界明显，颗粒尺寸在 5μm 左右。进一步通过截面照片可以看出，YSZ 电解质膜致密无通孔，与阳极结合紧密，厚度在 20μm 左右。从 SEM 照片可以看出，采用涂覆方式能够获得致密的 YSZ 电解质，该方法能够满足扁管式 SOFC 的需求。图 7-69 为新型的双层陶瓷连接体的 SEM 照片。可以看出，内侧为 LSTM，外侧为 LSM，两相之间无明显界面，接触良好，致密无通孔，LSM 表面颗粒结合紧密，厚度为 26μm，并且 LSTM 与阳极基体结合紧密，能够有效地阻止燃料气的泄漏。

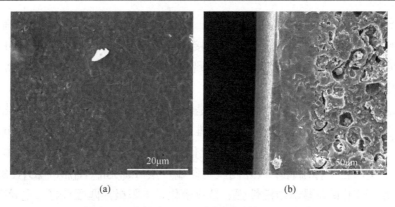

图 7-68　扁管式 SOFC 电解质层的 SEM 照片

(a)表面；(b)截面

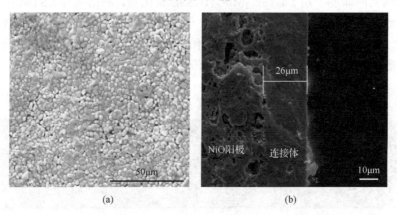

图 7-69　扁管式 SOFC 连接体层的 SEM 照片

(a)表面 LSM 层；(b)截面

7.5.3　扁管式 SOFC 单体电池及电池堆设计

采用丝网印刷方式，在制备好的阳极支撑扁管式 SOFC 半电池表面涂覆 LSM 阴极，1100℃烧结后，最终得到阳极支撑扁管式 SOFC 单体电池，如图 7-70 所示。可以看出，阳极支撑扁管式 SOFC 单体电池平整，长度在 150mm，阴极长度为 100mm，陶瓷连接体完全覆盖在扁管平面一侧，与电解质和阳极结合良好。对单体电池进行了放电测试，750℃和 800℃时，开路电压均在 1.05V 左右，放电功率分别为 6.61W 和 9.98W，功率密度分别为 $220mV \cdot cm^{-2}$ 和 $333mV \cdot cm^{-2}$，如图 7-71 所示。

为了满足实际应用，需要将阳极支撑扁管式 SOFC 单体电池组装成为电池堆，实现一定的电压及输出功率。扁管式 SOFC 单体电池容易实现串联操作，电池堆集成度较高。为了将单体电池连接起来，空气侧连接体板的设计是整体的关键，孙克宁团队采用不锈钢材料自主设计了连接体板，图 7-72 为连接体结构示意图。

图 7-70　阳极支撑扁管式 SOFC 单体电池

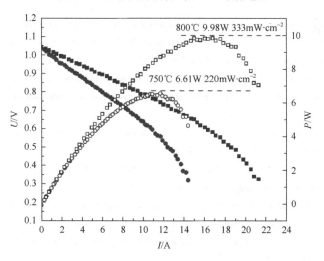

图 7-71　阳极支撑扁管式 SOFC 放电性能

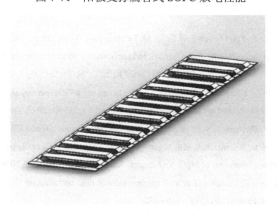

图 7-72　连接体板结构图

　　通过将一定数量的阳极支撑扁管式 SOFC 单体电池通过连接体板实现串联，设计 1kW 级扁管式 SOFC 电池堆，扁管式 SOFC 电池堆设计思想，电池一端用密封胶固定在不锈钢底座上面，底座内部是燃料气道。燃料气从扁管中间的气道进入电池当中，一部分参与电池反应产生电能及热能(维持电池堆温度)，剩余未反应气体从扁管一端流出，点火燃烧，产生的热量一方面为电池堆顶部的天然气重整装置提供热量，另一方面也能够维持电池堆温度。

参 考 文 献

[1] Boaro M, Salvatore A A. Advances in Medium and High Temperature Solid Oxide Fuel Cell Technology. Berlin: Springer International Publishing, 2017.

[2] Singhal S C, Kendall K. High-temperature solid oxide fuel cells: fundamentals, design and applications. Elsevier Science, 2003.

[3] Baur E, Preis H. Über brennstoff-ketten mit festlei-tern. Z Elektrochem, 1937, 43: 727-732.

[4] Ludger B, Wilhelm A M, Nabielek H, et al. Worldwide SOFC technology overview and benchmark. International Journal of Applied Ceramic Technology, 2010, 2(6): 482-492.

[5] Sugita S, Yoshida Y, Orui H, et al. Cathode contact optimization and performance evaluation of intermediate temperature-operating solid oxide fuel cell stacks based on anode-supported planar cells with $LaNi_{0.6}Fe_{0.4}O_3$ cathode. Journal of Power Sources, 2008, 185(2): 932-936.

[6] Evans A, Bieberle-Hütter A, Rupp J L M, et al. Review on microfabricated micro-solid oxide fuel cell membranes. Journal of Power Sources, 2009, 194(1):119-129.

[7] Choudhury A, Chandra H, Arora A. Application of solid oxide fuel cell technology for power generation-A review. Renewable and Sustainable Energy Reviews, 2013, 20: 430-442.

[8] Ding J, Liu J, Yin G Q. Fabrication and characterization of low-temperature SOFC stack based on GDC electrolyte membrane. Journal of Membrane Science, 2011, 371(1-2): 219-225.

[9] Li P W, Chyu M K. Simulation of the chemical/electrochemical reactions and heat/mass transfer for a tubular SOFC in a stack. Journal of Power Sources, 2003, 124(2): 487-498.

[10] Singhal S C, Kendall K. High Temperature Solid Oxide Fuel Cells: Fundamentals, Design and Applications. Oxford: Elsevier, 2003.

[11] Singhal S C，Eguchi K. Solid Oxide Fuel Cells Ⅻ. Penning-ton：The Electrochemical Society, 2011.

[12] Minh N. Solid oxide fuel cell technology-features and applications. Solid State Ionics, 2004, 174(1-4): 271-277.

[13] 颜冬. 中温固体氧化物燃料电池电堆的结构设计和性能研究. 武汉: 华中科技大学, 2013.

[14] Eguchi K, Kamiuchi N, Kim J Y, et al. Microstructural change of Ni-GDC cermet anode in the electrolyte-supported disk-type SOFC upon daily start-up and shout-down operations. Fuel Cells, 2012, 12(4): 537-542.

[15] Prediger D, Perry M, Sherman S. SOFC stack with thermal compression: US6835486. 2004-12-28.

[16] van Herle J, Perednis D, Nakamura K, et al. Ageing of anode-supported solid oxide fuel cell stacks including thermal cycling, and expansion behaviour of MgO-NiO anodes. Journal of Power Sources, 2008, 182(2): 389-399.

[17] Bunin G A, Wuillemin Z, Francois G, et al. Experimental real-time optimization of a solid oxide fuel cell stack via constraint adaptation. Energy, 2012, 39(1): 54-62.

[18] Kong J R, Sun K N, Zhou D R, et al. Electrochemical and microstructural characterization of cyclic redox behaviour of SOFC anodes. Rare Metals, 2006, 25(6): 300-304.

[19] Kong J R, SunK N, Zhou D R, et al. Ni–YSZ gradient anodes for anode-supported SOFCs. Journal of Power Sources, 2007, 166(2): 337-342.

[20] Qiang F, Sun K N, Zhang N Q, et al. Characterization of electrical properties of GDC doped A-site deficient LSCF based composite cathode using impedance spectroscopy. Journal of Power Sources, 2007, 168(2): 338-345.

[21] Sharma M M, Amateau M. Processing of laminated hybrid ceramic composites part B. Engineering, 1998, 29(2): 189-194.

[22] Mei S, Yang J, Ferreira M F J. The fabrication and characterisation of low-K cordierite-based glass-ceramics by aqueous tape casting. Journal of the European Ceramic Society, 2004, 24(2): 295-300.

[23] Holtappel P, Sorof C, Verbraeken M C. Preparation of porosity-graded SOFC anodes substrates. Fuel Cells, 2006, 2: 113-117.

[24] Das N, Maitih S. Formation of pore structure in tape-cast alumina membranes- effects of binder content and firing temperature. Journal of Membrane Science, 1998, 140(2): 205-212.

[25] 理查德 J. 布鲁克. 陶瓷工艺. 清华大学新型陶瓷与精细工艺国家重点实验室译. 北京: 科学出版社, 1999.

[26] Das N, Maiti H S. Effect of size distribution of the starting powder on the pore size and its distribution of tape cast alumina microporous membranes. Journal of European Ceramic Society, 1999, 19(3): 341-345.

[27] Wang Y, Walter M E, Sabolsky K, et al. Effects of powder sizes and reduction parameters on the strength of Ni/YSZ anodes. Solid State Ionics, 2006, 177: 1517-1527.

[28] Waldbillig D, Wood A, Ivey D G. Thermal analysis of the cyclic reduction and oxidation behaviour of SOFC anodes. Solid State Ionics, 2005, 176: 847-859.

[29] Jee C S Y, Guo Z X, Stoliarov S I. Experimental and molecular dynamics studies of the thermal decomposition of a polyisobutylene binder. Acta Materialia, 2006, 54(18): 4803-4813.

[30] Mei S, Yang J, Ferreira M F. The fabrication and characterisation of low-K cordierite-Based Glass-ceramics by aqueous tape casting. Journal of European Ceramic Society, 2004, 24(2): 295-300.

[31] Zhou X J, Sun K N, Gao J, et al. Microstructure and electrochemical characterization of solid oxide fuel cells fabricated by co-tape casting. Journal of Power Sources, 2009, 191(2): 528-533.

[32] 孙旺. SOFC 阳极纳米复合粉体及电池成型工艺的研究. 哈尔滨: 哈尔滨工业大学, 2008.

[33] 高杰. YSZ 基 SOFC 电解质/阳极的研究. 哈尔滨: 哈尔滨工业大学, 2008.

[34] 沈哲敏. NiO/YSZ 阳极支撑型平板式固体氧化物燃料电池的制备及性能研究. 哈尔滨: 哈尔滨工业大学, 2012.

[35] Shen Z M, Zhu X D, Le S R, et al. Co-sintering anode and Y_2O_3 stabilized ZrO_2 thin electrolyte film for solid oxide fuel cell fabricated by co-tape casting. International Journal of Hydrogen Energy, 2012, 37(13): 10337-10345.

[36] Cai P Z, Green D J, Messing G L. Constrained densification of alumina/zirconia hybrid laminates I: experimental observations of processing defects. Journal of the American Ceramic Society, 2009, 80(8): 1929-1939.

[37] Garino T J, Bowen H K. Kinetics of constrained-film sintering. Journal of the American Ceramic Society, 1990, 73(2): 251-257.

[38] Cologna M, Sglavo V M. Verticle sintering to measure the uniaxila viscosity of thin ceramic layer. Acta Materialia, 2010, 58: 5558-5564.

[39] Wang Z H, Zhang N Q, Qiao J S, et al. Improved SOFC performance with continuously graded anode functional layer. Electrochemistry Communications, 2009, 11(6): 1120-1123.

[40] 王振华. 管式固体氧化物燃料电池阳极/电解质的制备与性能研究. 哈尔滨: 哈尔滨工业大学, 2009.

[41] Sun W, Zhang N Q, Mao Y C, et al. Facile one-step fabrication of dual-pore anode for planar solid oxide fuel cell by the phase inversion. Electrochemistry Communications, 2012, 22: 41-44.

[42] Sun W, Zhang N Q, Mao Y C, et al. Preparation of dual-pore anode supported Sc_2O_3-stabilized-ZrO_2 electrolyte planar solid oxide fuel cell by phase-inversion and dip-coating. Journal of Power Sources, 2012, 218: 352-356.

[43] 孙旺. 双孔道阳极支撑 SOFC 的制备及其电化学性能研究. 哈尔滨: 哈尔滨工业大学, 2012.

[44] Kilbride I P. Preparation and properties of small diameter tubular solid oxide fuel cells for rapid start-up. Journal of Power Sources, 1996, (61): 167-171.

[45] Kendall K, Palin M. A small solid oxide fuel cell demonstrator for microelectronic applications. Journal of Power Sources, 1998, (71): 268-270.

[46] Wang Z H, Sun K N, Shen S Y, et al. Preparation of YSZ thin films for intermediate temperature solid oxide fuel cells by dip-coating method. Journal of Membrane Science, 2008, 320(1-2): 500-504.

[47] 杨鹏. 管式固体氧化物燃料电池制备及电化学性能研究. 北京: 北京理工大学, 2015.

[48] 孙克宁, 徐春明, 孙旺, 等. 固体氧化物燃料电池致密双层陶瓷连接体的制备方法: CN 201711285931.0. 2018-05-11.